碳标签

Carbon Label

朱连滨　闫浩春 / 主编

中国环境出版集团 · 北京

图书在版编目（CIP）数据

碳标签/朱连滨，闫浩春主编. -- 北京：中国环
境出版集团，2024.10
ISBN 978-7-5111-5770-6

Ⅰ. ①碳… Ⅱ. ①朱…②闫… Ⅲ. ①二氧化碳-排
气-标签-研究-中国 Ⅳ. ①X511

中国国家版本馆 CIP 数据核字（2023）第 246397 号

责任编辑 孟亚莉
封面设计 宋 瑞

出版发行 中国环境出版集团
　　　　　（100062 北京市东城区广渠门内大街 16 号）
　　　　　网　　　址：http://www.cesp.com.cn
　　　　　电子邮箱：bjgl@cesp.com.cn
　　　　　联系电话：010-67112765（编辑管理部）
　　　　　发行热线：010-67125803，010-67113405（传真）
印　　刷 北京鑫益晖印刷有限公司
经　　销 各地新华书店
版　　次 2024 年 10 月第 1 版
印　　次 2024 年 10 月第 1 次印刷
开　　本 787×1092　1/16
印　　张 21.5
字　　数 400 千字
定　　价 198.00 元

中国环境出版集团郑重承诺：
中国环境出版集团合作的印刷单位、材料单位均具有中国环境标志产品认证。

编委会

主　编

朱连滨　闫浩春

副主编（按姓氏拼音排序）

刘　韬　刘欣雯

编　委（按姓氏拼音排序）

安　敏	蔡国庆	陈素屏	陈元松
郭秀蕙	郝昱童	韩晓莉	贾初晓
李　程	李莉莉	李惟聪	李兆欣
刘一博	刘宇欣	马丽萍	马忠诚
覃　思	孙　烈	孙千惠	王　晨
王　珏	王子剑	魏清高	肖乐玲
杨心彤	杨　鑫	袁秀霞	赵金兰
张　宇	张　简	张雨菲	

Carbon Label

序言

气候变化正以多种方式影响着地球上的每个区域,涉及经济和社会发展、生命健康、粮食安全、生态系统等方面。IPCC（联合国政府间气候变化专门委员会）第六次气候变化评估报告（自然科学基础）提出以下重要结论：人类活动导致气候变暖的结论是明确的、极端气象和气候事件频发是显而易见的、未来气候变化（基于二氧化碳）需要全球通力合作才可能将全球变暖增温控制在 1.5℃内、过去或未来碳排放造成的很多变化在百年甚至千年尺度上是不可逆转的。限制人类活动引起的全球变暖就必须限制累计的二氧化碳排放，以及其他温室气体的快速减排。

全球变暖，拉响红色警报，人类不能坐以待毙！

各国采取不同措施,对碳达峰和碳中和的目标进行立法或国际承诺。2020 年 9 月 22 日，习近平主席在第七十五届联合国大会一般性辩论上郑重宣布，中国二氧化碳排放力争于 2030 年前达到峰值，努力争取 2060 年前实现碳中和。中国的碳达峰与碳中和战略,不仅是全球气候治理、保护地球家园、构建人类命运共同体的重大需求，也是中国高质量发展、生态文明建设和生态环境综合治理的内在需求。2022 年我国各部委及各省（区、市）在"碳足迹""碳标签"领域的相关政策达 100 余项。

全球气候变暖日益严重与人类活动所产生的碳足迹息息相关。碳标签（碳足迹标签）将产品全生命周期碳排放量化指标，以标签形式告知消费者。中国"碳足迹标签"推动计划始于 2018 年。目前作为应对贸易制约的威胁、引导消费者认识碳中和的一道门槛、挖掘企业减排潜力的重要手段，碳标签对于中国企业及消费者的意义重大，碳标签也正从公益性标志变成商品化的国际通行证。未来碳标签是全球的"绿色通行证"，有计划、有目的地制定和执行减碳战略，已成为企业碳减排闭环效应的必经之路。

"通行证"就意味着各国要建立碳标签准入制度，其中既包括本国产品也包括进口商品。碳标签准入制度会对发展中国家带来两大影响，第一就是发达国家因掌握的低碳技术而轻易实现碳减排，发展中国家的出口型企业则必须购买发达国家的低碳技术；第二是碳足迹测算标准都是发达国家制定的，发展中国家易处于不利地位。

　　中国作为温室气体排放大国和全球贸易大国，也为此面临重大机遇：第一是在低碳认证标准的制定和核查上争夺话语权；第二是利用碳标签制度督促我国企业在低碳技术和管理方面实现突破；第三是自上而下地推动我国碳减排工作由自愿转为强制；第四是鼓励碳足迹问题的研究；第五是完善中国相关法律法规；第六是积极参与全球碳交易市场，在国际博弈中获取主动权。

　　撰写团队基于多年从事碳排放研究的经验积累和成果总结，在书中重点阐述了国内外碳标签体系的发展现状、不同主体不同类别的碳足迹核算方法及报告、横向/纵向展开碳标签评价、相关案例、总结和展望。撰写团队坚持从排放源视角、全生命周期视角对净减排量、碳排放评价等进行全面剖析。

　　希望本书可为我国从事碳标签技术研发和应用方面的相关工程师、科研工作者、产业决策者、"双碳"从业者、上下游供货商、终端消费者提供参考，共同推动我国碳标签产业化发展，助力碳达峰碳中和和重大战略决策，为我国实现碳达峰碳中和目标做出贡献。

中国国检测试控股集团
股份有限公司总工程师
认证评价中心总经理

气候变化（climate change）是当今全球范围内最受关注、讨论度最高的议题之一。气候变化的原因既有自然因素，也有人为因素。从 20 世纪中期至今，人为因素是气候变化加剧的主要推手，观测到的地球增温现象，有 90%可能与人类活动相关。自工业革命后各个国家工业化进程加速，企业化石燃料燃烧、毁林、土地利用变化导致大气温室气体浓度大幅增加，与消费者对相关产品及服务的低碳化发展愿景之间产生了矛盾。碳标签作为连接消费者与企业的工具应运而生。随着政府、企业、消费者对气候变化和环境破坏越来越关注，碳标签已经逐渐成为一种必不可少的存在，它们不只是产品上的一个标志，而且是一种责任的象征。

在本书中，我们追溯了碳标签的起源，探讨碳标签的发展历程及其在各个国家和地区的实施现状，以及"碳标签"是如何从一种概念逐渐变成现今各个国家和地区都在积极实施的制度。更重要的是，我们将会探讨碳标签背后的科学原理。书中详细解读了 IPCC 国家温室气体清单指南、PAS 2050:2011、PAS 2050-1:2012、PAS 2050-2:2012、PAS 2395:2014 及 GHG Protocol 等世界范围内公认权威的报告、指南及标准，分别对企业、农产品、林业、草地、湿地、畜牧业、水产品、药品、纺织业及供应链进行了碳标签计算与报告的解读，充分说明各行业及对应产品该如何使用碳标签，充分解释为什么碳标签能够成为消费者做出环保选择的有力工具。

通过本书，读者将能够更深入地理解碳标签的核心概念，并学会如何在日常生活中应用它们。作为消费者，可以选择购买碳标签产品；作为生产者，可以借助碳标签推动生产模式向低碳化转变，共同推动我们朝着更加可持续的未来迈进。

目录

Carbon Label

1

碳标签概述

1.1 碳标签研究背景

1.1.1 全球气温变化情况

2021 年 8 月 6 日，联合国政府间气候变化专门委员会（IPCC）第一工作组报告《气候变化 2021：自然科学基础》在经过 IPCC 195 个成员国政府代表参加的为期两周的线上会议评审后，正式批准。报告显示，1850 年以来，全球地表平均温度约上升 1℃，并指出从未来 20 年的平均温度变化来看，全球温升预计达到或超过 1.5℃。该评估基于改进的观测数据集，对历史变暖进行了评估，并在科学理解气候系统对人类活动造成的温室气体排放响应方面取得了进展。该报告对未来几十年内超过 1.5℃的全球升温水平的可能性重新进行了估计，指出除非立即、迅速和大规模地减少温室气体排放，否则将升温限制在接近 1.5℃或 2℃就无法实现。

根据世界气象组织发布的《2021 年全球气候状况报告》，2021 年全球平均气温（1—9 月）比 1850—1900 年高出约 1.09℃，目前被世界气象组织列为全球有记录以来第 6 个或第 7 个最温暖的年份。由相关数据显示，2020 年全球温室气体浓度已达到新高，而这种增长在 2021 年仍在继续。

地球的气候一直在发生变化，而人类对气候系统的影响也是非常明确的。以 1880—2020 年全球平均气温的观测数据为依据，通过计算每年平均气温与上一年度平均气温的差值，绘制全球陆地—海洋温度指数图（图 1-1），可分为 3 个阶段：①1880—1940 年，全球平均气温的距平变化基本处于 0 的上下浮动范围，整体气温比较平稳；②1940—1980 年，平均气温距平变化范围基本上处于 0.1～0.5，表明平均气温有缓慢上升的变化趋势；③1980—2020 年，平均气温距平变化范围已经达到 0.5～1.2，而且越往后的年份，其增长速率就越快。

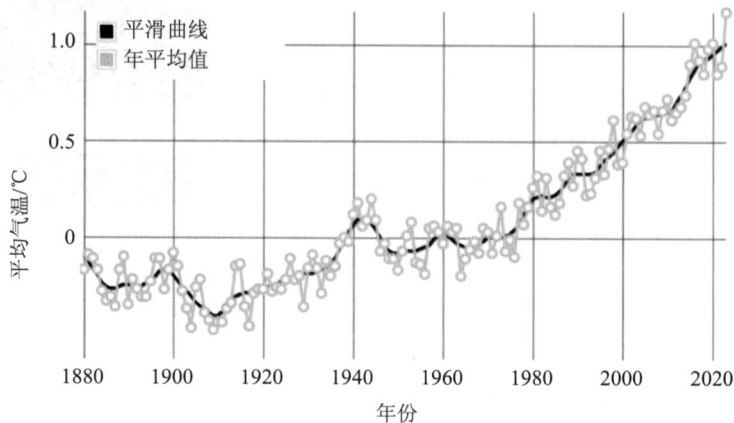

图 1-1　全球陆地—海洋温度指数

数据来源：https://climate.nasa.gov/vital-signs/global-temperature/?intent=111.

由图 1-1 可知，从温度波动方面来看，可以通过具体数值代入小波函数的表达式，来确定在一段时间内气温变化的波动是否能够引发气候临界点。其判断依据是将 5 年气温距平滑动平均序列的信噪比与 1 相比，当其值大于 1 时，就可认为出现一个气候突变点。小波系数极值越大，则振动越强烈，说明其受到的干扰也越强。

1.1.2　全球各主要国家和地区的减排目标

根据全球温室气体的排放情况，本书主要介绍了中国、美国、欧盟、印度、俄罗斯及日本等排放量较大国家和地区的减排目标。

（1）中国

2020 年 9 月 22 日，中国国家主席习近平在第 75 届联合国大会一般性辩论上郑重宣布"中国将提高国家自主贡献力度，采取更加有力的政策和措施，二氧化碳排放力争于 2030 年前达到峰值，努力争取 2060 年前实现碳中和"。

2021 年 10 月 24 日，中共中央、国务院印发《关于完整准确全面贯彻新发展理念做好碳达峰碳中和工作的意见》（以下简称《意见》）。10 月 24 日，国务院印发《2030 年前碳达峰行动方案》（以下简称《方案》）。随后，根据《意见》和《方案》有关内容进行细化落实，陆续出台了系列配套指引，形成"1+N"政策体系。

"十四五"时期，碳达峰、碳中和工作的主要目标为绿色低碳循环发展的经济体系初步形成，重点行业能源利用效率大幅提升，非化石能源消费比重约达 20%，森林覆盖率达 24.1%，森林蓄积量达 180 亿 m³，为实现碳达峰、碳中和奠定坚实基础。到 2025 年单位国内生产总值能耗比 2020 年下降 13.5%，单位国内生产总值二氧化碳排放比 2020 年下降 18%。

"十五五"时期，碳达峰、碳中和工作的主要目标为经济社会发展全面绿色转型取得显著成效，重点耗能行业能源利用效率达到国际先进水平。到 2030 年，非化石能源消费比重约达 25%，单位国内生产总值二氧化碳排放比 2005 年下降 65% 以上，顺利实现 2030 年前碳达峰目标。

到 2060 年，全面建立绿色低碳循环发展的经济体系和清洁低碳安全高效的能源体系，能源利用效率达到国际先进水平，非化石能源消费比重达 80% 以上，顺利实现碳中和目标。

（2）美国

2021 年 4 月 22 日，美国总统拜登在领导人气候峰会上承诺：到 2030 年将美国的温室气体排放量较 2005 年减少了 50%～52%，到 2050 年实现净零排放目标。

美国实现 2050 年净零排放目标有多种可行路径，涉及五大关键转型，包括：①电力系统脱碳化，加速向清洁电力转型；②终端用能电气化，推动航空、海运和工业过程等清洁燃料替代；③节能和提升能效；④减少甲烷和其他非 CO_2 温室气体排放，优先支持现有技术以外的深度减排技术创新；⑤实施大规模土壤碳汇和工程脱碳策略。

（3）欧盟

欧盟 27 个成员国领导人于 2020 年 12 月 11 日就最新减排计划达成共识，提出欧盟 2030 年的新减排目标，将 2014 年 1 月发布的《气候和能源政策新目标白皮书》中设定的较 1990 年水平减排 40% 的目标提升至 55%。据估计，欧盟发电结构中煤电的比重将从 14.6%（2019 年）降至 2%（2030 年）左右。石油和天然气占比也将大幅下降。

2021 年 4 月 21 日，欧盟委员会发表声明称，欧洲议会和欧盟成员国已同意到 2030 年将温室气体排放削减"至少"55% 的减排目标。

2023 年 3 月 30 日，欧盟 27 个成员国谈判代表达成临时性协议，到 2030 年，可再生能源占最终能源消费总量的比例由目前的 32% 提高到 42.5%。该协议仍需得到欧洲议会和欧盟成员国的正式批准。

（4）印度

印度总理莫迪于 2021 年 11 月在英国格拉斯哥出席第 26 届联合国气候变化大会（COP26）时表示，印度致力于到 2070 年，实现净零排放目标。

减排的主要措施包括以下 5 个点：①到 2030 年年底，印度的非化石燃料发电产能目标将提高至 500 GW（此前目标为 450 GW，2021 年发电量为 100 GW）；②到 2030 年，印度 50% 的电力将来自可再生能源（2020 年，可再生能源约占 38%）；③到 2030 年，将碳强度（单位 GDP 的二氧化碳排放量）降低 45%（此前目标为 35%）；④到 2030 年，印度将把碳排放总量减少 10 亿 t；⑤到 2070 年，实现碳中和。

（5）俄罗斯

2021 年 11 月，俄罗斯发布了《俄罗斯到 2050 年前实现温室气体低排放的社会经济发展战略》，作为其应对气候变化作出的政策调整与战略规划。该战略称，俄罗斯将在经济可持续增长的同时实现温室气体低排放，并计划在 2060 年前实现碳中和。该战略的主要内容包括：

①俄罗斯在实现经济增长的同时将兼顾温室气体低排放目标。俄罗斯计划支持低碳和无碳技术的应用和拓展，刺激二次能源使用，调整税收、海关和预算政策等。同时，发展绿色金融、采取措施保护和提高森林以及其他生态系统的固碳能力，提升温室气体回收利用技术。

②俄罗斯不仅要考虑温室气体排放，还要进一步考虑强化森林的碳吸收能力。

③俄罗斯在 2023 年启动企业强制性碳报告制度，实现强制减排及碳中和。

④俄罗斯计划开发高精度的温室气体排放和吸收记录系统，以便更好地评估本国产品碳强度，帮助其产品得到国际层面的评估认可。

⑤俄罗斯将逐步实行碳税征收，致力于碳排放交易和碳配额机制。

（6）日本

2021 年 4 月 22 日，日本首相菅义伟在全球变暖对策推进总部的会议上表示，到 2030 年，日本力争使温室气体排放量比 2013 年削减 46%，还表示将朝着减少 50% 的目标继续挑战。在 2020 年 10 月底的日本国会施政演说上菅义伟首相着重强调了绿色发展战略，他提出日本力争到 2050 年实现碳中和，并表示要把打造经济和环境良性循环、实现绿色社会作为经济增长战略的支柱。

2020 年 12 月 25 日，日本经济产业省发布了《2050 年碳中和绿色增长战略》，2021 年 1 月日本经济产业省详细规划了日本的碳中和路线图。根据日本政府 2018 年制定的能源规划，计划在 2030 年将包括风能、太阳能等在内的可再生能源使用占比提升到 22%～24%。日本经济产业省预计，2050 年一半左右的电力将由可再生能源满足，10% 的电力将由氢和氨提供，剩余 30%～40% 的电力则由核能以及配有碳捕集技术的燃煤电站满足。

在资金方面，日本经济产业省将通过监管、补贴和税收优惠等激励措施，动员超过 240 万亿日元的私营领域绿色投资，力争到 2030 年实现 90 万亿日元的年度额外经济增长，到 2050 年实现 190 万亿日元的年度额外经济增长。

1.1.3 碳标签相关信息

目前，国际碳标签管理体系主要包括英国标准协会的 PAS 2050《商品和服务在生命周期内的温室气体排放评价规范》、国际标准化组织（ISO）的 ISO 14067《产品碳足迹量化需求与指南》以及世界资源研究所（WRI）与世界可持续发展工商理事会（WBCSD）的温室气体核算体系《产品寿命周期核算与报告标准》（*GHG Protocol*）以及欧盟的《产品环境足迹指南》（*Product Environmental Footprint*，PEF）。其中，英国标准协会的 PAS 2050 影响力最大，国际标准化组织的 ISO 14067 为全球层面实现碳足迹统一评估提供了工具。

1.1.3.1 碳关税

为了解决贸易竞争力下降的问题，2019 年欧盟在《欧洲绿色新政》中提出了碳边境调节机制（carbon border adjustment mechanism，CBAM）。

2023 年 5 月 16 日，CBAM 法案文本正式生效；2023 年 8 月 17 日欧盟委员会对外公布 CBAM 过渡期实施细则，该细则从 2023 年 10 月 1 日起生效，持续到 2025 年年底。至此，欧盟将成为世界上第一个征收"碳关税"的经济体。

碳关税作为一种新型贸易壁垒，本质是以气候治理之名，行贸易保护之实。碳关税通常是指进口关税或实施边境调节等措施的统称，其表现形式有边境调节税、绿色进口关税、排放配额税等多种。如果将其置于世界贸易组织（WTO）框架下，从贸易公平的角度来看，碳关税是有执行空间的，这也是发达国家主张在多边贸易体制下征收碳关税的原因。然而，在《联合国气候变化框架公约》下，各国碳排放水平的差异未能体现排放权益上的代际差异，从这个角度来看，发达国家征收碳关税本质是转移其应当承担应对气候变化的责任，在某种程度上增加了发展中经济体的外贸压力。

碳关税对我国国内碳市场来说如同一把"双刃剑"。一方面，碳关税会提高国内企业对低碳发展的参与度。欧盟的碳关税制度，本质上也是碳排放权交易的一种形式，是对碳配额管理制度的一种补充。因此，碳关税制度的实施会深刻影响我国向欧盟出口产品的非控排类企业的经营模式。有偿碳排放的贸易要求会促使企业重视低碳战略，有序建设自身低碳发展的能力。有利于在国内形成非控排类企业的低碳生态圈。另一方面，碳关税能有效促进国内低碳技术与产品发展，越来越多的企业会重视产品生产过程的节能降碳工艺优化，从而加深行业发展对低碳技术和产品的刚性诉求。在这样的内需牵引下，适配各个行业的低碳产品与技术会在相应需求下快速发展起来。特别是 CBAM 在过渡期（2023 年 10 月 1 日至 2025 年 12 月 31 日）中首批纳入水泥、钢铁、电力、铝和化肥行业。

1.1.3.2 碳标签制度建设对于我国的意义

（1）应对日益激烈的国际低碳经济竞争挑战的必然选择

《BP 世界能源统计年鉴》（2022 年版）的数据显示，中国在全球二氧化碳排放总量位于全球第一。早在 2009 年，国务院参事、中国可持续发展研究会副会长冯之浚等人就在《关于推行低碳经济促进科学发展的若干思考》一文中指出，在其后的 30 年，我国将继续处于国际产业链低端的不利地位，处于工业化中期"重化工业"加速发展、工业化与城镇化同时并举的阶段，这个阶段也是能源资源快速增长的时期。14 亿人口的生活质量提高，也会带来能源消耗的快速增长；生产领域、消费领域和流通领域都处于高碳经济的状况，必然导致温室气体的高排放，产生一系列在政治、经济、外交、生态等方面的严重后果。面对严峻的挑战，我们必须将推行低碳经济模式提到国家战略层面考虑。

2021 年中共中央、国务院印发的相关文件中提出了碳中和、碳达峰工作的主要目标：到 2025 年，非化石能源消费比重达到 20% 左右，单位国内生产总值能源消耗比 2020 年下降 13.5%，单位国内生产总值二氧化碳排放比 2020 年下降 18%，为实现碳达峰奠定坚实基础。到 2030 年，非化石能源消费比重达到 25% 左右，单位国内生产总值二氧化碳排放比 2005 年下降 65% 以上，顺利实现 2030 年前碳达峰目标。这一目标意味着我国将进入低碳经济模式，未来 10 年我国必须走上低碳经济的发展道路，从现在开始就需要采取适用于低碳发展的政策，将建立碳标签体系、促进二氧化碳减排提到国家战略层面。

（2）参与全球碳交易市场，在国家间的博弈中立足

低碳经济所代表的未来发展方向，具有集政治、经济力量于一体的特点，也会成为新兴市场国家和发达国家博弈的焦点之一。而碳标签作为促进人类社会向低碳经济转型的关键工具之一，其在新兴市场国家和发达国家的博弈中也越来越重要。2009 年，北京大学法学院强世功教授提到，全球"碳政治"正处于起步阶段，中国从一开始就参与其中，对规则的熟悉和掌握程度不亚于西方国家。但是，中国能否在未来国际谈判中成为法律规则和技术标准的制定者，无疑是对中国政治家统领能力的考验，是对中国综合实力的考验，是对中国能否成为国际社会的领导者的考验。由此，西方主导的"碳政治"对正在崛起的中国而言，是一个考

验，更不如说是一个绝好的机会。因此，尽早建立碳标签体系，有利于我国在低碳经济这场国家博弈中立于不败之地。

（3）完善我国已有的相关法规，规避技术贸易壁垒

碳标签制度的顺利推行需要有相关的法律法规进行约束和给予保障，确定具体的核算法则、实施方案和标准等。对于国外设置的碳标签方面的技术贸易壁垒，我们也可以用相应的方式进行规避，对出口商品作出严格的碳排放量方面的规定，对进口商品也同样实行一定的标准和认证要求，在一定程度上缓解贸易摩擦。

1.1.3.3 我国的应对方法

我国已经公布了一些政策以应对碳税。2018 年，国务院印发《进一步深化中国（广东）自由贸易试验区改革开放方案》，鼓励探索开展出口产品低碳认证。

2019 年 2 月，中共中央、国务院印发《粤港澳大湾区发展规划纲要》，提出推动粤港澳碳标签互认机制研究与应用示范，其目标在于协助粤港澳产品在国际竞争中抢占低碳先机。2019 年 11 月，《中共中央　国务院关于推进贸易高质量发展的指导意见》指出，鼓励企业进行绿色设计和制造，构建绿色技术支撑体系和供应链，并采用国际先进环保标准，获得节能、低碳等绿色产品认证，实现可持续发展。

展望未来，我国在国际层面将坚持各国根据《联合国气候变化框架公约》及《巴黎协定》要求，遵守共同但有区别的责任原则，坚持国家自主贡献的"自下而上"制度安排，维护碳排放和经济发展的代际公平；倡导各国就应对气候变化加强沟通，维护发展中国家正当权益，共同推进气候变化国际合作和国际规则标准制定，采取与多边规则要求相一致的碳减排措施，避免单边主义、保护主义冲击自由开放的多边贸易体系，损害国际社会互信和经济增长前景，伤害各方应对气候变化的集体努力。在国内层面，相关部门将继续落实现行绿色税收政策体系中碳减排的相关政策，发挥税收服务国家"双碳"目标的作用，同时根据国家碳达峰碳中和工作的总体部署，综合我国碳减排目标、能源结构实际、经济发展、企业承受能力、各项碳减排措施的衔接等重要因素，进一步深入研究论证，为应对气候变化、推动生态文明建设、实现高质量发展提供重要支撑。

在碳足迹认证与碳标签制度方面，相关部门将积极研究并完善行业、企业、重点产品碳排放统计核算方法，组织各重点行业抓紧研究在统一的绿色产品标准中纳入碳足迹相关要求，加快推动产品碳足迹等国际标准转化为国家标准，完善体现消费责任的碳足迹评价核算方法；做好《促进绿色消费实施方案》落实工作，

健全绿色低碳产品和服务标准、认证、标识体系，加强与国际标准衔接，大力提升绿色标识产品和绿色服务市场认可度和质量效益，推动生产生活方式绿色低碳转型，为实现"双碳"目标做出新的贡献。同时将进一步推动有关政策文件落实，培育一批绿色产品，积极推行绿色产品认证与标识制度，组织有关机构就轻工纺织产品碳标签制度开展研究，加大绿色产品供给，引导绿色消费。

1.2 碳标签的定义及概念

碳标签，是指用标签的方式将某一产品或服务在其整个生命周期内的碳排放，或实体（如个人、组织等）在各类生产、运输、消费活动等引起的温室气体排放的集合具象地展现出来，方便消费者比较不同商品的二氧化碳排放信息，引导其选购低碳产品，并且可促进实体转型升级，采用低碳生产工艺，有效地减少碳排放量并缓解全球气温升高。

从类别上说，按照展示碳信息的内容和方式的不同，碳标签可分为 6 个类型（表 1-1），分别为碳披露标签、碳减量标签、碳领跑标签、近零碳标签、碳中和标签和负碳标签。

表 1-1 碳标签分类

类型	设定要求	门槛级别
碳披露标签	要求声明产品或服务产生的温室气体排放量	低
碳减量标签	要求企业声明未来的减碳目标，即在该产品碳足迹的基线水平上减碳一定比例。因此在后续年限中，企业须通过改进生产技术或替换原材料等手段达成预定的减碳目标，或达到低于同类一般产品的碳排放量	中
碳领跑标签	该产品在碳足迹控制方面宣告领先（如减量 20% 或 20% 以上）。企业须积极寻求减碳机会、大力改进减碳技术以保持低碳领先地位	高
近零碳标签	企业综合利用低碳技术、方法和手段以及增加森林碳汇等碳中和机制减少碳排放，实现各方面达到近零排放	高
碳中和标签	企业通过增加成本预算，即购买由第三方验证有效的碳中和项目所产生的碳信用，来抵消或中和剩余的碳排放量	高
负碳标签	企业通过减排零排放技术、负碳技术、新能源技术、节能技术、垃圾处理技术、水处理技术、零碳建筑技术、原生态农业技术、绿色科技等先进的高科技技术达到负碳排放	不确定

碳标签制度在部分国家推行已久,如表 1-2 所示。英国于 2006 年推行了世界上第一个碳标签,随后,欧盟、美国、德国、法国、日本、加拿大、韩国、泰国等国家和地区也陆续推出了自己的碳标签制度,其中比较有代表性、影响较为广泛的为英国的碳标签制度。

表 1-2 已经推行碳标签制度的国家和地区

国家和地区	碳标签名称	年份	评价标准及法规	相关负责机构及机构性质
英国	碳减量标签（Carbon Reduction Label）	2006	PAS 2050、GHG Protocol	碳信托（Carbon Trust）（非营利机构、英国政府出资）
欧盟	二氧化碳之星（CO$_2$ Star）	2008	PAS 2050、GHG Protocol、ISO 14067	欧盟国家共同发起（政府组织）
法国	Casino 集团碳指数标签（Group Casino Indice Carbon）	2008	《综合环境政策与协商法II》（Grenelle II）	Casino 集团（经销商）
日本	日本碳足迹标签（Carbon Footprint Label）	2009	TSQ 0010	日本产业环境管理协会（政府组织）
美国	食品碳标签（Carbon Label org）	2009	加州参议院标签法案、PAS 2050、WBCSD-WRI、EIO-LCA	Carbon Label California 公司（非营利性机构）
美国	无碳标签（Carbon free Label）	2007	ISO 14040、WBCSD-WRI、LCA	Carbon fund（非营利机构）
美国	气候意识标签（Climate Conscious Label）	2007	CCM	气候保护协会（非营利机构）
加拿大	碳计数标签（Carbon Counted Carbon Labels）	2007	PAS 2050、GHG Protocol、ISO 14025	Carbon Counted、Carbon Footprint Slutions（非营利机构）
加拿大	魁北克省碳足迹试行计划（Carbon Fortprint Québec Pilot Project）	2010—2011	PAS 2050、WBCSD-WRI	魁北克省财政部（政府部门）产品、流程、服务生命周期国际研究中心（CIRAIG）（非营利机构）

国家和地区	碳标签名称	年份	评价标准及法规	相关负责机构及机构性质
德国	产品碳足迹（Product Carbon Footprint）	2008	ISO 14040/44	波茨坦 Öko-Institut 应用生物研究所气候影响研究组、柏林 think/do tank THEMAI 研究组（非营利机构）
瑞士	瑞士碳标签（Climatop）	2008	LCA	Okozentrum Langenbruc（独立机构）
瑞典	瑞典印章气候认证（Svenskt Sigill Klimat Certified）	2005	LCA	瑞典农民协会、食品标签组织（非营利机构）
韩国	低碳标签[CooL（CO_2 Low）Label]	2008	ISO 14040、ISO 14064、ISO 14025、PAS 2050	韩国环境部（政府组织）
泰国	泰国碳减量标签（Carbon Reduction Label）	2008	PAS 2050、GHG Protocol、ISO 14067	泰国温室气体管理组织 T60（政府组织）
	泰国碳足迹标签（Carbon Footprint Label）	2009		
澳大利亚	碳指标（Carbon Rate）	2018	GHG Protocol、ISO 14067	全球绿标国际有限公司（独立机构）
	碳减量标签（Carbon Reduction Label）	2009	PAS 2050、GHG Protocol	澳大利亚星球方舟（Planet Ark）组织使用碳信托标签（非营利机构）

1.3 国际研究现状

1.3.1 英国碳标签体系的发展现状

英国碳标签的实施是由英国政府出资与碳信托（Carbon Trust）共同合作完成，

同时推出了世界上第一个碳足迹评价指南：PAS 2050。该指南对如何从全生命周期评价（Life Cycle Assessment，LCA）的角度开展产品碳足迹评价作了详细规定。该指南推出后，被多个国家和地区采纳，目前已成为国际通用的碳足迹评价标准之一。

目前 Carbon Trust 公司针对产品共推出了 4 种类型的碳标签（图 1-2），分别为"碳足迹标签""减碳标签""碳中和标签"和"碳信托认证标签"。其中，"碳足迹标签"表示贴标产品的碳足迹已经经过测算和认证；"减碳标签"则表明产品的碳足迹同比减少，以及公司承诺实现持续减少碳足迹的目标；"碳中和标签"证明产品碳足迹持续减少，以及剩余排放量将根据《碳中和承诺新标准》（PAS 2060）进行抵消；而"碳信托认证标签"表明该产品已经通过了国际通用标准的碳足迹测算以及碳信托的认证，正在努力测算并减少产品的碳排放。

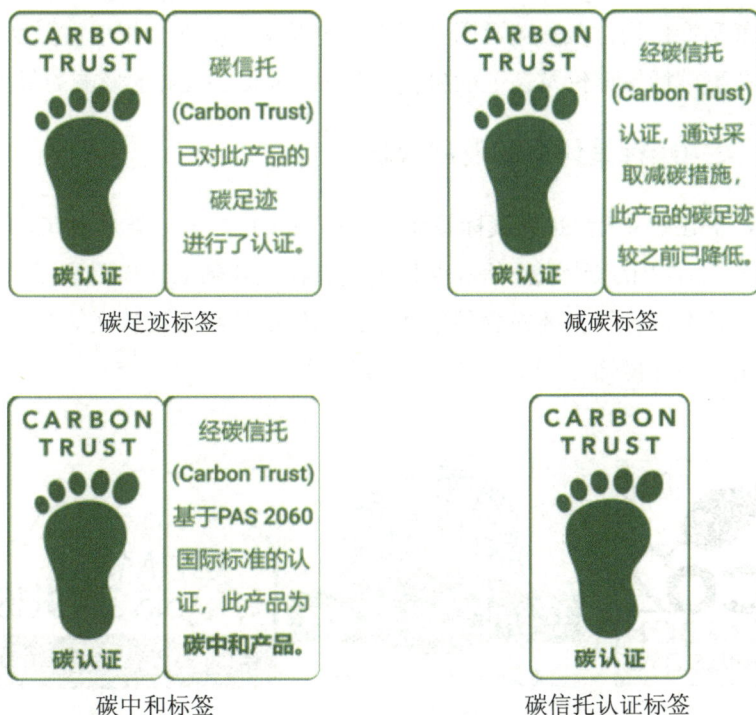

碳足迹标签

减碳标签

碳中和标签

碳信托认证标签

图 1-2 英国碳标签

注：4 种不同碳标签的脚印标识证明该产品经过 Carbon Trust 公司认证，右边文字针对碳足迹、减碳及碳中和 3 个不同标签类型进行了说明，无文字说明标签表明该产品经过碳信托认证，正在努力测算并减少产品的碳排放。

图片来源：https://www.carbontrust.com/zh/what-we-do/assurance-and-labelling/product-carbon-footprint-label。

2007 年 3 月，Carbon Trust 公司试行推出第一批标示碳标签的产品，包括薯片、奶昔、洗发水等消费类产品；2008 年 2 月，Carbon Trust 加大了碳标签的应用推广，吸引了英国最大的连锁超市——特易购（Tesco）、可口可乐公司和 Boots 等 20 余家企业的共 75 种产品参加。

英国日用化工产品巨头——联合利华（Unilever）宣布，将对集团旗下 70 000 多种商品开展碳标签认证评价，产品包装上将标示该产品在生产和运输过程中的碳排放量，并计划借助碳标签机制，逐步推动公司和供应商到 2039 年实现零碳排放；此外，著名食品公司［如噢麦力（Oatly）、奎恩（Quorn）］也纷纷开始赋予旗下产品碳标签标识。

根据调研和查询公开资料，目前英国国内并没有政府牵头开展的碳标签推广体系，所有的碳标签认证和贴标工作都是市场自愿行为，包括与 Carbon Trust 联合推出 PAS 2050 碳足迹评价指南的英国标准协会实际上也是一家获得英国皇家特许的非营利性机构，负责英国国内标准制定及国际标准合作事宜。目前英国国内有多家从事碳标签评价及认证的机构，其中 Carbon Trust 的影响力最大。

1.3.2 美国碳标签体系的发展现状

目前，美国已推出 3 类碳标签制度（图 1-3）。第一类是由 Carbon Label California 公司推出的碳标签，旨在帮助消费者在此基础上选择更具环保性能的产品。目前，该类碳标签主要在食品中使用，如保健品和经过认证的有机食品，其计算准则主要为环境输入-产品生命周期评价模式。

图 1-3 美国碳标签

图片来源：https://kd.nsfc.gov.cn/paperDownload/1000014149618.pdf。

第二类是由美国国内的非营利机构 Carbon fund 发起的 Carbon free Label（无碳标签）。其运转流程具体为：个人或企业向 Carbon fund 发起捐款，当捐款金额达到一定数量后，Carbon fund 便利用这笔捐助资金开展一个减排项目（如林业碳汇、能效提升或可再生能源发电）并产生一定的减排量，同时委托第三方核查机构根据国际权威减排方法学进行减排量核证，再将这批减排量根据各捐助者的捐款金额进行分配，捐助者便可利用减排量对自身服务或产品的碳足迹实现中和。目前，经 Carbon free Label 碳标签查验的产品主要有服装、糖果、罐装饮料、电烤箱、组合地板等。

第三类是气候意识标签（Climate Consious Label），由非营利机构气候保护协会（The Climate Conservancy）于 2007 年推出，最初旨在响应绿色消费主义，提高购买者的环境意识。这是一个没有政府干预的私人标准。与无碳标签类似。该标签并不具体标明产品的减碳量，标签上没有数值，并且标签基于未指定的碳标签核算方法。

1.3.3 德国碳标签体系的发展现状

德国产品碳足迹试点项目于 2008 年 7 月启动，旨在为企业提供产品碳足迹评价和交流的方法和经验，减少 CO_2 排放，倡导环保消费。该项目由波茨坦 Öko-Institut 应用生物研究所气候影响研究组和柏林 think/do tank THEMAI 研究组发起。目的在于为企业提供产品碳足迹评价与交流方面的方法与经验，从而促使消费者主动选择低碳产品，降低全社会的碳排放量。该项目还开展了产品碳足迹（PCF）测量方面的国际标准方法研究，吸引了 BASF（巴斯夫）、DSM（帝斯曼）、Henkel（汉高）集团等众多德国企业参与。2009 年 2 月，德国 PCF 试点项目正式推出其产品碳足迹标签（图 1-4）。目前，经查验的产品包括电话、床单、洗发水、包装箱、运动背带等，测量计算方法以 ISO 14040/44 为基础，同时参考了 PAS 2050。但该标签并不包括产品碳排放的量化信息，只是告知消费者该产品的碳足迹已经被评估过。

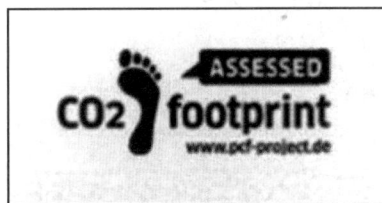

图 1-4　德国碳标签

图片来源：https://kd.nsfc.gov.cn/paperDownload/1000014149618.pdf。

1.3.4 法国碳标签体系的发展现状

法国碳标签最初由法国国内大型连锁超市 Casino 发起，[①]适用于所有 Casino 自售产品。Casino 集团邀请了约 500 家供应商参与了该碳标签计划，并提供了免费的碳足迹计算工具。Casino 的碳足迹标签（图 1-5）以绿叶为基本形态，表示每 100 g 该产品所产生的碳排放量。在包装背

图 1-5 法国碳标签

图片来源：https://app.sist.org.cn/label/Upload/file/4ed52bd41d8d4d0fbb4cf50ec8b770e7.pdf。

面，该标签则显示为一把绿色标尺，以不同的色块体现产品对环境的不同影响程度，从左至右影响程度不断加强，方便消费者直观地了解该产品对环境的影响。

法国国民议会于 2010 年 7 月 12 日通过一项环境法案——《综合环境政策与协商法 II》（Grenelle II，以下简称"新环保法"），新环保法通过了有关消费品和环境议题的若干措施，也是全球第一部有关碳信息的环境法，法案第 85 条强调，应通过标记、标签、张贴或任何其他适宜的方式告知消费者产品整个生命周期（从原料、制造、储运、废弃到回收的全过程）及其包装的碳含量，即把商品在生产过程中所排放的二氧化碳（CO_2）量在产品标签上标示出来，告知消费者产品的碳信息。

另一家化妆品跨国巨头 L'ORÉAL（欧莱雅）也宣布将针对旗下产品逐步开展碳标签贴标工作，并争取于 2030 年实现所有产品都具备碳标签标识。

此外，2021 年 4 月 6 日，法国国民议会（L'Assemblée nationale）就修改《气候法案》展开了为期 3 天的激烈辩论，最终以 93∶28 的投票分数通过了"在产品上添加'碳排放分数'标签"这一修正法案。

在产品上加入"碳排放分数"（CO_2 score）标签的目的是清楚地告知消费者相关产品在原料生产、产品制作、包装、运输过程中产生的碳排放量，同时敦促品牌和生产商采取符合国家环保要求的措施。

国民议会表示，"碳排放分数"标签将首先在服装和纺织品行业试行，要求所有在法国市场上销售的成衣和纺织品需要标注"碳排放分数"标签，试行时间不超过 5 年，如果试行结果表明该标签是行之有效的，将考虑推广到家具、酒店、电器等行业。

---

① Casino 集团于 2008 年 6 月推出了"Group Casino Indice Carbon"碳标签。

1.3.5 日本碳标签体系的发展现状

日本政府在碳标签推广过程中起到了重要作用。2008 年 4 月，日本产经省成立了"碳足迹制度实用化、普及化及推动研究会"，当年 12 月，确定了比较科学的产品碳足迹计算方法、碳标签适用产品和碳标签设计等内容。日本的碳标签评价标准为《产品碳足迹评估与标示之一般原则（2009）》（TSQ 0010），主要由 ISO 14025 改编而来，其中加入了适合日本国情的碳排放量化方法。2009 年初，日本开始推动碳足迹标签试行计划。Sapporo（三宝乐）啤酒厂、Aeon（永旺）超级市场、Lawson（罗森）与 7-11 等便利商店、Panasonic（松下电器）等企业已加入该计划，在其产品或服务中引入碳足迹标签制度。2012 年 3 月，试行计划宣告结束，碳足迹（CFP）工程正式转交给日本产业环境管理协会（JEMAI），借助其III型环境标志的研究基础，开展产品碳足迹的相关研究。该行动亦更名为"碳足迹通信工程"（CFP Communication Program），旨在帮助公众识别产品生命周期中的"碳热点"，并促进消费者和企业间的沟通，以加速向低碳社会转型。日本碳标签类型目前只包括量化产品碳标签（图 1-6）。

图 1-6　日本碳标签

图片来源：https://www.cfp-japan.jp/system/index.html。

1.3.6 韩国碳标签体系的发展现状

韩国碳标签由韩国环境部主管，于 2008 年 7 月开始试行，初期试点企业包括 Asiana（韩亚）航空公司、Navien（纳碧安）暖通公司、Amore Pacific（爱茉莉太平洋）集团、可口可乐、LG（乐金）电子、SAMSUNG（三星）电子等，并基于 PAS 2050 和 ISO 14040/14064/14025 推出了产品碳足迹计算准则，同步开展了碳足迹稽核员培训、建立国家生命周期盘查数据库等工作。2009 年 2 月，正式推出碳足迹标签。

韩国碳足迹标签旨在推广低碳消费的理念并鼓励企业采用低碳的生产方式，为国际温室气体减排事业做出贡献。碳标签不是强制性的，但是允许企业以自愿的方式参与其中。碳标签一共有 3 种（图 1-7），也可视为 3 个阶段：（a）碳排放认证（第一阶段），（b）低碳产品认证（第二阶段），（c）碳中和产品认证（第三阶段）。

（a）碳排放认证　　　　　　　（b）低碳产品认证　　　　　　（c）碳中和产品认证

图 1-7　韩国碳标签

图片来源：https://app.sist.org.cn/label/Chinese/Result？LabelType=3&key=%E9%9F%A9%E5%9B%BD。

数据收集边界是根据产品类型来决定的（可分为两类）。第一类包括生产商品、非耐用品、不使用能源的耐用品和服务。对于生产商品和服务，应该包括原材料获取，初加工和再加工的过程。对于不使用能源的耐用品和非耐用品，需要包括获取原材料、初加工、再加工和最后废弃过程的碳足迹。第二类包括使用能源耐用品和 EuP 规则规定的目标产品。对于使用能源的耐用品，需要包括原材料获取、制造、使用和废弃全过程的碳足迹。

1.3.7　泰国碳标签体系的发展现状

泰国是目前为数不多的推出碳标签制度的发展中国家之一。分别于 2008 年与 2009 年在政府组织"泰国温室气体管理组织 T60"的领导下，泰国开始了碳标签的试点推广。泰国的碳标签主要包括两种："泰国碳减量标签"［图 1-8（a）］和"泰国碳足迹标签"［图 1-8（b）］。值得注意的是，"泰国碳减量标签"证明该产品在生产过程中相较同类型产品具有较低的碳排放；而"泰国碳足迹标签"主要用于出口货物上，特别是出口到美国和欧洲的市场产品。产品碳标签评价费用主要由政府支付，采用全生命周期评价流程。

（a）　　　　　　　　　　　　　　　　　（b）

图 1-8　泰国碳标签

图片来源：https://kd.nsfc.gov.cn/paperDownload/1000014149618.pdf。

1.3.8　瑞士碳标签体系的发展现状

瑞士碳标签（Climatop）源于调查显示的消费者想知道产品环境影响的信息，由独立机构 Okozentrum Langenbruc 于 2008 年 11 月在苏黎世发起并创建，用于产品和服务，Climatop 以圆形与 CO_2 化学式共同组成（图 1-9）。带有 Climatop 的产品表示该产品与其他同类产品相比，在其全生命周期有显著低水平的碳排放，Climatop 使得该产品在可持续发展方面从竞争对手中脱颖而出。同类产品定义为具有相同功能的可替代的产品，对照产品的碳排放可以从以往科学文献或 ecoinvent 数据库中获得。Climatop 标签的碳

图 1-9　瑞士碳标签

图片来源：https://impakter.com/index/climatop-label/。

足迹计算方法是以 ISO 14040 为基础的全生命周期评价（LCA）。计算方法需第三方认证。除碳排放量低以外，Climatop 还要求产品生产过程遵循《国际劳工法》的标准。由于标签的特殊性，申请 Climatop 的产品需要低于所有计算产品碳足迹的 10%～15% 才可以获得认证。

Climatop 主要通过两种方式降低 CO_2 排放量：一是消费者层面，在产品上提供碳标签从而引导客户选择环境友好的产品；二是生产者层面，Climatop 仅在对环境更加友好的产品上使用，促进公平竞争，优化产品的全生命过程。

1.3.9　瑞典碳标签体系的发展现状

由于食品部门在气候变化中的重要作用，瑞典农民协会和食品标签组织开始给各种食品的碳排放量做标注。瑞典的碳标签制度又名瑞典印章气候认证（图 1-10）。若该食品较同类产品的平均温室气体减排量达到 25%，则在每一类食品类型中加以标注，明示该食品的"碳排放历史"，从而引导消费者选择健康的绿色食品，以减少温室气体排放。气候标签涵盖了从农业到农产品销售的整个食物链。截至 2023 年，肉类、鱼类、牛奶、温室蔬菜、农作物及生产活动的碳排放标准已经制定。

加贴碳标签的产品必须完成生命周期评价并发布环境声明（EPD），主要用于表示产品碳排量达到标准要求。瑞典碳标签目前主要面向 B2C 食品（如水果、

蔬菜、乳制品等），产品评价范围主要为运输阶段，其碳足迹计算以全生命周期评价（LCA）为基础设定标准。

MAX 汉堡店于 2008 年成为世界上第一家对其提供的全系列产品进行碳排放量披露以鼓励人们少吃牛肉的连锁餐饮企业。在 MAX 汉堡店里，菜单上的每款菜品都贴上了碳标签，注明了在其生命周期内温室气体的排放量，这一行动也使得店内菜品销量增加了 20%。

图 1-10　瑞典碳标签

图片来源：https://www.svensktsigill.se/hallbarhet/vara-marken/。

1.3.10　澳大利亚碳标签体系的发展现状

全球绿标国际有限公司（Global GreenTag International）成立于 2010 年，其推出的碳标（Greentag）认证是澳大利亚，乃至全球最大的产品可持续性认证体系之一。碳指标（Carbon Rate）是全球绿标国际有限公司独有的碳排放认证方案，经第三方同行评审，简单而科学地判定产品碳影响和环保指数。在完成全生命周期评估（LCA）的认证评估后，全球绿标国际有限公司的碳指标评估将为产品授予 3 种潜在的高可见度碳性能图形标志或"标签"之一 [图 1-11（a）]，其中也包括真实的碳指标，并且即时表达产品的气候表现。

碳指标为产品提供高可见度的碳性能图形，其中包括真实的碳指标，即时表达已在程序中评估的产品的气候性能：标明产品如何减少对气候的负面影响或有益于气候改善、量化厂家为减少碳排放做出的积极措施、使用详细的生命周期评估为产品的气候保护声明提供符合 ISO 标准的数据。

2009 年，星球方舟与英国碳信托公司联合在澳大利亚推出了碳减量标签。使用星球方舟与英国碳信托联合成立的"碳标签公司"提供的碳足迹结果，从而使企业更加了解自己的产品碳足迹，并有助于减排和交流。产品数据储存在碳信托公司的"足迹专家"系统，数据可由碳信托公司推出的"足迹专家"系统计算获取。因此，澳大利亚碳减量标签是公司做出减排承诺的视觉符号。它与英国碳减量标签不同之处是标签底部增加了"与 PLANET ARK 合作"的字样，对两家公司的合作关系进行了说明 [图 1-11（b）]。

（a）　　　　　　　　　　（b）

图 1-11　澳大利亚碳标签

图片来源：https://kd.nsfc.gov.cn/paperDownload/1000014149618.pdf。

　　　　　https://www.guocaiic.com/newsinfo/5387285.html。

1.3.11　加拿大碳标签体系的发展现状

　　魁北克政府在 2010—2011 年度投入 2 400 万美元以开展碳足迹产品测试和认证项目，促进获得认证的产品在市场上的推广。该项目旨在测试大范围内实施碳足迹标签制度的灵活性并为下一步行动提供指导。魁北克省财政部受命实施这一措施，该措施实施主要的障碍在于国际碳足迹标签缺乏统一碳足迹计量方法学。

　　面对这些挑战，魁北克省财政部与产品、流程、服务生命周期校际研究中心（CIRAIG）合作开始推广碳足迹标签试行计划。魁北克省财政部同时也与魁北克标准化办公室（BNQ）联手探索有效的碳足迹审计机制。

　　魁北克碳足迹标签由象征法国属地的蓝色鸢尾花和绿色的脚印构成。右侧有一个二氧化碳的化学式，代表了产品生命周期内的温室气体排放［图 1-12（a）］。

（a）　　　　　　　　　　　　（b）

图 1-12　加拿大碳标签

图片来源：https://app.sist.org.cn/label/Chinese/Detail?LabelType=3&Label=233b。

　　　　　https://app.sist.org.cn/label/Chinese/Detail?LabelType=3&Label=219b。

　　此外，加拿大还有碳计数标签，该标签是由非营利机构 Carbon Counted 与 Carbon Footprint Slutions 推出，标签由脚印和绿色树叶组成，且标明了标签实施机构官网，图标右上角显示的数据表明排放到环境中的二氧化碳量[图 1-12（b）]。碳计数标签利用 Carbon Counted 进行碳排放量计算，Carbon Counted 是一个基于网络的温室气体清单系统，使企业能够计算他们的碳排放量。Carbon Counted 对所有顾客和企业开放，该系统设有超过 8 000 个站点，包括十几家 TSX60 公司的注册。

1.4 国内研究现状

1.4.1 我国香港碳标签体系的发展现状

低碳关怀标签（香港碳标签，图 1-13）由 CarbonCare Innolab 与 Deloitte CarbonCare Asia 共同发起。CarbonCare Innolab 是个非营利组织，专为培育及发展充满创意的方案、政策与实践行动，应对现今气候变化及可持续发展带来的挑战。Deloitte CarbonCare Asia 是一家领先的咨询服务提供商，提供企业可持续发展和碳管理策略、减少温室气体排放、增强气候应变力、可持续金融、可持续发展知识提升以及环境、社会及管治（ESG）汇报服务等方面的咨询服务。自 2011 年底推出计划至 2023 年，已颁授超过 450 个"低碳关怀标签"至各行各业的机构，包括上市公司、私人公司、政府部门、公共机构、社会企业、非政府组织、酒店、商业大厦/场地等。目前低碳关怀标签设有 6 种不同级别，代表申请机构在减碳/碳中和方面取得的成就。标签上叶片的数量代表该机构在申请年份相较基准年所完成的碳减排量：由小到大的 5 片绿色标签分别代表 5%（减碳启动）、20%、40%、60% 以及 80% 的减排量；而金色标签则代表该机构达到碳中和状态。

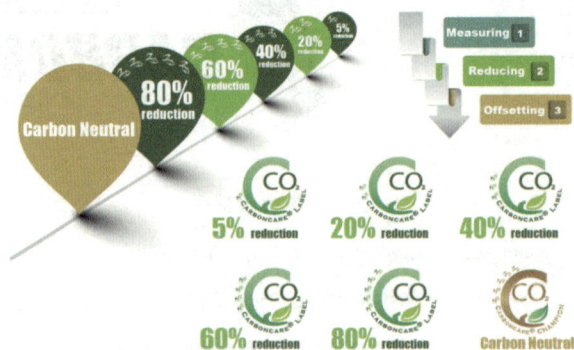

图 1-13 香港碳标签

图片来源：https://www.ccinnolab.org/CCL。

1.4.2　中国内地碳标签体系的发展现状

（1）中国电子节能技术协会低碳经济专业委员会

中国内地近些年也在积极推动碳足迹评价工作，但多以地方或民间机构的方式展开，其中开展得比较早的为中国电子节能技术协会低碳经济专业委员会碳标签如图 1-14 所示。

以圆形标志为基础及绿叶组成的图案代表着保护或无限

搭配的 CO_2 化学式符号

碳足迹标签上标示的碳足迹数值，代表该产品生命周期各阶段产生的温室气体排放量，换算为 CO_2 排放量总和

图 1-14　中国电子节能技术协会低碳经济专业委员会碳标签

图片来源：https://www.sohu.com/a/433114753_100284179。

（2）中国低碳产品认证

《节能低碳产品认证管理办法》明确节能产品认证、低碳产品认证两种形式。节能产品认证是指由认证机构证明用能产品在能源利用效率方面符合相应国家标准、行业标准或认证技术规范要求的合格评定活动；低碳产品认证是指由认证机构证明产品温室气体排放量符合相应低碳产品评价标准或者技术规范要求的合格评定活动。

建立节能低碳产品认证部际协调工作机制。国家发展改革委、国家市场监督管理总局将按照办法规定，会同国务院有关部门建立节能低碳产品认证部际协调工作机制，共同确定产品认证目录、认证依据、认证结果采信等有关事项。节能、低碳产品认证目录由国家发展改革委、国家市场监督管理总局联合发布；节能、低碳产品认证规则由国家市场监督管理总局同国家发展改革委制定，由国家市场监督管理总局发布；节能、低碳产品认证证书的格式、内容由国家市场监督管理总局统一制定发布。

明确节能、低碳产品认证的实施程序。根据《节能低碳产品认证管理办法》

第二章的规定，明确了认证委托与受理、认证实施、产品型式试验、产品检验检测、工厂检查或核查、认证决定、跟踪检查等节能、低碳产品认证实施全过程，保证了节能、低碳产品认证的有效性。

明确信息公开和报送制度。一是国家市场监督管理总局公布节能低碳产品认证实施机构名录及相关信息；二是认证机构应当依法公开节能低碳产品认证收费标准、产品获证情况等相关信息，并定期将节能低碳产品认证结果采信等有关数据和工作情况，报告国家市场监督管理总局。

明确对认证证书和标志（图1-15）的管理。一是规定了认证证书的基本内容和有效期为3年；二是认证机构按照认证规则的规定，作出认证证书的变更、扩展、注销、暂停或撤销的处理决定；三是明确了节能产品认证标志、低碳产品认证标志的式样；四是规定取得节能低碳产品认证的认证委托人，应当建立认证证书和认证标志使用管理制度，认证机构监督获证产品的认证委托人正确使用认证证书和认证

图 1-15　中国低碳产品认证标志

图片来源：https：//app.sist.org.cn/label/Chinese/Detail？LabelType=3&Label=190。

标志；五是任何组织和个人不得伪造、变造、冒用、非法买卖和转让节能、低碳产品认证证书和认证标志。

明确监督管理制度。一是明确了国家市场监督管理总局、国家发展改革委、地方质检局在节能低碳产品认证工作中的职责分工；二是建立了认证委托人向认证机构的申诉制度；三是任何组织和个人对节能低碳产品认证活动中的违法违规行为的举报制度；四是规定了伪造、变造、冒用、非法买卖或转让节能、低碳产品认证证书和认证标志的行政处罚条款。

（3）中国环境标志低碳产品认证

"中国环境标志低碳产品"认证标识（图1-16）图形由外围的 C 状外环和青山、绿水、太阳组成。标识的中心结构表示人类赖以生存的环境；外围的 C 状外环是碳元素的化学元素符号，代表低碳产品。该图向人们传递了一种通过倡导低碳产品来共同保护人类赖以生存的环境的含义。

生态环境部在参考国外低碳产品认证发展模式的基础上，决定开展低碳产品认证。在中国环境标志框架下，把产品服务归入适当的分类，设置"气候相关"类产品。中国环境标志低碳产品认证是立足中国环境标志认证（十环认证），以

综合性的环境行为指标为基础，低碳指标为特色，促进国家节能减排目标的实现，服务于国家低碳经济发展。

　　低碳产品认证的第一个阶段，把产品在生产或使用过程中产生较大温室气体排放的产品归入"中国环境标志低碳产品"。在中国环境标志产品技术要求每年的制（修）订工作中，对纳入"中国环境标志——低碳产品"类的产品技术要求中增加碳排放的限值要求，并按照原有中国环境标志认证体系，对通过认证的该类产品授予"中国环境标志低碳产品"，以表示该

图 1-16　中国环境标志低碳产品
认证标识

图片来源：https://app.sist.org.cn/label/Chinese/
Detail?LabelType=3&Label=189。

类产品对保护气候方面的积极作用。截至 2009 年 10 月，通过中国环境标志认证的企业超过 1 600 家，涉及的产品型号超过 30 000 个，年产值超过 1 000 亿元。通过这种方式，可以最大限度地提高低碳产品认证的影响力，引导企业和消费者积极参加温室气体减排活动。

　　在低碳产品认证的第二个阶段，将会开展产品碳足迹和产品碳足迹等级标志。产品碳足迹标志是在"Ⅲ型环境标志——环境产品"声明框架下，基于生命周期分析（LCA）和产品碳足迹（PCF）计算方法学，将产品在生产、运输、使用和报废处理的全生命周期过程中排放的各种温室气体转化为二氧化碳当量（产品的碳足迹），将其在碳足迹标志中予以表述。碳足迹标志是对产品导致气候变化的环境性能进行声明，有助于公众自行比较产品碳排放的信息，并进行消费选择。

　　在收集和调研产品行业碳足迹基础上，可研究设置产品的行业碳排放等级，对产品进行"碳等级标志"认证。碳等级标志是对产品碳足迹和所处行业等级信息进行声明。碳等级标志将为消费者提供更多的信息，更好地帮助其在消费过程中进行判断和选择低碳产品，推动社会低碳生产和低碳消费的进程。

2

碳标签标准及核算方法

　　碳标签是在商品上加注碳足迹的标签，与碳足迹关系密切。目前在世界范围内广泛应用的碳足迹核算标准主要应用于国家、企业或组织、产品等不同层面，其主要来源是由联合国政府间气候变化专门委员会（IPCC）、英国标准协会、国际标准化组织、世界资源研究所还有世界可持续发展工商理事会发布的一些系统性的标准（表 2-1）。国际上广泛应用于产品的碳足迹核算的标准为 PAS 2050、GHG Protocol 和 ISO 14067。其中，PAS 2050 是全世界第一个产品碳足迹核算标准，在世界范围内被广泛用于评价产品温室气体排放。GHG Protocol 是世界资源研究所和世界可持续发展工商理事会于 2011 年正式发布的标准，是最为详细的碳足迹核算标准。ISO 14067 由国际标准化组织于 2012 年 10 月发布草案版，2013年 5 月发布标准版，2018 年进行更新，该标准被认为是更具普遍性的标准，提供了最基本的要求和指导。

表 2-1　国外碳足迹核算标准

标准或规范名称	发布年份	更新年份	核算范围	发布机构	核算方法
ISO 14067	2013	2018	产品、服务	ISO	建立数据库和模型，对产品/服务全生命周期碳排放进行计算
PAS 2050	2008	2011	产品、服务	BSI/Defera	
GHG Protocol《温室气体核算体系：产品生命周期核算和报告标准（2011）》	2011	—	产品、服务	WRI/WBCSD	
TSQ 0010	2009	2010	产品、服务	日本经济产业省（METI）	
GHG Protocol《温室气体核算体系：企业核算与报告标准（2004）》	2004	—	企业	WRI/WBCSD	对企业碳排放进行计算

标准或规范名称	发布年份	更新年份	核算范围	发布机构	核算方法
GHG Protocol《温室气体核算体系:企业价值链（范围三）核算与报告标准（2011）》	2011	—	价值链	WRI/WBCSD	对价值链碳排放进行计算
2006 IPCC 国家温室气体清单指南	2006	2019	企业、项目	世界气象组织（WMO）/联合国环境规划署（UNEP）	对企业或项目现有终端排放源的监测和审计

　　针对企业、组织及国家层面的碳足迹核算,世界范围内经常采用 GHG Protocol 及 IPCC 计算法。这两者中为企业、组织层面的碳足迹核算提供比较详细的指导和说明的是 GHG Protocol,而 IPCC 计算法则是根据联合国政府间气候变化专门委员会编制的温室气体清单指南,充分考虑能源活动、工业生产过程、产品日常使用和维护、农林业和其他土地利用、废弃物处理等方面的温室气体排放,为国家层面的碳足迹核算提供标准和指导。

　　1997 年,国际标准化组织制定了 ISO 14040 标准,把 LCA 的实施步骤分为目标和范围定义、清单分析、影响评价和结果解释 4 个部分,为 LCA 的工作或研究的开展提供了基础。2006 年发布了第二版 ISO 14040 和新的 ISO 14044。

　　2009 年 3 月日本公布了第一版产品碳足迹技术准则《产品碳足迹评估与标示一般原则》（TSQ 0010）,2010 年 7 月发布了第二版。规范中详细介绍了该准则的适用范围、评价标准以及量化方法。

2.1　国外核算标准

2.1.1　PAS 2050

　　《商品和服务在生命周期内的温室气体排放评价规范》（PAS 2050）是由碳信托（Carbon Trust）和英国环境、食品和农村事务部（DEFRA）联合发起,英国标准协会编制的全球最早公开的碳足迹规范性文件,用于计算商品和服务在整个生命周期内的温室气体排放量。该规范帮助企业在管理自身生产过程中所形成的温室气体排放量的同时,寻找在产品设计、生产、使用、运输等各个阶段降低温室气体排放的机会。

　　该规范自 2008 年发布以来,成为国际产品碳足迹计算的主要参考依据。

PAS 2050 在 2011 年进行了更新，除了对内容进行修正与补充（如增加了对产品类别规则的强制性要求），还提供了一个指导性文件以便使用者能够更好地评估产品的碳足迹，并在供应链中实施减排。根据关键的生命周期评价技术方法和原则，对各种商品和服务（统称为产品）在生命周期内的温室气体排放评价要求作了明确的规定。

PAS 2050 依据的方法学基础是 ISO 14040/ISO 14044 标准规定的生命周期评价方法，从企业到企业（B2B）和企业到消费者（B2C）两个角度对如何确定系统边界、如何确定 GHG 排放源、如何分析数据以及如何进行计算等作了明确规定。评价的气体范围较广，除了 6 种《京都议定书》规定的温室气体，还要求将《蒙特利尔议定书》受控物质和最新 IPCC 指南中列明的温室气体也列入清单。

①企业到消费者（B2C）：包含产品的整个生命周期（从摇篮到坟墓），包括原材料、制造、分销和零售、消费者使用、最终废弃或再生利用等环节。

②企业到企业（B2B）：包括产品从生产各环节到产品运送到另一个制造商时终止（从摇篮到大门），包括分销和运输到客户所在地。

根据 PAS 2050，产品生命周期内温室气体排放量计算共包含以下 5 个基本步骤，每个步骤的工作内容和意义如图 2-1 所示。

图 2-1　PAS 2050 标准中产品碳足迹计算流程

①绘制产品生命周期过程图。这一步骤的目的是确定对所选产品生命周期有贡献的材料、活动或过程。生命周期通常涵盖产品从原材料开采（包括原材料的运输）、产品制造、销售、使用到最终废弃处置的整个供应链。

②边界核查及优先顺序确定。系统边界定义了产品碳排放计算的范围，系统边界的关键原则是列入所有的实质性排放。实质性贡献是指超过该产品生命周期预期排放总量1%的任一来源的贡献。非实质性排放则排除在外，即占排放总量不到1%的任何单一来源，但是非实质性排放的总比例不得超过整个产品碳足迹的5%。分配的优先顺序依次为避免分配（单元过程分解或扩大产品系统）和经济分配，不允许物理分配，并对源自废物、能源、运输的排放和再生材料的利用和回收、与再利用和再制造有关的排放给出具体的要求。

③数据收集。计算碳足迹需要收集活动水平数据和排放因子两类数据。活动水平数据和排放因子可来自初级数据或次级数据。活动水平数据是指产品生命周期中涉及的所有材料和能源（如物料输入和输出、能源使用、运输等）；排放因子是一种联系，可将这些数量转换成温室气体排放量：单位活动水平数据排放的温室气体数量（如每千克输入量或每千瓦时能源使用量的温室气体排放量，kg）。

④碳足迹计算。将产品整个生命周期中所有活动的材料、能源和废物乘以其排放因子，并进行加和，即可得到产品的碳足迹。每项活动的温室气体排放一经计算出来，则利用全球增温潜势（GWP）将其换算为二氧化碳当量。计算碳足迹需遵循质量守恒，以确保所有输入、输出均被计入。

⑤不确定性检查。这一步骤的目的是衡量碳足迹结果中的不确定性并使其最小化，提高碳足迹比较结果的可信度，以及提高碳足迹的决策水平。用质量好的初级活动水平数据替代次级数据、采用质量更好的次级数据、改进碳足迹计算过程使之更加符合现实并细致化、对碳足迹进行一次评审和（或）认证这4个步骤可降低不确定性。

PAS 2050 规范根据如何使用产品碳足迹，确定了认证、其他方核查和自我核查3个检验等级。当企业愿意公开通报碳足迹时，鼓励其开展独立的认证工作。此外，支持产品之间温室气体排放的对比，并为这些信息的沟通提供一个共同的基础，但并没有对沟通的要求作出规定。

英国为完善碳足迹信息交流和传递机制，补充制定了以规范产品温室气体评价为目的的《商品温室气体排放和减排声明的践行条例》，并建立了由英国碳标识公司负责的碳标识管理制度，帮助参与碳足迹评价项目的企业在其商品包装上标注企业温室气体排放量或减排量等数据。

2.1.2　ISO 14067

2008 年，国际标准化组织（ISO）成立工作组并着手编制产品碳足迹的国际标准 ISO 14067。该标准主要是基于 ISO 14040/44 及 ISO 14025。2012 年，ISO 14067（2012）国际标准草案版公布。2013 年，其作为技术规范发布，全称为《ISO/TS 14067：2013 温室气体-产品碳足迹　量化与沟通的规则与指南》（ISO/TS 14067：2013 *Greenhouse gases - carbon footprint of products Requirements and guidelines for quantification and communication*）。2018 年，ISO 对该标准进行了修订。

ISO 14067 为产品整个生命周期中的温室气体排放量的评估提供了标准，令产品碳足迹能有效地在供应链、顾客及其他利益相关者之间沟通，并且为基于比较目的的计算结果提供了一个公认的根据。其主要目的是：增强产品层面碳足迹的量化、报告、验证及验证的可信性、一致性以及透明度；通过评估替代产品设计、采购方案、生产方式、原材料的选择，以及基于生命周期评价中气候变化的影响进行持续改善；促进基于产品生命周期、供应链的碳管理策略及计划的发展与实施；协助跟踪温室气体减排及绩效过程；提高消费者通过改变消费行为进而对温室气体减排做出贡献的意识。

ISO 14067 参照 ISO 14025 规定的产品类别规则（PCR），按是否存在或存在多组 PCR 这 3 种情景，分别介绍了如何应用产品的碳足迹-产品类别规则（CFP-PCR）。该规则的使用具体规定：当存在相关 PCR 或 CFP-PCR 时，应采用；当存在多组 PCR 或 CFP-PCR 时，由标准使用者抉择；当不存在相关 CFP-PCR 时，其他符合标准要求且经国际认可的特定部门文件须被采用。

按照生命周期评价方法核算可分为 4 个阶段，具体核算流程如图 2-2 所示。依据碳足迹核算流程图，进行不同阶段碳足迹核算标准内容的解析。

2.1.2.1　目标与范围定义

国际标准中关于该阶段的相关规定，总体原则是基本一致的。研究目标主要根据预期的应用确定，包括碳风险管理并确定温室气体排放量减少排放的机会、公开报告并参与自愿性温室气体计划、参与温室气体市场和认可早期的自愿行动，开展研究的原因及目标受众。通过量化产品生命周期或选定过程中的温室气体排放和清除量，计算产品对全球变暖的潜在贡献，用二氧化碳当量表示。研究范围应与研究目标一致，包括研究目标的地理范围、时间范围等。对于该阶段所涉及的温室气体种类等具体内容如表 2-2 所示。

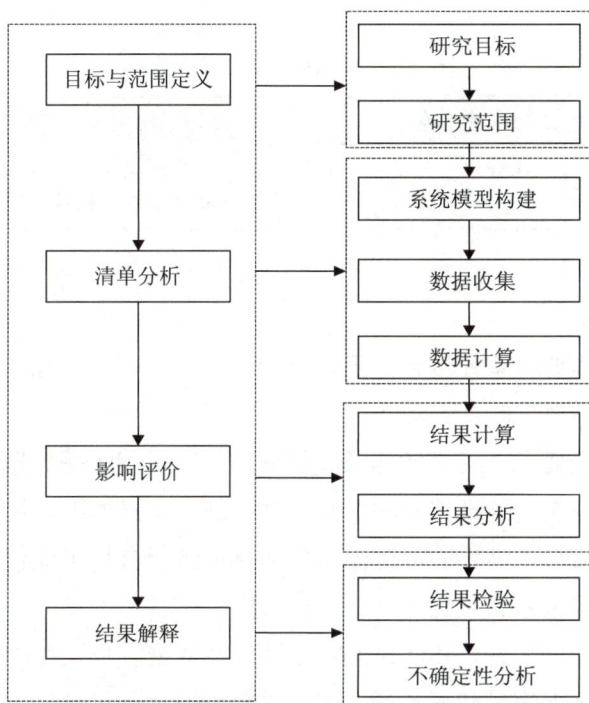

图 2-2　核算流程

表 2-2　研究目标与研究范围包括的具体内容

温室气体种类	全球变暖潜势	评价期	排放源	温室气体排放源	排放类型	分配方式
《京都议定书》规定的6类	引用（IPCC中100年GWP）	基于产品生命周期期限内	化石和生物碳源	过程温室气体排放	未分类	避免分配（单元过程分解或扩大产品系统）；物理分配；经济分配；再利用循环过程的分配方法

2.1.2.2　生命周期清单分析

（1）系统模型图构建

系统模型图的构建主要包括系统边界内所包含的过程及过程输入/输出的确定。系统边界的界定主要依据 ISO 14040：2006 进行原则层面的相关说明，包括系统边界的界定要与研究目标相一致，边界内单元过程的选择及单元过程的详细水平取决于研究潜在应用意图及结果目标受众。系统边界内的过程是否全部进行研究，涉及取舍规则及主要关注过程在标准中的规定，具体内容如表 2-3 所示。

表 2-3　系统构建的主要内容

取舍原则	碳储存	土地利用变化	基础设施
舍弃的过程碳足迹累计贡献不能超过 5%	与评价期相关联（单独报告）	若具有重要贡献则包含在内（依据国际标准方法进行核算）	未具体涉及

（2）数据收集

数据的收集需要对单元过程的了解、单元过程输入和输出的定量和定性表述、考虑分配的情况及数据收集来源。

根据数据质量要求，可将数据类型划分为初级活动水平数据和次级数据。同时，考虑时间覆盖面、地理覆盖面、技术覆盖面，信息的准确性、精确性，以及完整性、一致性、再现性，并注明温室气体排放评价宜尽可能使用现有的质量最好的数据，以减少偏差和不确定性。

除以上几个方面以外，ISO 14067 还要求在数据收集过程中，对数据进行验证，以确认提供证据满足数据质量要求，并提出进行碳足迹研究的组织应具有数据管理系统，以及保留相关文件和记录。

2.1.2.3　生命周期影响评价

该阶段以清单分析为基础，进行碳排放量的计算和碳排放特征的分析。

（1）结果计算

ISO 14067 主要采用基本方程进行碳排放量的计算，基本方程是应用最广泛的量化方法。不同种类温室气体排放量计算完成后需依据 GWP 进行二氧化碳当量单一指标的转化，GWP 一般选用《2006 IPCC 国家温室气体清单指南》中的测定值。

（2）结果分析

碳排放特征的分析主要包括贡献分析和敏感度分析。贡献分析可以从以下 3 个方面去分析：①能源、原材料及生产过程不同碳排放源的贡献分析；②单元过程的贡献分析；③单元过程组的贡献分析。敏感度分析可用于确定产品碳排放源贡献的关键类别，主要包括能源、原材料及生产过程不同碳排放源的敏感度分析。敏感度分析还可以结合不确定性分析，用于数据的检验及修正。对于碳排放特征分析的具体实现过程，均可以在生命周期评价软件上进行相关操作。

2.1.2.4　结果解释

结果解释的主要内容包括完整性检查、一致性检查、敏感性检查和不确定性分析，主要是要对数据的质量和结果的可信度进行说明。

ISO 14067 不支持产品间的比较，但对沟通作出了具体要求，包括公开的碳足迹交流、披露报告，并规定了外部沟通报告、碳足迹业绩跟踪报告、碳足迹标签或声明 4 种沟通方式，根据 CFP 信息公开与否，提出了不同要求。强调 CFP 报告作为公开交流用途时，必须经由第三方核证，或以一个完整、准确、详细的公开可用的报告形式沟通。

2.1.3 GHG Protocol

温室气体核算体系（Greenhouse Gas Protocol，GHG Protocol）是由美国的非政府环境组织——世界资源研究所（World Resources Institute，WRI）与设在日内瓦的由 170 家国际公司组成的世界可持续发展工商理事会（World Business Council for Sustainable Development，WBCSD）主持开发，由企业界、非政府组织（NGO）、政府等多方利益相关团体共同制定的。

GHG Protocol 也是全球第一个 GHG 核算标准，为全球几乎所有的 GHG 核算标准和方案提供了核算框架，为发展中国家提供了一套国际公认的管理工具，可增加发展中国家的企业在全球市场中的竞争力以及帮助其政府在气候变化方面作出明智的决策，同时也标志着全球企业量测及申报 GHG 排放量标准化工作的开始。该体系的诞生以改善人类社会生存方式，保护环境以满足时代所需为宗旨，协助不同的组织围绕气候、能源、粮食、森林、水、可持续城市目标在全球范围内开展可持续发展相关工作。

GHG Protocol 并不是一个单一的核算体系，是由一系列为企业、产品、供应链等量化和报告温室气体排放情况服务的标准、指南和计算工具构成。体系的组成中最主要的是以下的三大标准：《温室气体核算体系：企业核算与报告标准（2004）》（以下简称《企业标准》）、《温室气体核算体系：产品生命周期核算和报告标准（2011）》（以下简称《产品标准》）、《温室气体核算体系：企业价值链（范围三）核算与报告标准（2011）》（以下简称《企业价值链标准》）。

这三大标准既相互联系又相互补充。《企业价值链标准》以《企业标准》为基础，补充规范企业标准中划分的核算范围中第三范围的温室气体情况。《产品标准》以面向企业的单个产品来核算产品生命周期的温室气体排放，可识别所选产品的生命周期中的最佳减缓机会，是另外两个标准中作为企业价值链的核算角度上的补充核算标准，如图 2-3 所示。这三大标准提供了一个价值链温室气体核算的综合性方法，以便进一步制定和选择产品层面及企业层面上的温室气体减排策略。

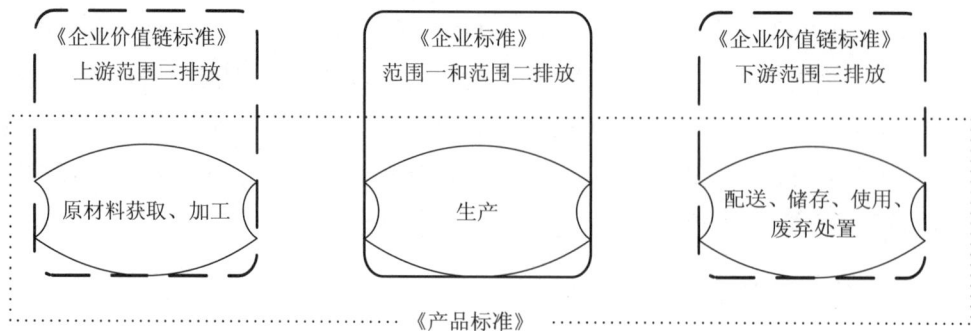

图 2-3　三大标准的关系示意图

（1）《企业标准》

2004 年发布的《企业标准》规定了 GHG 核算与报告应当遵循的 5 个原则，即相关性、完整性、一致性、透明性和准确性。该标准是一套步骤式指南，协助量化并报告温室气体排放量，是 ISO 编制 ISO 14064：2006 的基础。

《企业标准》是面向企业（组织）的碳足迹评估标准，其温室气体范围以《京都议定书》为指导，包含全部的 6 种温室气体，详细地制定了企业碳足迹计算框架，避免了重复计量的问题。该标准将排放源划分为直接排放、间接排放和其他间接排放 3 类，避免了大范围重复计算的问题，为企业项目提供温室气体核算的标准化方法，从而降低了核算成本；同时为企业和组织参与自愿性或强制性碳减排机制提供了基础数据。

（2）《产品标准》

2011 年，WRI 和 WBCSD 联合推出了《产品标准》。该标准是基于 ISO 14044 的生命周期评估标准而制定的，主要作为产品的生命周期碳排放的支持性报告，可帮助公司或组织减少在产品设计、制造、销售、购买以及使用环节中的碳排放，满足消费者对环境信息的需求。计算过程为从原料获取到产品弃置，直接过程和间接过程都需要纳入计算。

《产品标准》明确了采用的生命周期核算方法为归因法，即通过将生命周期中所有相关归因过程联系起来，统计产品分析单元的温室气体排放与移除。该标准的进步之处还在于对数据的收集以及质量十分重视，并且提出了要制订数据管理计划以便实时更新，在对数据的质量要求方面提出了 5 个指标。同时，该标准还规定了进程中可用的数据选择类型包括直接排放数据（现场测量排放量）、过程活动数据（初级数据和次级数据）以及最终活动数据 3 种，并规范了核算数据格式。

（3）《企业价值链标准》

《企业价值链标准》为企业和其他组织编制和公开报告温室气体排放清单，包括价值链活动产生的间接排放提供了要求和指南。其基本目标在于提供标准化的具体方法，帮助企业全面了解其价值链的排放影响，进而发掘温室气体减排机会，使企业的活动及产品购买、销售和生产更具有可持续性。

《企业价值链标准》是在《企业标准》基础上开发的，而且是其补充标准。《企业价值链标准》增加了企业在核算和报告其价值链间接排放时的完整性和一致性。

2.1.4　IPCC

1992 年 5 月 9 日，联合国政府间气候变化专门委员会（IPCC）就气候变化问题通过了《联合国气候变化框架公约》。根据该公约，要求所有缔约方在其能力允许范围内，采用缔约方大会议定的可比方法，定期编制并提交《蒙特利尔议定书》未予管制的所有温室气体人为源排放量和汇吸收量的国家清单。为此 IPCC 发布了系列技术指南，为各缔约方提交准确、透明、可比、一致和完整的国家清单提供方法论。

《2006 IPCC 国家温室气体清单指南》（以下简称《2006 IPCC 清单指南》），涉及能源，工业过程和产品使用，农业、林业和其他土地利用，废弃物等领域温室气体排放计算的方式、活动水平的选择、排放因子的选择和全球变暖潜势值的选取等。其后，IPCC 又发布了《IPCC 2006 年国家温室气体清单指南 2013 年增补：湿地》，不断完善温室气体排放核算方法体系，为各国全面、准确梳理温室气体排放状况、预测减排潜力及制定应对措施提供了重要指导依据。

2019 年，IPCC 第 49 次全会（共有包括中国在内的 127 个国家以及中国政府代表在内的 383 个政府代表）通过了《2006 IPCC 国家温室气体清单指南（2019年修订版）》（以下简称《2019 IPCC 清单指南》）。该指南是《2006 IPCC 清单指南》的重要进步，为世界各国建立国家温室气体清单和减排履约提供最新的方法和规则，其方法学体系对全球各国都具有深刻和显著的影响。

《2006 IPCC 清单指南》为国家层面温室气体清单的建立提供了基本指导，但标准提供的不同层级的方法学、针对具体部门不同物质类别的碳排放计算方法、排放因子数据库及全球变暖潜势等是企业或组织层面及产品层面碳足迹核算的重要参考。该指南主要估算不同尺度、不同区域的碳足迹，并较为详细地给出了国家温室气体清单。

从结构上看，《2019 IPCC 清单指南》总体框架：第 1 卷为总论；第 2 卷为能源；第 3 卷为工业过程和产品使用；第 4 卷为农业、林业和其他土地利用；第 5 卷为废弃物。从内容上看，该指南未改变基本计算方法，对原有表格或章节进行修改；根据工艺和技术的进步，对原内容进行补充或解释；新增《2006 IPCC 清单指南》未覆盖、未涉及的内容。该版指南的修订基于最新的科学认知和技术进步，提供了更加全面的计算方法体系，体现了温室气体排放核算方法学的系统性、准确性和适用性，内容更加完整、详尽，对于温室气体清单编制的指导性更强。

（1）温室气体种类

①具有全球增温潜势的气体，包括二氧化碳（CO_2）、甲烷（CH_4）、氧化亚氮（N_2O）、氢氟碳化物（HFCs）、全氟碳化物（PFCs）、六氟化硫（SF_6）、三氟化氮（NF_3）、五氟化硫三氟化碳（SF_5CF_3）、卤化醚、《蒙特利尔议定书》未涵盖的其他卤烃，全球增温潜势计作 1 t 温室气体在一段时间（如 100 年）内对 1 t CO_2 的辐射强度。

②为未确定其全球变暖潜势值的气体提供了估算方法，包括 $C_3F_7C(O)C_2F_5$、C_7F_{16}、C_4F_6、C_5F_8 和环醚全氟四氢呋喃。

③其他气体。对于氮氧化合物、氨气、非甲烷挥发性有机化合物、一氧化碳和二氧化硫这些前体物的报告提供了相关信息，不过没有提供估算这些气体排放量的方法。

（2）系统边界

《2006 IPCC 清单指南》对系统边界的确定是基于不同部门的考虑，在每个部门的温室气体排放核算中，对温室气体排放的过程进行了相关说明。

（3）数据收集

《2006 IPCC 清单指南》包括收集和处理现有数据、通过调查或测量活动产生新的数据和调整数据供清单使用；提供收集现有数据的主要来源，生产新的数据提供测量计划的一般要素，调整数据主要涉及数据集的漏缺、多个数据来源时数据的合并、区域清单数据的采用。《2006 IPCC 清单指南》还就排放因子与排放量的直接测量、活动数据的制作或评审活动提供了一般性指导意见，包括专门的文献来源、《2006 IPCC 清单指南》排放因子数据的选用、通过测量获得数据并提供废弃的标准测量方法。

（4）排放量计算

《2006 IPCC 清单指南》提供了碳排放量计算的基本方程：排放量=AD×EF（式中，AD 为活动数据；EF 为排放因子），即单位碳排放量乘以消耗量。基于该基本方程，提供不同方法层级的碳排放计算方法，依据研究目标的不同进行方法层级的选择。方法层级代表方法学的复杂程度，通常有 3 个层级，而且层级越高被认为越准确。除基本方程外，《2006 IPCC 清单指南》也考虑了更为复杂的建模方式和其他相关方法（如质量平衡法）。

（5）质量控制程序

《2006 IPCC 清单指南》专门介绍了质量保证与质量控制的相关内容，并在不确定性估算中使用质量控制程序，根据质量控制过程提供的相关信息进行不确定度的量化，然后再根据相关方法（如误差传播、蒙特卡罗模拟及两种方法的结合），进行原始数据不确定性、模型不确定性及合并不确定性的分析。《2006 IPCC 清单指南》是其他标准进行数据质量控制及不确定性分析参考的基础，提供了进行数据不确定度量化的谱系矩阵及蒙特卡罗模拟方法的详细过程，该方法在计算软件中被采用。

2.1.5 ISO 14040

《环境管理 生命周期评价原则与框架》（ISO 14040：2006）描述了生命周期评估（LCA）的原则和框架，包括 LCA 的目标和范围定义、生命周期清单分析（LCI）阶段、生命周期影响评估（LCIA）阶段、生命周期结果解释阶段、LCA 的报告和严格审查、LCA 的局限性、LCA 阶段之间的关系以及使用价值选择和可选要素的条件。ISO 14040 涵盖生命周期评估研究和生命周期清单研究。该标准没有详细描述 LCA 技术，也没有指定 LCA 各个阶段的方法。在定义目标和范围时会考虑 LCA 或 LCI 结果的预期应用，但该应用本身不在该标准的范围之内。

（1）目标与范围定义

目标与范围定义是对 LCA 研究的目标和范围进行界定，是 LCA 研究中的第一步，也是最关键的部分。目标定义主要说明进行 LCA 的原因和应用意图，范围界定则主要描述所研究产品系统的功能单位、系统边界、数据分配程序、数据要求及原始数据质量要求等。

（2）清单分析

清单分析是对所研究系统中输入和输出数据建立清单的过程。清单分析主要包括数据的收集和计算，以此来量化产品系统中的相关输入和输出。首先是根据目标与范围定义研究范围，建立生命周期模型，做好数据收集。然后进行单元过程数据收集，并根据数据收集进行计算，汇总得到生命周期的清单结果。

（3）影响评价

影响评价的目的是根据清单分析阶段的结果对产品生命周期的环境影响进行

评价。这一过程将清单数据转化为具体的影响类型和指标参数，更便于认识产品生命周期的环境影响。

（4）结果解释

结果解释是基于清单分析和影响评价的结果识别出产品生命周期中的重大问题，并对结果进行评估，包括完整性、敏感性和一致性检查，进而给出结论、局限和建议。

2.1.6 TSQ 0010

2009 年，日本颁布《PCR 规划草案注册及 PCR 认证规则》和《产品碳足迹评估与标示之一般原则》（TSQ 0010），为产品碳足迹的量化与标注规定了一般原则，同年 8 月实施《日本碳足迹标识制度》，对 TSQ 0010 中关于碳标签的详细信息作了进一步补充。

TSQ 0010 标准包含五大部分：第一至第三部分为范围、参考规范、术语和定义；第四和第五部分为产品碳足迹的计算方法和标识方法，是 TSQ 0010 标准的核心内容。TSQ 0010 强调依据 ISO 14025 产品种类规则对产品进行分类，规定了产品碳足迹规则和标注的方法，并详细规范了不同阶段应收集的原始活动数据和次级数据，以及在不同阶段利用收集到的数据进行温室气体排放量计算的公式。该标准还提出了排除原则，对于碳排放率小于 1%的产品或过程，如果无法获取数据，则可以忽略。TSQ 0010 适用于任何种类的产品，包含《京都议定书》中规定的 6 种温室气体，计算涵盖整个生命周期内的原材料获取、生产、分销、使用/维修管理、处置/回收利用，计算时原则上以主要活动数据来计算产品的温室气体排放量，计算公式如下：

$$GHG\ 排放 = \sum（活动水平数据 \times GHG\ 排放因子）$$

TSQ 0010 规定计算出的碳足迹应标示于产品或包装上，原则上每项产品需标示其整个生命周期的 CO_2 当量排放量。

建立碳足迹体系的重要目标之一就是使碳信息"可视化"。通过加贴碳标签的形式向公众传达产品碳足迹评估的结果是碳信息"可视化"的主要途径。TSQ 0010 对产品碳足迹的标识制定了基本规则和可选行动。TSQ 0010 关于产品碳足迹标识的基本规则主要包括 3 个方面：①原则上应把全生命周期的碳排放量标示在每一个产品上；规定了碳排放的单位；考虑到地区差异和季节差异，同一类产品应标示其碳排放的平均值。②标识产品碳足迹的组织（企业）应不断减少碳排放，但不强制规定其减排的具体目标；若组织（企业）有意愿向消费者宣告其具体减排目标，可授权使用附加标识和可选标识，同时考虑授权达成目标的企业加贴额外可选标识。③应审慎制定标签规则，采用统一标签。对于在使用过程中排放大量温室气体的家电等耐用消费品，TSQ 0010 允许组织（企业）标示产品使用寿命、每使用 1 年所排放的 CO_2 当量等额外信息。

2.2　国内核算标准

2.2.1　国家标准

随着国外相继颁布产品碳足迹评价标准及相关的政策文件，我国对低碳发展和产品碳足迹评价标准的关注和认识日益增强。2009 年环境保护部宣布将给予符合低碳认证的产品加贴低碳标签，正式启动实施产品低碳计划；国家发展改革委、国家质量监督检验检疫总局于 2013 年发布了《低碳产品认证管理暂行办法》，又于 2015 年联合发布了《节能低碳产品认证管理办法》（代替原《低碳产品认证管理暂行办法》，自 2015 年 11 月 1 日起施行）。规定了低碳产品的认证实施、认证标志、监督管理等制度，进一步规范和完善了节能低碳产品认证制度，为建立中国碳足迹评价标准打下了良好的基础。2013—2016 年，发布两批低碳产品共 7 种产品，分别为通用硅酸盐水泥、平板玻璃、铝合金建筑型材、中小型三相异步电动机、建筑陶瓷砖（板）、轮胎、纺织面料。

全生命周期评价法是产品碳足迹评价的基本方法，可为碳足迹评价提供规范支撑。我国开展了两项生命周期评价相关的标准转化和制定工作，并完成浮法玻璃、金属复合装饰板材、钢铁产品、电子电气、变压器、电机、机械、塑料等 14 项全生命周期评价规范性文件。现行的国家全生命周期标准主要集中在几类产品，产品碳足迹的评价工作尚未完全展开，相关标准见表 2-4。

表 2-4　产品全生命周期相关标准

序号	标准或规范名称	标准号	发布机构
1	《环境管理　生命周期评价　要求与指南》	GB/T 24044—2008	中华人民共和国国家质量监督检验检疫总局
2	《环境管理　生命周期评价　原则与框架》	GB/T 24040—2008	中国国家标准化管理委员会
3	《环境标志和声明　Ⅲ型环境声明　原则和程序》	GB/T 24025—2009	

序号	标准或规范名称	标准号	发布机构
4	《浮法玻璃生产生命周期评价技术规范（产品种类规则）》	GB/T 29157—2012	中华人民共和国国家质量监督检验检疫总局 中国国家标准化管理委员会
5	《金属复合装饰板生产生命周期评价技术规范（产品种类规则）》	GB/T 29156—2012	
6	《钢铁产品制造生命周期评价技术规范（产品种类规则）》	GB/T 30052—2013	
7	《电子电气产品的生命周期评价导则》	GB/T 37552—2019	国家市场监督管理总局 中国国家标准化管理委员会
8	《环境管理 生命周期评价在电子电气产品领域应用指南》	GB/Z 40824—2021	
9	《变压器产品生命周期评价方法》	GB/T 40093—2021	
10	《电机产品生命周期评价方法》	GB/T 40100—2021	
11	《绿色制造 机械产品生命周期评价 总则》	GB/T 26119—2010	中华人民共和国国家质量监督检验检疫总局 中国国家标准化管理委员会
12	《绿色制造 机械产品生命周期评价 细则》	GB/T 32813—2016	
13	《产品生命周期管理服务规范》	GB/T 26789—2011	
14	《塑料 生物基塑料的碳足迹和环境足迹 第1部分：通则》	GB/T 41638.1—2022	国家市场监督管理总局 中国国家标准化管理委员会

2.2.2 地方标准

北京、上海、广东、深圳等地陆续出台产品碳标签地方标准（表2-5）。

表2-5 产品碳标签地方标准

序号	标准号	标准或规范名称	所属地区
1	DB11/T 1564—2018	《种植农产品温室气体排放核算指南》	北京
2	DB11/T 1565—2018	《畜牧产品温室气体排放核算指南》	北京
3	DB11/T 1616—2019	《农产品温室气体排放核算通则》	北京
4	DB11/T 1860—2021	《电子信息产品碳足迹核算指南》	北京
5	DB31/T 1071—2017	《产品碳足迹核算通则》	上海
6	DB44/T 1941—2016	《产品碳排放评价技术通则》	广东
7	DB44/T 1503—2014	《家用电器碳足迹评价导则》	广东
8	DB44/T 1449.1—2014	《电子电气产品碳足迹评价技术规范 第1部分：移动用户终端》	广东

序号	标准号	标准或规范名称	所属地区
9	DB44/T 1874—2016	《产品碳足迹　产品种类规则　巴氏杀菌乳》	广东
10	SZDB/Z 166—2016	《产品碳足迹评价通则》	深圳
11	DB4403/T 281—2022	《产品碳足迹评价技术规范　服装》	深圳
12	DB4403/T 282—2022	《产品碳足迹评价技术规范　微型计算机》	深圳
13	DB4403/T 283—2022	《产品碳足迹评价技术规范　家用纺织品》	深圳
14	DB4403/T 284—2022	《产品碳足迹评价技术规范　乳制品》	深圳
15	DB4403/T 285—2022	《产品碳足迹评价技术规范　手机》	深圳
16	DB4403/T 286—2022	《产品碳足迹评价技术规范　印刷品》	深圳

上海发布的《产品碳足迹核算通则》主要规定了产品生命周期内的碳排放核算和评估的具体方法和要求，适用于产品全生命周期碳排放的核算和评估，也可用于部分生命周期碳排放的核算与评估，标准不包含量化过程中的抵消，生物质碳涉及的排放亦不纳入核算。

深圳发布的《产品碳足迹评价通则》规定了产品碳足迹评价应遵循的原则、排放与清除要求、产品碳足迹评价方法以及产品碳足迹通报等内容。2022年，深圳发布了服装、家用纺织品、微型计算机、手机、印刷品和乳制品6项产品碳足迹评价技术规范。

北京和广东分别针对电子信息产品和家用电器、电子电气、巴氏杀菌乳发布了碳足迹评价地方标准。

2.2.3　行业标准

畜牧养殖业、农作物、电子、通信行业已发布了产品碳足迹及温室气体排放核算方法（表2-6），涵盖的产品类别有液晶显示器、液晶电视机、便携式计算机、台式微型计算机、移动通信手持机和以太网交换机。

表2-6　产品碳足迹及温室气体排放核算方法

序号	标准号	标准或规范名称	所属行业
1	RB/T 075—2021	《农田固碳技术评价规范》	农业
2	NY/T 4243—2022	《畜禽养殖场温室气体排放核算方法》	农业
3	RB/T 127—2022	《奶牛养殖企业温室气体排放核算方法与报告指南》	农业

序号	标准号	标准或规范名称	所属行业
4	RB/T 126—2022	《养殖企业温室气体排放核查技术规范》	农业
5	RB/T 125—2022	《种养殖企业（组织）温室气体排放核查通则》	农业
6	RB/T 095—2022	《农作物温室气体排放核算指南》	农业
7	RB/T 076—2021	《种养殖温室气体减排技术评价规范》	农业
8	SJ/T 11718—2018	《产品碳足迹 产品种类规则 液晶电视机》	电子
9	SJ/T 11717—2018	《产品碳足迹 产品种类规则 液晶显示器》	电子
10	SJ/T 11735—2019	《产品碳足迹 产品种类规则 便携式计算机》	电子
11	SJ/T 11736—2019	《产品碳足迹 产品种类规则 台式微型计算机》	电子
12	YD/T 3048.1.1—2016	《通信产品碳足迹评估技术要求 第 1 部分：移动通信手持机》	通信
13	YD/T 3048.2.2—2016	《通信产品碳足迹评估技术要求 第 2 部分：以太网交换机》	通信

2.2.4 团体标准

随着《中华人民共和国标准化法》的实施，团体标准迎来了快速发展时期，与碳足迹相关的团体标准如表 2-7 所示。中国电子节能技术协会发布了与电器电子、电池产品相关的产品碳足迹团体标准；中国印刷技术协会 2016 年发布了《印刷产品碳足迹评价方法》团体标准；广东省节能减排标准化促进协会为适应国家的绿色低碳发展新形势和支持广东低碳节能发展工作，发布了《产品碳足迹 评价技术通则》等团体标准；佛山市高新技术应用研究会与 2022 年发布了与电池产品相关的产品碳足迹核算与报告要求标准。

表 2-7 产品碳足迹团体标准

序号	标准号	标准或规范名称	发布机构
1	T/DZJN 001—2018	《电器电子产品碳足迹评价通则》	中国电子节能技术协会
2	T/DZJN 002—2018	《电器电子产品碳足迹评价第 1 部分：LED 道路照明产品》	
3	T/DZJN 001—2019	《电器电子产品碳足迹评价第 2 部分：电视机》	
4	T/DZJN 002—2019	《电器电子产品碳足迹评价第 3 部分：微型计算机》	
5	T/DZJN 003—2019	《电器电子产品碳足迹评价第 4 部分：移动通信手持机》	
6	T/DZJN 77—2022	《锂离子电池产品碳足迹评价通则》	

序号	标准号	标准或规范名称	发布机构
7	T/PTAC 002—2016	《印刷产品碳足迹评价方法》	中国印刷技术协会
8	T/GDES 2—2016	《产品碳足迹声明标识》	广东省节能减排标准化促进会
9	T/GDES 20001—2016	《产品碳足迹评价技术通则》	
10	T/GDES 20002—2016	《产品碳足迹 产品种类规则 巴氏杀菌乳》	
11	T/GDES 20003—2016	《产品碳足迹 小功率电动机基础数据采集技术规范》	
12	T/GDES 20004—2018	《家用洗涤剂产品碳足迹等级和技术要求》	
13	T/GDES 20005—2019	《产品碳足迹 产品种类规则 合成洗衣粉》	
14	T/GDES 26—2019	《碳足迹标识》	
15	T/GDES 50—2021	《凉茶植物饮料产品碳足迹等级和技术要求》	
16	T/FSYY 0027—2021	《产品碳足迹核算与报告要求 锂离子电池正极材料》	佛山市高新技术应用研究会
17	T/FSYY 0028—2021	《产品碳足迹核算与报告要求 锂离子电池正极材料前驱体》	
18	T/FSYY 0031—2021	《产品碳足迹核算与报告要求 硫酸钴》	
19	T/FSYY 0032—2021	《产品碳足迹核算与报告要求 硫酸镍》	
20	T/FSYY 0033—2021	《产品碳足迹核算与报告要求 氢氧化锂》	
21	T/FSYY 0034—2021	《产品碳足迹核算与报告要求 碳酸锂》	
22	T/ZGCERIS 00013—2018	《农业企业（组织）温室气体排放核算和报告通则》	中关村生态乡村创新服务联盟
23	T/ZGCERIS 00014—2018	《种植农产品温室气体排放核算指南》	
24	T/ZGCERIS 00015—2018	《畜牧产品温室气体排放核算指南》	
25	T/ZGCERIS 0003—2019	《泌乳奶牛日粮调控项目温室气体减排量核算技术规范》	
26	T/ZGCERIS 0004—2019	《奶牛养殖玉米秸秆过腹还田项目温室气体减排量核算技术规范》	
27	T/ZGCERIS 0005—2019	《猪场粪便管理和有机小麦种植联动循环项目温室气体减排量核算技术规范》	
28	T/ZGCERIS 0006—2019	《畜禽粪便腐殖化堆肥项目温室气体减排量核算技术规范》	
29	T/ZGCERIS 0007—2019	《旱地农田优化施肥项目温室气体减排量核算技术规范》	

序号	标准号	标准或规范名称	发布机构
30	T/CAB 0206—2022	《奶牛养殖企业温室气体排放监测、核算和报告指南》	中国产学研合作促进会
31	T/LCAA 003—2020	《种植企业（组织）温室气体排放监测 技术规范》	北京低碳农业协会
32	T/LCAA 004—2020	《养殖企业温室气体排放监测 技术规范》	
33	T/LCAA 007—2021	《种植企业（组织）温室气体排放 核查技术规范》	
34	T/LCAA 008—2021	《种植企业（组织）温室气体排放核算方法与报告指南》	
35	T/LCAA 011—2022	《养殖场粪污处理项目温室气体减排量核算指南》	
36	T/CSTE 0073—2020	《猪粪资源化利用替代化肥非二氧化碳温室气体减排量核算指南》	中国技术经济学会
37	T/ZSA 62—2019	《餐厨废弃物资源化还田项目温室气体减排量核算技术规范》	中关村标准化协会

综上所述，梳理了我国各层级有关碳标签方面的标准，从生效时间来看，标准生效的年份集中在 2018—2022 年；从层级来看，目前团体层级标准相对较多，上级标准较少；从标准类别来看，包括通则类、产品碳足迹评价类、核算与报告类；从行业来看，主要集中在电子电器、农食产品、建材产品等。

2.3 核算方法

目前，国际上对碳排放的计算方法可大致归纳为实测法、投入产出法、生命周期评价法、物料衡算法以及排放因子法。

2.3.1 实测法

实测法主要是通过监测手段或国家有关部门认定的连续计量设施，测量排放气体的流速、流量和浓度，用生态环境部门认可的测量数据来计算气体的排放总量。实测法的基础数据主要来源于环境监测站，监测数据是通过科学、合理地采集和分析样品而获得的，而且样品数据应具有典型性和代表性。

计算公式为：

CO_2 排放量=单位换算因子×介质（空气）流量×介质（空气）中 CO_2 浓度　（2-1）

实测法可以针对典型企业进行大规模实际测量，记录燃料、设备及运行工况等数据，从而确定不同行业的 CO_2 排放量。

理论上，实测法的优点是中间环节少，结果准确，气体样品必须为现场实地检测获得，并且要具有一定的代表性，如果没有这个前提条件，最终的监测数据也就失去了意义。该方法具有精度高、数据准确的优点。实测法的缺点是消耗人力和物力较大，成本较高，而且要求检测样品具有代表性。该方法适用于小区域、简单生产排放链的碳排放源，或小区域、有能力获取一手监测数据的自然排放源。

2.3.2 投入产出法

投入产出模型是研究一个经济系统各部门间的"投入"与"产出"关系的数学模型，投入产出法最早由美国著名的经济学家瓦·列昂捷夫提出，是目前比较成熟的经济分析方法。Matthews 等根据世界资源研究所（WRI）和世界可持续发展工商理事会（WBCSD）对于碳足迹的定义，结合投入产出模型和生命周期评价方法建立了经济投入产出-生命周期评价（EIO-LCA）模型。该方法将碳足迹的计算分为 3 个层面：第 1 层面是来自工业部门生产及运输过程中的直接碳排放；第 2 层面将第 1 层面的碳排放边界扩大到工业部门所消耗的能源，具体是指各能源生产的全生命周期碳排放；第 3 层面涵盖了以上两个层面，是指所有涉及工业部门生产链的直接和间接碳排放，也就是从"摇篮"到"坟墓"的整个过程。该方法可用于评估工业部门、企业、家庭、政府组织等的碳足迹。

投入产出法计算过程包括以下步骤：

①根据投入产出分析，建立矩阵，计算总产出，计算公式如式（2-2）所示。

$$X=(I+A+A \cdot A+A \cdot A \cdot A+\cdots) y = (I-A)^{-1} \cdot y \qquad (2-2)$$

式中，X——总产出；

I——单位矩阵；

A——直接消耗矩阵；

y——最终需求；

$A \cdot A$——一次间接消耗；

$A \cdot A \cdot A$——二次间接消耗；

$A \cdot y$——部门的直接产出；

$A \cdot A \cdot y$——部门的间接产出。

②根据研究需要，计算各层面碳标签，计算公式如式（2-3）至式（2-5）所示。

$$\text{第 1 层面：} b_i = R_i (I) y = R_i \cdot y \qquad (2-3)$$

$$\text{第 2 层面：} b_i = R_i (I+A) y \qquad (2-4)$$

$$\text{第 3 层面：} b_i = R_i \cdot x = R_i (I-A)^{-1} \cdot y \qquad (2\text{-}5)$$

式中，b_i——碳标签；

  i——产品部门；

  R_i——CO_2 排放矩阵，该矩阵的直角线值分别代表各子部门单位产值的 CO_2 排放量；

  A——能源提供部门的直接消耗矩阵。

投入产出分析的突出优点是：利用投入产出表提供的信息，计算经济变化对环境产生的直接和间接影响，用 Leontief 逆矩阵得到产品与其物质投入之间的物理转换关系。该方法的局限性在于：

①EIO-LCA 模型是依据货币价值和物质单元之间的联系而建立起来的，但相同价值量产品的生产过程所隐含的碳排放可能差别很大，由此造成结果估算的偏差；

②该方法是分部门来计算 CO_2 排放量的，而同一部门内部存在很多不同的产品，这些产品的 CO_2 排放可能千差万别，因此在计算时采用平均化方法进行处理很容易产生误差；

③投入产出法计算结果只能得到行业数据，无法获悉具体产品的情况，因此只能用于评价部门或产业的碳标签，而不能计算单一产品的碳标签。

2.3.3 生命周期评价法

生命周期评价（LCA）法以过程分析为基本出发点，从产品端向源头追溯，连接与产品相关的各单元过程（包括资源、能源的开采与生产、运输、产品制造等），建立完整的生命周期流程图，再收集流程图中各单元过程的温室气体排放数据，并进行定量的描述，最终将所有温室气体排放统一使用 CO_2 作为当量表征，并以标签的形式呈现，即碳标签。具体计算过程如下：

（1）建立产品的全生命周期流程图

产品的生命周期涵盖商品从原材料开采（包括原材料的运输）、产品制造、商品流通销售及使用到最终废弃处置的整个过程。这一步骤需要尽可能将产品在整个生命周期所涉及的原料、活动和过程全部列出，一般从两个角度确定流程图：一是从商业到商业（B2B）的流程图，包括原材料的开采、产品的制造及分配，不涉及消费环节；二是从商业到消费者（B2C）的流程图，包括原材料的开采、产品的制造、分销、零售、使用、最终处置或再循环等阶段。

（2）确定系统边界

确定边界是全生命周期评价碳足迹工作的一项重要内容，产品生命周期中不同阶段的边界设置将对应不同的活动内容和排放量。同时，重要性原则即设定一个阈值（1%）也是产品碳足迹评价中的一个重要的规定。如果在商品的全生命周期中某个排放源的排放量不足该商品整个排放量的 1%，则可认为该排放源重要性不足，其排放量贡献可以排除在碳足迹之外，但所有可以排除的各类排放源对应排放量总量不能超过整个产品碳足迹的 5%。重要性原则的引入在一定程度上能够降低收集数据的成本。

（3）数据收集

在确定好边界后，需要对产品全生命周期中的每一个环节进行测量。计算碳足迹必须包括：一是产品生命周期中涉及的所有材料和能源（物料输入和输出、能源使用、运输等）；二是排放因子，即单位物质或能量所排放的 CO_2 等价物。一般情况下应尽量使用初级数据，使研究结果更为准确可信，但在某些特定情况下，无法获取初级数据时，应根据数据质量要求，选择次级数据并在评价报告中说明数据来源和使用理由。

（4）碳足迹计算

碳足迹的计算是将整个产品生命周期中所有活动的材料、能源和废弃物乘以其排放因子的和。产品生命周期各阶段碳排放计算公式如式（2-6）所示：

$$E = \sum Q_i \times C_i \tag{2-6}$$

式中，E ——产品的碳标签；

　　　Q_i ——物质或活动的数量或强度数据；

　　　C_i ——单位碳排放因子。

（5）结果检验

这一步骤用于检验碳足迹计算结果的准确性，并使不确定性达到最小化以提高碳足迹评价的可信度。提高结果准确度的途径有以下 5 种：用初级活动水平数据代替次级数据；采用准确合理的次级数据；改进碳足迹计算模型，计算过程更加符合现实并细致化；请专家审视和评价。

以过程分析为基础的生命周期评价法计算较为精确，适用于不同尺度的碳足迹计算，主要使用企业第一手或第二手过程数据，能够获得特定产品高精度的碳排放结果，但也存在以下不足之处：①该方法需要界定系统边界，相当于人为地截断客观上连续的生产工艺流程、供应链和生命周期，由此可能导致截断误差，较难确定误差的大小;②该方法允许在无法获知初级数据的情况下采用次级数据,因此可能会影响碳足迹分析结果的可信度。

因此,用 LCA 来估算碳足迹的重要问题是如何界定合理的系统边界,将截断误差降到最低。如果将 LCA 用于估算国家/区域、组织/企业或产业部门等实体的碳足迹,会遇到困难,估算过程中需要假设某单个产品能够代表整个产品群的碳足迹,即使能通过生命周期数据库的信息进行推算得到实体的碳足迹估算值,得到的也是一个拼凑的结果,而且需要使用不同数据库的信息,但不同数据库的数据信息口径通常不一致。

2.3.4 物料衡算法

物料衡算法的基本原理是物质守恒定律,即物料输入量等于物料输出量与物料流失量的和。该方法用输入物料中的含碳量减去输出物料中的含碳量后计算得到 CO_2 排放量,计算公式为:

$$CO_2 排放量=[\Sigma(输入物料量×输入物含碳量)-\Sigma(输出物料量×输出物含碳量)]×44/12×全球变暖潜势 \qquad (2\text{-}7)$$

式中,44/12 —— 碳质量转化为 CO_2 的转化系数;

全球变暖潜势的数值可参考 IPCC 提供的数据。

物料衡算法的优点是对产生和排放的物质进行了系统和全面的研究,具有较强的科学性及实施有效性;缺点是工作量大,需要收集详细的工业生产过程数据,并且需要全面了解生产工艺、化学反应、副反应和管理等情况。因此,该方法适用于数据基础较好的行业,如将化石能源既作为燃料又作为生产原料的化工和钢铁行业。

2.3.5 排放因子法

以政府、企业等为单位计算其在社会和生产活动中各环节直接或间接排放的温室气体,称作编制温室气体排放清单。排放因子法是 IPCC 提出的第一种碳排放估算方法,也是目前广泛应用的方法。其基本思路是依照碳排放清单列表,针对每一种排放源构造活动数据与排放因子,以投入的能源使用量和排放因子的乘积作为该排放项目的碳排放量估算值。清单范围通常包括能源活动、工业生产过程、农业活动、土地利用变化、林业及城市废弃物处理等。

计算公式为:

$$CO_2 总排放量=\Sigma 投入的能源使用量(AD)×排放因子(EF) \qquad (2\text{-}8)$$

式中，AD —— 导致温室气体排放的生产或消费活动的活动量，如每种化石燃料的消耗量、石灰石原料的消耗量、净购入的电量、净购入的蒸汽量等；

EF —— 与活动水平数据对应的系数，包括单位热值含碳量或元素碳含量、氧化率等，表征单位生产或消费活动量的温室气体排放系数。EF既可以直接采用 IPCC、美国环境保护局、欧洲环境机构等提供的数据，也可以基于代表性的测量数据来进行推算。

排放因子法的优点是简单明确易于理解，有成熟的公式、活动数据和排放因子数据库，而且有大量应用实例参考；缺点是碳排放因子因受技术水平、生产状况、能源利用和工艺过程的影响而导致不确定性较大。该方法适用于国家、省份、城市等较为宏观的核算层面，可以粗略地对特定区域的整体情况进行宏观把控。但在实际工作中，由于地区能源品质差异、机组燃烧效率不同等，各类能源消费统计及碳排放因子测度容易出现较大偏差，成为碳排放核算结果误差的主要来源。

3

产品碳标签计算与报告

3.1 计算步骤

3.1.1 计算原则

产品碳标签的计算应考虑产品生命周期的所有阶段或某些主要阶段,同时应包括对产品碳足迹有实质性贡献的所有温室气体的排放与清除。在产品碳标签计算的整个过程中应采用相同的假设、方法和数据,以得到与评价目标和内容一致的结论,要确保产品碳标签的计算过程是准确的、可核证的、相关的、无误导的,并尽可能地减少偏差和不确定性。整个碳标签的计算过程需要以开放的、易懂的方式记录所有相关问题。在报告中要清楚地阐述计算过程的相关内容。还需注意避免在产品系统内重复计算温室气体的排放量和清除量。

3.1.2 计算步骤

产品碳标签计算步骤如图 3-1 所示。

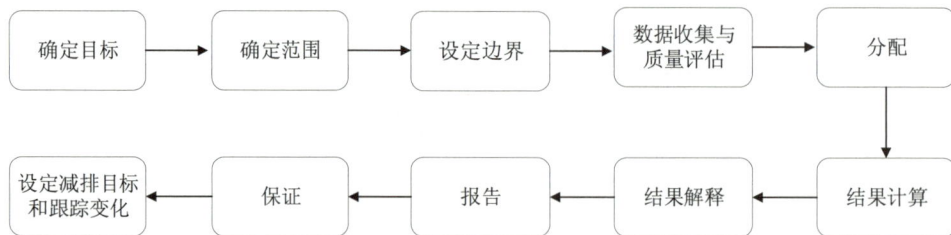

图 3-1 产品碳标签计算步骤

3.2 确定目标

产品碳标签计算的主要目标是为企业提供一个总体框架，以减少产品在设计、制造、销售、购买或使用的产品的温室气体排放。《企业价值链标准》建立在温室气体协议公司标准的基础上，解释了公司层面的价值链排放，而产品标准解释了单个产品层面的生命周期排放。公司在进行产品碳标签计算之前，应首先确定目标（表 3-1），并选择适当的方法和数据来开发清单。

表 3-1 产品碳标签计算的目标

业务目标	描述
气候变化管理	<ul><li>确定市场机会和监管激励措施；</li><li>识别产品生命周期中与气候相关的物理风险和监管风险；</li><li>评估能源成本和材料可用性波动造成的风险</li></ul>
性能跟踪	<ul><li>在整个产品生命周期中，通过降低温室气体来提高效率和节约成本的机会；</li><li>制定与产品相关的温室气体减排目标并制定实现目标；</li><li>测量并报告温室气体性能；</li><li>跟踪整个产品生命周期内的效率提高</li></ul>
供应商和客户的管理工作	<ul><li>与供应商合作，实现温室气体减排；</li><li>评估绿色采购工作中温室气体方面的供应商绩效；</li><li>减少温室气体排放和能源使用、成本和供应链中的风险，并避免与能源和排放相关的未来成本；</li><li>发起教育活动，以鼓励采取减少温室气体排放的行动</li></ul>

3.3 确定温室气体种类

应核算二氧化碳（CO_2）、甲烷（CH_4）、氧化亚氮（N_2O）、六氟化硫（SF_6）、全氟碳化物（PFCs）和氢氟碳化物（HFCs）向大气中的排放和从大气的清除。额外核算的温室气体均应在报告中列出。

3.3.1 选择产品

企业在选择产品时，不仅要考虑是否具有战略意义和符合其商业目标，还要考虑是否为温室气体排放强度低的产品。

　　企业可通过咨询产品研发团队，选择在设计、材料、制造技术的提升等方面的具备减排潜力的创新产品，或者处在原型或概念阶段的全新或新兴产品，在产品设计和开发实施阶段实现温室气体的减排，并评估其对供应商和客户的潜在影响。

　　此外，企业还可以选择在寿命周期中具有最大预期战略影响与温室气体减排潜力的产品。

3.3.2　选择分析单元

　　确定分析单元是完成温室气体清单的一个决定性步骤，会直接影响后续步骤和清单结果。

　　（1）对于中间产品，应将参考流定为分析单元

　　中间产品是作为最终产品寿命周期的材料投入的产品。对于最终产品功能不详的中间产品，分析单元就是参考流。在缺乏功能单位的情况下定义参考流时，一般的经验法则是使用能提供有意义的温室气体清单结果的数值。取决于产品的尺寸及与产品的获取和生产相关的温室气体排放和清除，这可能是单个产品或产品的典型装运数量或质量。

　　（2）对于终端产品，应将功能单位定为分析单元

　　功能单位是为输出和输入数据的归一化提供有关基准，产品之间的碳标签比较应建立在相同功能的基础上。产品碳标签报告应明确所计算产品的功能单位，功能单位应与目标和内容一致，报告中应以每功能单位的二氧化碳当量来记录产品碳标签量化的结果。

　　功能单位可定义为产品带来的性能特征和服务，包括产品可实现的功能（服务）、持续时间或服务寿命（实现功能所需的时间）以及预期的质量水平。一般情况下，产品可以具有多种功能，因此在选择功能作为功能单位之前，应先识别所有的功能，企业可选择最能反映产品用途的功能作为功能单位。例如，功能单位的详细指标可选用名称、产地、质量等。产品碳标签报告中应以每功能单位的二氧化碳当量来记录产品碳足迹量化的结果。

3.4　设定边界

　　系统边界应与产品碳足迹评价目标和范围相一致。系统边界决定了产品碳标签计算所涵盖的单元过程。应确定纳入产品碳标签计算的单元过程，以及对这些单元过程的评价应达到的详细程度。如果排除了对计算的总体结论不会造成显著

影响的生命周期阶段、过程、输入或输出，应明确取舍准则，说明排除的原因及可能产生的影响。系统边界可根据产品碳标签计算的预期用途的不同而设定，包含下列两种形式。

（1）摇篮到大门

如果中间产品作为输入的最终产品其功能不明时，则边界设定为从摇篮到大门。从摇篮到大门是一种部分寿命周期清单，包括从原材料获取到中间产品离开报告企业大门（通常就在中间产品生产出来后）边界中的所有温室气体排放和清除，计算结果不应包括最终产品使用或寿命终止过程。当清单报告中使用从摇篮到大门的边界时，企业应披露并解释。

（2）摇篮到坟墓

终端产品的边界应包括完整的生命周期，从原材料获取到寿命终止的所有温室气体排放与清除。

对于中间产品而言，如果已知相应最终产品的功能，则应完成从摇篮到坟墓的清单。

3.4.1 产品生命周期阶段

产品生命周期包含原材料获取和加工、生产制造、分销和储存、使用、废弃与处置及各阶段间的运输。产品生命周期的阶段如图 3-2 所示。

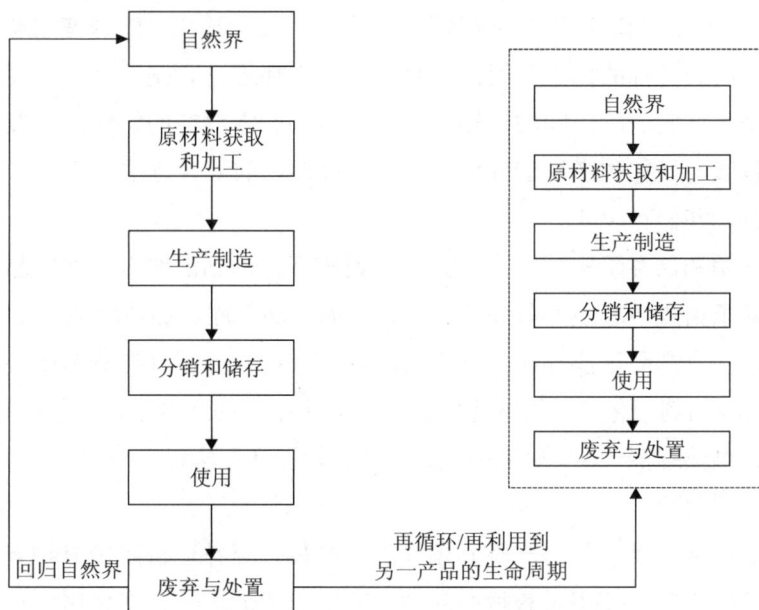

图 3-2 产品生命周期的阶段

（1）原材料获取和加工阶段

原材料获取和加工阶段是从自然界提取资源开始，到产品部件到达其研究产品的生产场所时终止，包括但不限于农林业相关生产活动、生物源材料的光合作用（如将二氧化碳从大气中清除）、化肥的生产使用、能源产品的开采和生产过程、原材料的获取及加工、循环再生材料获取、用于生产制造阶段的燃料、洗涤剂等辅助产品的生产、包装材料的生产等过程。应计算阶段内运输（如陆运、海运及航运等）引起的碳排放，原材料获取和加工阶段应包括从自然界提取资源开始到零部件达到生产场所间的运输。若使用的原材料为回收产品，应包括原材料的回收过程引起的碳排放以及回收处理过程用到的原材料。归因过程的例子包括：①采矿与原材料或化石燃料的提取；②生物源材料的光合作用；③化肥施用；④被研究产品的输入材料的预加工；⑤中间材料输入的预加工；⑥运到生产设施，以及在提取和预加工设施内部的运输等。

（2）生产制造阶段

生产制造阶段从产品部件/部品进入所研究产品的生产地点开始，到完成的所研究产品离开生产大门终止，包括但不限于产品生产前准备、生产制造、制造过程间半成品的运输、组装及产品包装、生产过程中产生的废物处理等过程，阶段内运输包括从零部件进入生产场所到产品离开生产场所的运输。与共生产品或对生产过程中所形成废弃物的处理相关的过程也可以包含在这个阶段中。

应对主要生产制造过程工艺流程、单元过程输入/输出、能源使用现状等给出示例性描述归因过程的例子包括：①物理或化学加工；②制造及生产过程；③半成品在各个生产制造阶段间的运输过程；④材料及零部件的组装；⑤发货的准备工作（如包装）；⑥生产制造过程中产生的废弃物的处置方法。

（3）分销和储存阶段

产品分销和储存阶段从产品离开生产设施开始，到消费者取得产品时终止，包括但不限于销售中心或零售地点的运营（如产品入库、加热/制冷）、储存地点间的运输，一个产品可能存在几段销售和储存行程，如储存在分销中心和零售地点。归因过程的例子包括：①发货中心或者零售中心的运营活动（包括货物收付、货物存储、供热/制冷）；②船舶运输；③仓库之间的运输。

（4）使用阶段

使用阶段从消费者获得产品开始，到产品被丢弃并运输到废弃物处理地点时终止，包括但不限于使用者获得产品到废弃地点间的运输、在使用地点冷冻、使用（如消耗能量）、使用期间发生的修理和保养等。如所研究的产品为耗能产品，其相应的排放可能占整个生命周期影响的最大部分。归因过程的例子包括：①运输产品至使用地（例如，顾客开车运输商品至他们的居住地）；②产品使用地的制冷活动；③产品使用前准备过程的能耗；④物品的使用（例如，电力消耗）；⑤物品使用期间发生的修理与维护。

（5）废弃与处置阶段

废弃与处置阶段从使用过的产品被消费者丢弃开始，到产品返回自然界或被分配到另一种产品的生命周期中终止。废弃与处置阶段包括如下内容：①废弃产品的收集、包装及运输；②回收及再利用的准备处理；③废弃产品的拆解；④破碎及分类拣选；⑤材料回收；⑥有机物回收（如堆肥及厌氧发酵）；⑦能源回收或其他回收过程；⑧底灰焚烧及分类拣选；⑨垃圾填埋，垃圾填埋场维护等。

（6）绘制流程图

在流程图中识别的过程和流是数据收集和计算的基础，可使用下列步骤绘制流程图：

①确定生命周期阶段，从原材料获取直到废弃、处置（对于从摇篮到大门的来说，到生产制造阶段为止）；

②确定产品加工过程（原材料、能源等的输入，产品、废弃物等的输出、运输等），并与生命周期阶段相对应；

③确定上游过程相关的能量流和材料流；

④对于从摇篮到坟墓的清单流程，应确定在分销、存储、使用所研究的产品时，所需的下游加工处理步骤、所需能量及所需物质流。

3.4.2 时间段

清单的时间段是指所研究产品完成其生命周期所需的时间，即从自然界中获取原材料直到生命终止而回归自然界或者离开研究产品的生命周期。非耐用品（如易腐食品或燃料）通常只有 1 年或更短的使用周期。而耐用品（如电脑、汽车和电冰箱）通常有 3 年或更长的使用周期。其中，使用阶段的时间段是根据产品的服务时间来确定的。因假定的废弃物处理方式和产品中的碳返回自然界所需的时间不同而有明显差异，废弃处置阶段的时间段取决于其假定的地理位置和产品的平均废弃物处理情况。此外，并非所有的废弃物处理方法都会导致产品中含有的碳释放到大气中。如果全部或部分产品中的碳在废弃物处理过程中并未返回大气中，应在报告中披露并解释。

若设定边界内的单元过程与具体时间段相关联，例如水果和蔬菜等季节性产品，其温室气体排放与清除数据的时间边界应涵盖具体时间段。发生在具体时间段以外的任何活动，若是在产品系统之内，则温室气体排放与清除的评价应涵盖这些活动，如与苗圃有关的温室气体排放。温室气体排放量与清除量应准确地与功能单位相关联。

3.4.3　假设

对用于制造、分配、销售研究产品的具体过程做出情景分析。

（1）使用阶段

应设定产品的使用情景、服务时间、维护维修情景及产品使用所需的配套产品等。使用情景可参考如下信息来设置：①国内外已发行的标准、指南；②文献记录的使用情景；③制造商提供的使用情景；④所选市场的使用模式。

（2）废弃与处置阶段

所有废弃与处置阶段的相关假设均应：①基于可获取的信息；②基于当前技术；③在报告中记录。

3.4.4　特殊温室气体排放与清除的处理

（1）化石碳和生物碳的处理

化石碳源所引起的二氧化碳排放应计入产品的生命周期温室气体排放中。

生物碳源所引起的二氧化碳排放应从产品生命周期温室气体排放的计算中清除。

由化石碳源和生物碳源引起的非二氧化碳排放应纳入产品生命周期温室气体排放评价中。

（2）产品中的碳存储

二氧化碳在一段特定时间段内被以碳的形式存储在产品中。如果对产品中的任何碳存储进行了计算，则应单独报告。

（3）土地利用变化

对于生命周期中包含生物源材料的产品，土地利用体现在清单中的以下两个方面：一方面是与农业和林业活动相关的过程的排放和清除，如生长、化肥施用、耕种和收割；另一方面是土地利用的变化。土地利用变化的影响可归因到产品的原材料获取和预加工阶段，包括：①土地碳储量的变化引起的生物源二氧化碳的排放和清除。②来自经转换土地的备耕的生物源和非生物源的二氧化碳、氧化亚氮和甲烷排放。

企业若计算了土地利用变化的影响，则应报告其计算方法。

间接土地利用变化是指因某一土地利用的需求导致另一土地碳储量发生变化时的土地利用变化。这种土地利用的变化是市场因素及按照结果方法计算的使用数据的结果。但是，如果间接土地利用影响可以被计算并确定其对指定产品具有显著影响，则其影响量宜与清单结果分别报告。

（4）牲畜、肥料和土壤的非 CO_2 温室气体的排放与清除

若牲畜、肥料和土壤产生的非 CO_2 温室气体的（如 N_2O 和 CH_4 等）排放与清除显著，则应按照国际公认的方法对其进行计算。

3.5 数据收集与质量评估

3.5.1 数据管理计划

通过数据管理计划，识别和减少错误和遗漏，保证日常检查、保证核算过程有最大限度的一致性。数据管理计划的质量保证部分包括同行评审和审计，以评估数据质量。

数据管理计划应包括：①产品、分析单元和参考流的描述；②描述产品系统边界的全部信息；③数据管理和收集程序，包括活动水平数据、排放因子和其他数据的数据源，以及任何数据质量评估的结果；④计算方法学，包括单位转换和数据分解；⑤数据存档的时间范围；⑥数据传输、储存和备份程序；⑦数据的质量保证和质量控制程序。

3.5.2 数据类型

数据类型包括直接排放数据、活动水平数据。

（1）直接排放数据

直接排放数据来自排放的释放过程，并通过直接监测、化学计量、质量平衡或类似方法的确定。

直接排放数据包括：①连续排放在线监测系统测量的排放；②使用化学计量方程平衡而确定的化学反应的排放；③使用质量平衡方法确定的制冷剂逸散排放。

（2）活动水平数据

活动水平数据是指对导致温室气体排放的活动水平的定量测量值。活动水平数据可被测量、模拟或计算。活动水平数据有过程活动水平数据和财务活动水平

数据两种类别。其中，过程活动水平数据反映产品生命周期中的物理输入、输出和其他度量，而财务活动水平数据用来测量与进程有关的财务交易。

①过程活动水平数据，是指对导致温室气体排放或清除的过程的物理量值。结合过程排放因子和过程活动水平数据可计算温室气体排放。

②财务活动水平数据，是指对导致温室气体排放或清除的过程的货币量值。结合财务排放因子和财务活动水平数据可计算温室气体排放。

如果首先收集有关过程输入的财务活动水平数据，并使用转换因子确定能量或原材料输入，那么所得到的活动水平数据被认为是过程数据。

3.5.3　排放因子

排放因子是单位活动水平数据的温室气体排放。排放因子与活动水平数据相乘，可计算温室气体排放。排放因子可以包含一种类型的温室气体或者包含以二氧化碳当量为单位的多种气体。排放因子可包括产品生命周期中的一个单一过程，或者聚集起来的多重过程。包含所有可归因上游过程的生命周期排放因子常被称为从摇篮到大门的排放因子。

排放因子的类型取决于其收集的活动水平数据的类型。排放因子可以使用特征数据或通用数据。特征数据来源于测量或质量平衡，也可由供应商提供；通用数据包括地区公开发布的排放因子、行业平均数据、各类数据库、评价软件自带数据库等。排放因子选用的优先次序为：①测量或质量平衡获得的排放因子；②供应商提供的排放因子；③区域排放因子；④国内排放因子；⑤国际排放因子。

3.5.4　数据收集

应收集设定边界内每个单元过程的定性资料和定量数据。通过测量、计算或估算而收集到的数据，用来量化单元过程的输入和输出。

通过公开的来源收集的数据应注明出处。对于那些可能对研究结论有重要影响的数据，则应注明相关的收集过程、收集时间以及关于数据质量指标的详细信息。如果这些数据不符合数据质量的要求，也应对此作出说明。

（1）初级数据

初级数据是指通过直接测量或基于直接测量的计算而得到的过程或活动的量化值，可包括排放因子和（或）活动数据，符合要求的直接排放数据和过程活动水平数据可归为初级数据。

初级数据应从组织所拥有、运行或控制的过程中收集。收集到的数据对于各个过程而言应具有代表性，反映所评价产品生命周期过程正常情况下的状况。从下游温室气体源/汇收集到的数据不能称为初级数据。

（2）次级数据

次级数据是非来自企业价值链中特定过程的数据。无论是直接排放数据还是过程活动水平数据，只要不满足初级数据的定义，均可归入次级数据。在确定次级数据来源时，应优先考虑合格来源，如政府官方的出版物、经同行审查的出版物等。

（3）数据空白

当产品生命周期的初级数据或次级数据不存在时，就会出现数据空白。对于缺失数据的大多数过程来说，有可能获得足够的信息提供合理的估计值。因此，数据空白即使存在，也只宜很少存在。以下给出了用代表数据和估算数据来填补数据空白的方法。

①代表数据是来自类似活动的数据，用来替代特定的过程。代表数据可以用外推、放大或定制的方式代表特定的过程。通过定制数据更好地匹配地域、技术或者过程的其他度量。当产品清单不存在时，识别关键的输入、输出和其他度量需基于其他相关产品的清单或者其他考虑。

②当无法收集代表数据来填补数据空白时，应通过估计来确定该数据是否显著。如果根据估计数据确定过程为不显著的，那么这个过程可能被排除在结果之外。

3.5.5 数据质量

3.5.5.1 要求

产品碳标签计算宜使用尽可能降低偏向性和不确定性的具有最高质量的数据，应选取可以满足目标和内容的初级数据和次级数据。数据的质量应从定量和定性两个方面来衡量，衡量时宜涉及数据的以下 9 个方面。

①时间覆盖面，即收集数据的年份和最短的数据收集时间段。应优先选择具有时间针对性的数据。

②地理覆盖面，即为满足目标而收集数据的地理范围。应优先选择对所计算产品而言具有地理针对性的数据。若无法获取具有地理针对性的数据，则可使用通用数据或类似产品（或过程）的数据，并对数据差异的原因和正确性进行分析和记录。

③技术覆盖面，即数据能够反映实际生产情况，如体现实际工艺流程、技术

和设备类型、原料与能耗类型、生产规模等因素的影响。应优先选择具有技术针对性的数据。

④准确性。零部件、辅料、能耗、包装、产品生产等数据宜优先采用企业实际生产统计记录。所有数据均详细记录相关的数据来源和数据处理算法。估算或引用文献的数据需在报告中说明。

⑤完整性。按照环境影响评价指标、数据取舍准则，判断是否已收集各生产过程的主要消耗和排放数据。缺失的数据需在报告中说明。

⑥一致性。每个过程的消耗与排放数据需采用一致的统计标准，即基于相同产品产出、相同过程边界、相同数据统计期。不一致的情况需在报告中予以说明。

⑦可再现性，是指方法学和数据值的有关信息允许独立实践者重现分析结果的程度，应对此作定性分析。

⑧数据来源，是指数据是初级数据还是次级数据。

⑨信息的不确定性，包括：参数的不确定性，如排放因子、活动数据；情景的不确定性，如使用阶段情景或生命末期阶段情景；模型的不确定性。

3.5.5.2　改进数据质量

收集数据并评估其质量是提高产品清单整体数据质量的过程。如果使用数据质量指标识别出数据源是低质量的，那么企业应重新收集特定过程的数据，提高数据质量的步骤如下：

①使用数据质量评估结果识别产品清单中的低质量数据来源。

②在允许的情况下，收集新数据替代低质量数据。数据质量低且影响显著的数据来源应优先考虑重新收集。

③评估新数据。如果新数据比原数据质量高，则用新数据代替原数据。如果新数据质量不高，则可以使用现有的数据，或者再次收集新数据。

3.6　分配

为了遵守完整性和准确性的原则，企业应分配排放和清除，以准确反映产品的总排放和总清除的贡献。对包含多个产品或循环体系的系统时，应尽可能地避免分配。如果分配不可避免时，则宜将系统的输入和输出以能反映其潜在物理关系的方式划分到不同产品或功能中。当物理关系无法建立或无法单独用来作为分配基础时，则应以能反映它们之间其他关系的方式将输入和输出在产品或功能间进行分配。

3.6.1　避免分配

（1）过程细分

把共同过程分解为单独生产所研究产品和共生产品的子过程。其过程细分可以通过为特定生产线进行次级计量和（或）使用工程模型来模拟过程的输入和输出来完成。

（2）系统扩展

系统扩展方法通过代入类似或相当产品，或由不同产品系统生产的相同产品的排放和清除，来估算共生产品的排放和清除对共同过程贡献。

3.6.2　执行分配

（1）物理性分配

当执行物理性分配时，所选因子宜最准确反映所研究产品、共生产品和过程排放、清除间的本质物理联系。

（2）经济性分配

经济性分配是根据产品离开混合输出过程时产品的经济价值将来自共同过程的排放分配给所研究产品和共生产品。

（3）其他关系

当上述分配均不适用时，使用已建立的惯例和规范来分配排放。如果没有已建立的惯例，并且其他分配方法对共同过程也不适用，可以对共同过程做出假设，以选择一个分配方法。使用假设时，应评估情景的不确定性，以确定假设对计算结果的影响。

3.7　结果计算

3.7.1　计算产品的排放结果

在计算产品的温室气体影响时应遵循以下 6 个步骤。

（1）选择 GWP 值

因为辐射强度是大气中温室气体浓度的一个函数，同时计算 GWP 的方法学在不断发展，所以 IPCC 每隔几年就要重新评估 GWP 因子。IPCC 最新公布的 GWP 因子是在第六次评估报告中公布的。

大部分情况下使用 100 年 GWP 因子来进行计算，但是如果对利益相关方有用，企业可以选择使用其他 GWP 值，例如使用 20 年或者 500 年 GWP 因子或其他影响评估度量标准（如全球温度潜势）来计算并单独报告结果。

（2）使用收集的数据计算二氧化碳当量（CO_2e）

当收集过程的或财务的活动水平数据时，计算输入、输出或过程的二氧化碳当量的基本公式为式（3-1）：

$$二氧化碳当量（kgCO_2e）=活动水平数据（单位）\times$$
$$排放因子（kgGHG/单位）\times$$
$$GWP（kgCO_2e/kgGHG） \qquad (3\text{-}1)$$

当收集直接排放数据时不需要排放因子，计算输入、输出或过程的清单结果的基本公式为式（3-2）：

$$二氧化碳当量（kgCO_2e）=直接排放数据（kgGHG）\times$$
$$GWP（kgCO_2e/kgGHG） \qquad (3\text{-}2)$$

如果直接排放数据和活动水平数据均可获得，那么可使用两种方法的计算并相互检验计算结果。

当产品在使用阶段从大气中清除二氧化碳时，清除数据可以单位质量或体积产品的清除率的形式出现。从大气中清除二氧化碳最典型的方式是光合作用过程中的生物吸收。在这种情况下要将碳转换为二氧化碳，碳总量要乘以二氧化碳与碳分子质量的比值（44/12），基本公式为式（3-3）：

$$二氧化碳当量（kgCO_2e）=生物源碳（kg）\times（44/12）\times$$
$$GWP（kgCO_2e/kgGHG） \qquad (3\text{-}3)$$

当使用来自生命周期数据库的数据或输入活动水平数据就能自动计算排放量的软件程序中的排放因子时，应了解有效数字和修约规则。排放数据有效数字的位数不应超过计算中使用的活动水平数据或排放因子的最少有效数字位数。

（3）计算结果

计算以二氧化碳当量为单位的结果时，需确保结果基于相同的参考流程。

土地利用变化影响如果被归因到所研究产品，那么就被包含在总清单结果中。若否，而且在产品生命周期中没有清除，那么总结果就是每个环节的二氧化碳当量排放的总和。

（4）计算各寿命周期阶段占总清单结果的百分比

根据公式计算产品各生命周期阶段的结果。土地利用变化的影响和清除通常包含在原材料获取和预处理阶段或者生产阶段。在某些情况下，也可能发生在使用阶段。如果清除量对本阶段产生负百分比的影响，则应在报告中说明。

（5）单独报告生物源的和非生物源的排放与清除、土地利用变化影响（如适用）

分别报告总清单结果的组成部分为报告方和利益相关方带来透明度。生物源排放包括因生物源材料、废水处理及土壤与水中的各种生物源燃烧和（或）降解所产生的 CO_2、CH_4、N_2O。非生物源排放包括所有来自非生物源材料的温室气体排放。生物源清除是光合作用中生物源材料吸收的二氧化碳引起的，生物源清除并非只发生在非生物源产品的生产或者使用阶段从大气清除二氧化碳时。

如果企业不确定排放来自生物源还是非生物源，应将此部分排放纳入非生物源中。如果清单中仅包含非生物源排放，那么可以只报告总清单结果，并且在报告中加以说明。

（6）分开计算从摇篮到大门和从大门到大门的结果

按照从摇篮到大门和从大门到大门分别报告结果。如果因其保密性不能报告从大门到大门结果的，应作出声明。

3.7.2　利用抵消实现减排目标

企业应努力通过减少设定的边界内的排放源的排放，以实现减排目标。如果企业不能够通过减排来实现目标，也可以利用在清单边界之外的源所产生的减排来抵消。任何与清单结果相关的购买、销售或者储蓄抵消的行为均应单独报告。

企业需要报告每个分析单元的清单结果和在选定时间框架下的抵消的产品总量。披露抵消的信息应包括：①抵消类型和所涉及的项目，以及涵盖的时间周期；②实现抵消的数量；③所用的抵消方案符合规定；④关于碳抵消信用额的撤销/取消的相关信息，为达成减排目标而使用的抵消要基于有公信力的核算标准。此外，企业宜采取实际的措施，确保避免多个实体或者多个目标对同一减排量进行重复核算。

3.7.3　抵消和避免排放

（1）抵消

抵消是企业购买的用来补偿研究产品排放影响的排放额度。购买抵消一般有两个原因：单独通过减排无法实现减排目标，或者声明产品是碳中和的。鼓励企业制定减排目标并且通过绝对减排来达到。如果为产品排放购买抵消，应单独报告产品边界内拥有或控制的源的抵消，包括：①购买的抵消应根据为了量化气候变化减缓项目的温室气体效应的、类似的、国际认可的温室气体减排项目核算方法学；②清楚地将企业层面和产品层面的抵消购买行为分开，以避免重复计算。

（2）避免排放

避免排放是量化的由产品或产品生命周期中发生的过程间接引起的，由市场反应导致的减排。可以在清单报告中单独分开报告避免排放的部分。避免排放量经常使用结果方法来计算，在计算和报告避免排放量时，应考虑所有由产品或者其生命周期的市场反应引起的、间接的排放。

3.8 结果解释

3.8.1 不确定性评估

不确定性的定量评估能帮助企业优先考虑提升对不确定性贡献最大的来源的数据质量，并理解方法学选择对整个产品清单的影响。定量方法也可以为清单报告的读者提高不确定性报告的清晰度和透明度。在适当的情况下，企业应在清单报告中报告定量不确定性结果。

3.8.2 不确定性的类型

温室气体清单的结果可能被各种类型的不确定性影响，不确定性的类型有参数不确定性、情景不确定性与模型不确定性3种。

（1）参数不确定性

参数不确定性是关于清单中所用数值是否准确反映产品生命周期中的过程或活动的不确定性。可以通过确定参数不确定性在模型中的传递，为最终清单结果的不确定性提供一个量化的度量。

①单独的参数不确定性。参数不确定性主要针对的问题是所用数据对符合产品清单过程的参数的代表程度。单独的参数不确定性与直接排放数据、活动水平数据和排放因子这3类数据相关。测量误差、非精确近似以及为符合过程条件所采用的数据模拟方式都对参数不确定性有影响。

②传递的参数不确定性。参数不确定性的传递是每个参数不确定性对整体计算结果的总影响。两个重要的参数不确定性传递的方法是随机取样法（如蒙特卡罗法）和解析公式法（如泰勒级数展开法）。

（2）情景不确定性

参数不确定性是对用于计算排放清单结果的数据与真实数据和排放的接近程

度的度量，而情景不确定性是指因方法学选择引起的结果变化。使用标准可以通过限制用户的方法学选择，从而降低情景不确定性。当标准中存在多种可选择的方法学时，就会产生情景不确定性。方法学选择包括但不限于以下 3 项：①分配方法；②产品使用阶段情景假设；③产品废弃处置阶段情景假设。

情景分析的方法通过变化参数或者参数的组合，识别选择对结果的影响。情景分析也称为敏感性分析，可揭示因方法学而引起的结果差异。

（3）模型不确定性

模型不确定性来自用于反映真实世界的模型方法的能力限制。在许多情况下，模型不确定性可以通过上述参数或情景方法来表现。但是，模型不确定性的一些方面可能无法被那些分类覆盖，也很难量化。

3.8.3 报告定性的不确定性信息

企业要对不确定性来源和方法学选择进行定性描述并加以报告。这包括从摇篮到坟墓清单的使用和废弃处置阶段的状况描述、分配方法、GWP 来源，以及用于量化排放和清除的计算模型。

不确定性的定量评估能够提供更好的结果，以识别不确定性高的特定区域，有利于并开展持续跟踪。应在报告中说明定性和定量的不确定性信息，并描述为减少不确定性而做出的努力。

不确定性是相互关联的，而这不宜被纳入不确定性比较的结果中。因为两个相关不确定结果的比较可能有较高的确定性。在持续跟踪产品清单的变化过程中，识别相关性是很重要的。

3.9 报告与保证

3.9.1 报告

温室气体清单的首要目标是在产品生命周期内推动温室气体的减排。从清单编制到报告结果的整个过程都是为了帮助提高对减排机会的理解，并通过吸取利益相关方的意见，设定减排的优先顺序。要完成这个目标，第一步就是识别目标读者和特定商业目标，报告则是完成此目标的最后一步，企业应公开报告的信息见表 3-2。

表 3-2　报告内容清单

报告步骤	内容清单
总体信息和范围	①研究产品名称与描述； ②分析单元和参考流程； ③边界设定类型，是从摇篮到坟墓清单，还是从摇篮到大门清单； ④报告中包括的额外温室气体； ⑤使用的规则或者行业指南； ⑥方法论变更说明； ⑦免责声明，陈述清单的范围、结果的预期使用目的及局限性
边界设定	①定义和描述生命周期阶段； ②流程图； ③包括在清单中的非归因过程； ④列出排除在清单以外的单元过程，并提供充分的理由说明其合理性； ⑤对使用从摇篮到大门的边界提供充足理由说明其合理性（如适用）； ⑥时间段； ⑦用于计算土地使用的变化影响的方法（如适用）
分配	①披露为了避免分配而使用的方法，并提供充分的理由说明其合理性； ②分配所采用的方法； ③当使用闭环近似法时，被替代的排放量和清除量与废弃处置阶段分开报告
数据收集及质量	描述数据来源、数据质量和为提高数据质量采取的措施
不确定性	对清单不确定性和使用的方法学选择进行定性说明，内容包括： ①对产品使用和废弃处置阶段的状况描述； ②分配方法； ③GWP 的来源； ④计算模型
清单结果	①在总清单结果中，每分析单元的二氧化碳当量，包括在清单边界内所有来自生物源、非生物源和土地利用变化导致的排放量和清除量； ②每个生命周期阶段占总清单结果的百分比； ③将生物源和非生物源的排放和清除分开报告（如适用）； ④单独报告土地使用影响（如适用）； ⑤将从摇篮到大门的和从大门到大门的清单结果分开报告（或者声明由于保密原因无法提供）； ⑥报告包括在产品中但在废弃处置时不释放到大气中的含碳量（如适用）； ⑦对于摇篮到大门的产品清单，包括中间产品的含碳量

3.9.2　保证

（1）保证的要求

保证主要涉及三方，包括寻求保证的报告企业、使用清单报告的利益相关方以及保证方。其中，保证方是指提供产品清单保证，并且应独立于任何确定产品清单或者撰写声明活动的人员。保证方应没有任何利益冲突，可做出客观公正的判断。当提交清单的报告企业自行进行保证时，是第一方保证。当非报告企业进行保证时，是第三方保证。对于外部利益相关方，第三方保证可增加温室气体清单的可信度、客观性和独立性。

（2）保证声明

保证声明表达了保证方对清单结果的结论。保证声明应包括：①产品的描述；②报告方在排放清单中作出的声明；③保证内容的描述；④对报告方和保证方的职责描述；⑤用于执行保证的保证标准或严格审查过程的类型；⑥实质性贡献值或者基准点（如有）等内容。

3.10　设定减排目标和跟踪变化

设定减排目标和跟踪清单变化有以下 6 个步骤。

（1）完成并报告基准清单

确保完成基准清单的编写工作，并公开报告。一旦确定了基准清单，产生任何引起重算的变化时应重新进行计算。

（2）识别减排的机会

企业可以在产品生命周期内创建基准清单的同时识别潜在减排机会，如识别节约能源或转换燃料的机会，可根据减排的幅度和影响进行评估。也可根据供应商和客户的影响力与减排潜力进行评估。对于使用和产品的废弃处置阶段，当因产品的设计而非客户的行为产生改进影响时，应与产品的设计或研究和开发团队进行沟通，针对减排问题进行合作。

（3）设定减排目标

为产品的生命周期设定总的减排目标，还可设定不同生命周期阶段或者过程的减排目标。减排目标应包括完成日期和目标级别，即每个分析单元的减排量（如20%的减排量）。制定的减排目标应显著低于正常的排放水平。

（4）实现和核算减排

企业可以不同的方式实现减排。例如，提高产品的加工或设计水平，或者与客户和供应商合作。企业应在产品生命周期内和合作伙伴共同识别减排机会，以帮助其管理和降低排放（包括范围一、范围二和范围三，详见本书 4.2 节）。其他的机会可与供应商协作，共同寻找生产时排放较低温室气体的替代材料和（或）在其上游减排。在核算减排量时，企业应确保数据收集的质量。

（5）重新计算基准清单

当活动数据、排放因子、数据质量和方法论的变化影响基准清单结果时，应重新计算基准清单，以确保排放信息具有可比性。任何引起重新计算的对基准清单的变化都应在报告中加以说明。

如果产生一种变化导致重新定义分析单元，基准清单不能被重新计算，企业应撰写一个新的基准清单并制定新的减排目标。

（6）更新清单报告

如果已实施减排，应收集新的数据，重新计算基准清单（如果需要），并更新清单报告以包含新清单和基准清单的结果。如果重新计算了基准清单，应列出所有的变化。如果基准清单没有被重新计算，企业要报告不重算清单所依据的阈值。在任何一种情况下，基准清单结果和更新的结果都应纳入更新的清单中。

企业应通过基准清单和新清单排放量之差除以基准清单排放量的方式，报告减排的百分比。

在温室气体排放量实际比上次的清单有所增加的情况下，企业应报告相关结果，并向利益相关方解释排放增加的原因，以及企业将来减少排放的计划。

4

企业碳标签计算与报告

4.1 设定组织边界

企业在进行碳标签计算时，有两种不同的温室气体排放量合并方法可供选择，即股权比例法和控制权法。企业按照股权比例法或控制权法核算并报告合并后的温室气体数据。如果报告的企业拥有其业务的全部所有权，那么无论采用哪种合并方法来计算，其组织边界都是相同的。对合营企业而言，组织边界和相应的排放量结果可能因使用的方法不同而有所不同。至于运营边界，无论是全资企业还是合营企业对合并方法的选择都可能改变排放的归类。

（1）股权比例法

当采用股权比例法时，企业需根据在所占股权比例核算温室气体排放量。

（2）控制权法

当采用控制权法时，公司对其控制的业务范围内的全部温室气体排放量进行核算。当采用控制权法对温室气体排放量进行合并时，企业需在运营控制或财务控制这两种标准中做出选择。

①财务控制权。如果一家公司对其业务有财务控制权，那么这家公司能够直接影响其财务和运营政策，并从其活动中获取经济利益。

②运营控制权。如果一家公司或其子公司有提出和执行一项业务的运营政策的完全权力，这家公司便对这项业务享有运营控制权。

当采用运营控制权法时，公司对其自身或其子公司持有运营控制权的业务产生的100%的排放量进行核算。

4.2　设立运营边界

为了对温室气体进行有效、创新的管理，设定综合的包括直接排放与间接排放的运营边界，有助于公司更好地管理所有温室气体排放的风险和机会，温室气体核算与报告设定 3 个"范围"（范围一、范围二和范围三），至少要分别核算并报告范围一和范围二的排放信息。

（1）范围一：直接温室气体排放

范围一的排放来自一家公司拥有或控制的排放源（如公司拥有或控制的锅炉、熔炉、车辆等产生的燃烧排放）以及公司拥有或控制的工艺设备进行化工生产所产生的排放。

生物质燃烧产生的直接二氧化碳排放不应计入范围一，须单独报告。《京都议定书》没有规定的温室气体（如氟氯碳化物、氮氧化物等）排放，不计入范围一，但可以单独报告。

（2）范围二：间接温室气体排放

范围二核算一家企业所消耗的外购电力、热力产生的温室气体排放。范围二的排放实际上来自电力生产设施。

（3）范围三：其他间接温室气体排放

范围三是一项选择性报告，考虑所有其他间接排放。范围三的排放是一家公司活动的结果，但并非产生于该公司拥有或控制的排放源，如开采和生产采购的原料、运输采购的燃料，以及售出产品和服务的使用等。

4.3　识别和计算温室气体排放量

企业在确定排放清单边界后，一般采取下列 5 个步骤计算温室气体排放量（图 4-1）。

（1）识别温室气体排放源

识别和计算企业温室气体排放量的第一步是对企业边界内的温室气体排放源进行分类，一般来讲，温室气体排放源来自固定燃烧、移动燃烧、工艺排放、无组织排放 4 个类别。

①识别范围一的排放：识别上述 4 类排放源中的直接排放源。工艺排放通常只发生在某些特定行业，如石油天然气、炼铝和水泥等。有工艺排放并持有或控

制发电设施的制造企业，很可能有上述 4
类排放源类别的直接排放。基于办公室工
作的企业一般不会直接产生温室气体排
放。②识别范围二的排放：识别由于消耗
外购的电力、热力或蒸汽所产生的间接排
放源。③识别范围三的排放：识别尚未包
含于范围一或范围二中的企业上游和下游
活动产生的其他间接排放，以及与外包/
合同制造、租赁或特许经营有关的排放。

通过识别范围三的排放，企业能够根
据价值链扩展其排放清单的边界，并识别
全部相关的温室气体排放，可帮助企业发
现存在于企业直接业务上游或下游的大幅
减少温室气体排放的机会。

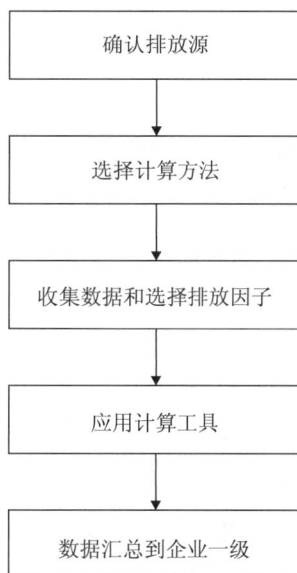

图 4-1　企业温室气体排放量计算步骤

（2）选择计算方法

通过监测浓度和流速直接测量温室气体排放量并不普遍。更常见的是，采用
基于具体设施或工艺流程的物料平衡法或化学计量法计算排放量。最普遍的温室
气体排放量计算方法是采用有记录的排放因子来计算。排放因子是经过计算得出
的排放源活动水平与温室气体排放量之间的比率。《IPCC 国家温室气体清单指南
（1996 修订版）》指出了从使用通用的排放因子到直接监测等多个等级的计算方
法和技术。

在许多情况下，尤其是无法进行直接监测或直接监测费用过高时，可以根据
燃料消耗量计算出精确的排放数据。然后通过碳含量缺省值或定期燃料取样等更
精确的方式获取燃料碳含量，从而计算出排放数据。企业应当采用适合其报告情
况且可行的最精确的计算方法。

（3）收集数据与选择排放因子

对企业而言，可以采用公布的排放因子并按照购买的商业燃料（如天然气和
取暖用油）数量计算范围一的温室气体排放量。范围二的温室气体排放量主要通
过电表显示的用电量以及特定供应商、本地电网或其他机构公布的排放因子来计
算。范围三的温室气体排放量主要通过燃料用量或旅客里程等活动数据、公布的
或第三方的排放因子来计算。在多数情况下，如果有具体排放源或设施的排放因
子，应该优先使用这些因子而非通用的排放因子。对于工业企业，可选择特定行

业的指导规范来计算。

（4）应用计算工具

可选择使用通过专家或行业同行评议的温室气体计算工具和指南。如果公司自己的温室气体计算方法比现有的方法更加精确或与其相当，也可以采用自己的计算方法。温室气体核算体系提供了以下两类主要的计算工具。

①跨行业工具：可用于不同行业，包括固定燃烧、移动燃烧、用于冷藏与空调的氢氟碳化物消耗的计算，以及与此有关的测量与估算的不确定性。

②特定行业工具：用于计算特定行业（如炼铝、钢铁、水泥、石油天然气、纸浆与造纸和基于办公室工作的企业）的排放量，多数企业需要采用一种以上的计算工具计算全部温室气体排放源的排放量。例如，为了计算炼铝设施的温室气体排放量，企业要采用计算炼铝，固定燃烧（对采购电力、现场生产的能源消耗等），移动燃烧（用火车运输原料与产品、现场使用车辆、雇员的差旅等）和使用氢氟碳化物（冷藏设备等）等计算工具。

（5）将温室气体排放数据汇总到企业一级

为了报告整个企业的温室气体排放量，公司通常需要收集并整理处于不同国家和业务部门的多处设施的数据。针对这个过程制订谨慎的计划，可以减轻报告负担，减少整理数据时可能出现的错误，并确保全部设施按照经过批准的一致方法收集信息。在理想情况下，企业把温室气体报告和已有的报告工具与流程进行整合，从而利用各种已经收集并报告给企业部门或办公室、监管机构或其他利益相关方的数据。

用来报告数据的工具与流程必须基于已有的信息和沟通机制（必须考虑把新数据类别纳入企业现有数据库的难易程度），另外也取决于企业总部对各设施报告的详细程度的具体要求。数据收集与管理工具包括：①安全数据库：由各设施通过企业局域网或互联网向安全数据库直接输入数据。②工作表模板：填写工作表模板并通过电子邮件发送到企业或部门做进一步数据整理。③纸质报表：将纸质报表传真至企业或部门，由他们将数据输入企业数据库。但是，如果没有确保准确转移数据的完善检查手段，这种方法会增加出错的可能性。

企业最好使用标准化的报告格式将内部数据汇报到企业一级，以确保从不同业务单元和设施收集的数据具有可比性，同时确保遵守内部报告规则。标准化格式可以显著降低出错的可能性。

4.4 管理排放清单质量

4.4.1 排放清单计划的框架

企业需要实际可行的框架帮助其确定质量管理体系的概念，帮助企业设计这个体系并制订未来的改进计划。这个框架的核心是有关排放清单的组织、管理和技术层面的工作。

①方法：从技术层面准备排放清单。企业应当选择或建立能够准确反映排放源类别特点的排放估算方法学，温室气体核算体系提供了多种默认方法和计算工具。排放清单计划和质量管理体系的设计应当规定制作排放清单方法学的选择、应用和更新的方式，以适应新的研究结论、业务运营发生的变化或排放清单报告重要性的提高。

②数据：关于活动数据、排放因子、工艺和业务的基本信息。虽然方法学应当严格、具体，但数据质量更为重要。没有方法学可以弥补输入数据质量缺陷带来的问题。企业排放清单计划的设计应当促进收集高质量的排放清单数据，维护和改进数据收集流程。

③编制排放清单的流程和体系：编制温室气体排放清单的组织、管理和技术性规程，包括组建团队和具体流程，以实现编制高质量排放清单的目标。为了简化温室气体排放清单的质量管理工作，可以将这些流程和体系与其他企业的质量管理流程适当地进行整合。

④文件记录：对编制排放清单的方法、数据、流程、体系、假设和估算值的记录，包括雇员编制和改进企业的排放清单工作所需要的一切资料。由于估算温室气体排放量本身的技术性较强，因此，高质量、高透明度的记录对可信度很重要。企业应当努力确保每个层级的排放清单设计中上述要素的质量。

4.4.2 实施排放清单质量管理体系

企业排放清单计划的质量管理体系应当涉及上述 4 个排放清单的组成部分。为了实施该体系，企业应当采取下列 7 个步骤。

第一步，成立排放清单质量管理小组，负责实施质量管理体系，从而持续提高排放清单质量。小组或小组经理应当协调相关业务单元、设施和外部实体之间的关系。外部实体包括政府机构、研究机构、核查方或咨询机构等。

第二步，建立质量管理方案，描述企业为实施其质量管理体系而应采取的步骤。虽然某些规程的严格性和适用范围可在未来多年内逐步增加和扩大，但一开始就应当把质量管理方案纳入排放清单计划的设计中。方案应当包括所有组织层级的规程和排放清单编制流程——从收集原始数据到核算最终报告。为了保证效率和完整性，企业应当对已有质量体系（如 ISO 规程等）加以整合以纳入温室气体管理与报告事项。为确保准确性，这套方案的主要部分应当以第三步和第四步描述的实施质量管理体系的实际措施为重点。

第三步，进行一般性质量检查，适用于整个排放清单的数据和流程，核心是适当严格地检查数据处理、文件记录和排放计算的质量。关于一般性质量管理措施见表 4-1。

表 4-1　一般性质量管理措施

数据收集、输入和处理活动	①检查一个输入数据样本，看是否有转录错误； ②识别对电子工作表进行改动的需要，使其能更好地进行质量控制或质量检查； ③确保对已执行的电子文档实施适当的版本控制规程； ④其他
数据记录	①确保电子工作表中的全部原始数据都有数据来源索引； ②检查引用的参考资料副本已归档； ③检查已记录了用于选择边界、基准年、方法学、活动水平数据、排放因子及其他参数的假设与标准； ④检查已记录的数据或方法学的变动； ⑤其他
计算排放量，核对计算过程	①检查排放单位、参数和转换因子是否做了适当的标记； ②检查计算过程从开始到结束是否对单位进行适当标记和正确应用； ③检查转换因子是否正确； ④检查在电子工作表中的数据处理步骤（如公式）； ⑤检查是否对工作表的输入数据和计算数据做出明确区分； ⑥以手工或电子方式检查一个代表性样本的计算过程； ⑦通过简化计算（"信封后面的计算"）检查一些计算过程； ⑧检查排放源类别、业务单元等的数据汇总； ⑨检查输入和计算在时间序列上的一致性； ⑩其他

第四步，检查具体排放源的质量。这包括更严格地针对特定排放源类别进行调查，检查所采用的边界、重新计算规程、对核算与报告原则的遵循情况、输入数据的质量（如电费单或电表读数是否是最高质量的电力消耗数据来源），以及对引起数据不确定性主要原因的定性描述等。调查所取得的信息也可用来支持对不确定性的定量评价。

第五步，审查最终排放清单估算数据和报告。完成排放清单后，内部技术审查应当重点关注工程、系统和其他技术方面；此后，内部管理审查应当重点关注获取企业对排放清单的正式批准和支持；第三类审查涉及独立于企业排放清单计划之外的专家。

第六步，建立正式反馈制度。第五步审查的结果以及企业质量管理体系其他各组成部分的结果，应当通过正式反馈规程反馈给第一步中的个人或小组。应根据反馈信息纠正错误、加以改进。

第七步，建立报告、记录和归档规程。这一体系应当包括记录保管规程，具体规定基于企业内部要求，应当记录哪些信息，这些信息如何归档，以及向外部利益相关方报告哪些信息。与内部和外部审查一样，这些记录保管规程也包括正式的反馈机制。

企业的质量管理体系和整体排放清单计划应当随着企业编制排放清单的目标变化而不断修改、完善。方案应当符合企业未来多年的执行策略，包括制定行动步骤，确保以往年份的质量控制所发现的问题都能得到妥善处理。

4.5　报告温室气体排放量

报告的信息须具备相关性、完整性、一致性、透明性和准确性。要求报告的信息应根据标准要求制作温室气体报告，应包括以下内容。

（1）企业与排放清单边界的说明

①概述组织边界，包括选择的合并方法；

②概述选择的运营边界，如果包括范围三则列明所包括的具体活动类型；

③涵盖的报告期间。

（2）排放信息

①范围一和范围二的总排放量，并区分与出售、购买、转让或储蓄排放配额等温室气体交易；

②分别报告每个范围的排放信息；

③针对选取的温室气体种类，以 t 和 t CO_2e 为单位，分别报告其排放数据；

④选定作为基准年的年份，阐明重算基准年排放量的标准，并按照该标准所算出来的一段时间内的排放变化；

⑤阐述引起任何基准年排放量重算的重大变化；

⑥在各范围外（即范围一、范围二和范围三之外）的生物源产生的二氧化碳排放数据，应单独报告；

⑦用于计算和测量排放量的方法学，为所用计算工具提供来源参考或链接；

⑧排除在外的具体排放源、设施和（或）业务。

（3）选择报告的信息

在可行的情况下，温室气体报告应包括以下信息：

①排放量与绩效信息；

②在可以取得可靠排放数据时，相关的范围三的活动的排放；

③按照单元/设施、排放源类型和活动类型进一步细分的排放数据；

④由于出售或转移给其他机构的自产电力、热力或蒸汽而引起的排放量；

⑤由于转售给非终端用户的采购电力、热力或蒸汽而引起的排放量；

⑥简要描述根据内部和外部基准测算的绩效；

⑦《京都议定书》没有规定的温室气体的排放量，在范围一、范围二和范围三以外单独报告；

⑧相关的绩效比率指标，如单位发电量、原料产量或销售额分别对应的排放量；

⑨概述温室气体管理/减排计划或战略；

⑩针对温室气体相关风险和义务的合同条款规定；

⑪概述提供的外部保证，以及相应情况下排放报告的核查声明；

⑫造成排放量变化，但没有引起基准年排放重算的有关原因；

⑬基准年与报告年之间所有年份的温室气体排放数据，如果有重新计算，应提供原因说明和计算结果；

⑭关于排放清单质量的信息以及改进的措施；

⑮关于温室气体捕获的信息；

⑯排放清单包含的设施列表。

（4）碳抵消信息

购买的或开发的在排放清单边界以外的碳抵消额度的信息，按照温室气体储存/清除和减排项目细分。具体指出碳抵消额度是否经过核查/认证并/或得到外部温室气体计划（如清洁发展机制）的批准。

在排放清单边界以内的排放源所产出的，并已作为碳抵消额度出售/转移给第三方的减排量信息。具体指出减排量是否经过核查/认证并/或得到外部温室气体计划的批准。

4.6　核算温室气体减排量

应重点关注核算与报告企业或机构一级的温室气体排放量。通过比较企业在一定时间的实际排放量相较于基准年的变化，计算出企业的减排量。以企业或机构一级的总体排放为重点，有利于帮助企业更有效地从全局管理其温室气体排放风险和机会，也有助于将资源集中到成本效益最高的减排活动。

碳抵消是为了达到自愿或强制性温室气体减排目标或满足排放总量控制，用于补偿（抵消）其他地方的温室气体排放量的单独的温室气体减排量。抵消是相对于假定情景中的排放基准线计算而得的，假定情景反映了在没有减排项目的假定情况下会产生的排放量。

4.6.1　设施或国家一级的企业温室气体减量

采用"自下而上"的方法计算温室气体排放量。这要求计算个别排放源或设施一级的排放量，然后将这些数据汇总到企业一级。即使特定排放源、设施或运营环节的排放量增加，企业的总排放量也可能下降，反之亦然。这种"自下而上"的方法能够报告不同规模的温室气体排放信息，如可以按照单独的排放源或设施分别报告，或把特定的同类设施作为一个整体报告。企业可以通过比较不同时间相关层级的实际排放量，达到政府的要求或履行自愿减排承诺。在企业一级，也可采用这些信息设定温室气体减排目标和报告进度。

4.6.2　间接排放的减排量

间接排放的减排量（范围二或范围三的排放量在不同时间会发生变化）并非总能精确地反映实际温室气体的减排量，这是因为报告企业的活动与产生的温室气体排放量之间并非总是存在直接的因果关系。

在精确性更重要的情况下，采用项目定量法更详细地评估实际减排量可能更为恰当。项目减排量和抵消/信用额度应当采用项目量化方法来确定日后用作抵消额度的项目减排量，例如处理下列核算问题：

①选择基准情景和排放量。基准情景反映了没有减排项目的情况下发生的情形。基准排放量是这种情景下的假定排放量。由于基准情景反映的是没有减排项目的情况下发生的情形，因此基准情景的选择始终带有不确定性。计算的项目减排量是基准与项目实际排放量之间的差值。这不同于本书衡量企业或机构减排量的方法，后者是相对于实际历史基准年排放量的变化。

②额外性论证。这关系到企业是否无此减排项目就不会发生排放量的减少或移除。如果项目减排量用作碳抵消额度，则量化过程应当考虑额外性的问题。这需要表明项目本身不是基准的一部分，且项目排放量低于基准排放量。额外性确保了采用碳抵消时排放限额或减排目标是真实的。每个有排放限额或目标的机构，在使用项目减排量进行碳抵消时，即被允许在目标或限额以外排放同样数量的温室气体。因此，如果该减排项目无论如何都会发生，给这个项目签发减排量将导致全球排放量增加。

③识别并量化相关的次要影响。这是项目导致的主要影响以外的温室气体排放量的变化。次要影响通常是项目无意导致的较小的温室气体排放，包括泄漏（产品或服务供求关系或数量的变化，引起其他地方温室气体排放量的变化）以及项目上、下游温室气体排放量的变化。项目减排量计算应考虑相关的次要影响。

④考虑可逆性。有些项目通过捕获、移除和（或）储存生物或非生物碳汇中的碳，以减少大气中的二氧化碳含量，如森林、土地管理和地下储层。这种减少可能是临时的，因为有些被移除的二氧化碳可能在未来的某个时刻，因为有意或无意的活动（如砍伐林木或森林火灾等）返回到大气层中。在项目设计中应当一并考虑可逆性带来的风险，以及减缓或补偿措施。

⑤避免重复计算。只有某处的排放源或碳汇不在排放限额或目标的限制范围内时，该处的减排量才能用于抵消排放限额或目标的限制，才能避免重复计算。同时，如果减排量产生的排放源或碳汇不是由业主持有或控制（减少了间接排放），应当明确减排量的所有权，以避免重复计算。

用于满足外部设定的目标时，抵消量可以转化为信用额度。信用额度通常是由外部温室气体计划授予的可兑换和转让的工具。虽然信用额度通常是基于减排量计算得来的，但是抵消量与信用额度之间通常有严格的换算规则，而且不同的计划可能采用不同的规则。例如，核证减排量（CER）是《京都议定书》清洁发展机制签发的信用额度，一旦CER被签发便可以进行交易，最终用于实现《京都议定书》规定的减排目标。温室气体信用额度"管制预备"的市场经验，凸显了能够提供可核查数据的可信的量化方法对确定用于抵消的项目减排量的重要性。

4.6.3 报告项目减排量

独立于企业参与的温室气体排放交易体系之外，单独报告企业选定的排放清单边界内的实际排放量，对企业具有重要意义。企业应对照排放目标或企业排放清单，在公开的温室气体报告中的选报信息部分，报告温室气体排放交易情况。证明购买或出售抵消或信用额度的公信力的信息，也应一起报告。

当企业实施减少其业务产生的温室气体排放的内部项目时，形成的减排量通常处于其排放清单边界以内。除非这些减排量被售出，用来与外部交易，或以其他方式被用作抵消或信用额度，否则不必单独报告。但是，有些企业可能通过改变自身的运营，导致排放清单边界以外的温室气体排放量发生改变，或者在比较长期的排放变化时，没有计算这些变化，例如：

①用垃圾衍生燃料替代化石燃料。如果不加以利用，这些垃圾衍生燃料将被用于垃圾填埋或焚烧，从而无法回收其能量。这种替代对企业自身的温室气体减排没有直接影响，甚至可能增加排放量。但是，这种行为有可能减少其他机构在其他地点的排放量，如避免了垃圾填埋气的产生和化石燃料的使用。

②安装向其他公司提供剩余电力的现场发电设备，如热电联产装置可能增加该公司的直接排放量，但同时能替代其他企业从电网取得的电力消耗量。本应生产这部分电力的电厂实现的减排量，没有被计入安装现场发电设备的企业的排放清单中。

③用现场发电设备，如热电联产装置替代购自电网的电力，可能增加一家企业的直接温室气体排放量，同时降低了与电网发电有关的温室气体排放量。如果采用平均电网排放因子量化外购电力产生的排放，并仅仅比较不同时期范围二的排放量，根据电网的温室气体排放强度和电力供应结构，这个减排量可能被高估或低估。

4.7 建筑全生命周期计算

4.7.1 设定边界

对建筑而言，建筑生命周期很长，其生命周期通常是指从建筑设计、建材生产（含原材料的开采）、建造与运输、运行与维护直到拆除与处理（废弃、再循环和再利用等）的全循环过程，即建筑的全生命周期，如图4-2所示。

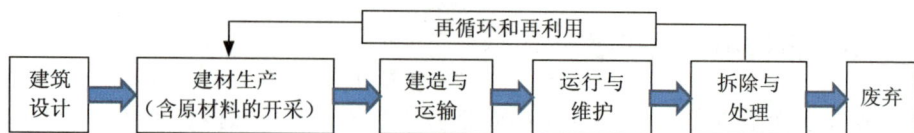

图 4-2 建筑全生命周期

4.7.2 排放源识别

碳排放来源即所有产生碳排放的活动，将建筑全生命周期划分为建筑设计阶段、建材生产（含原材料的开采）、建造与运输阶段、运行与维护阶段和拆除与处理阶段，分别列出各阶段的碳排放的构成因子，如图 4-3 所示，根据碳排放因子进行后续的资源和能源消耗清单统计。

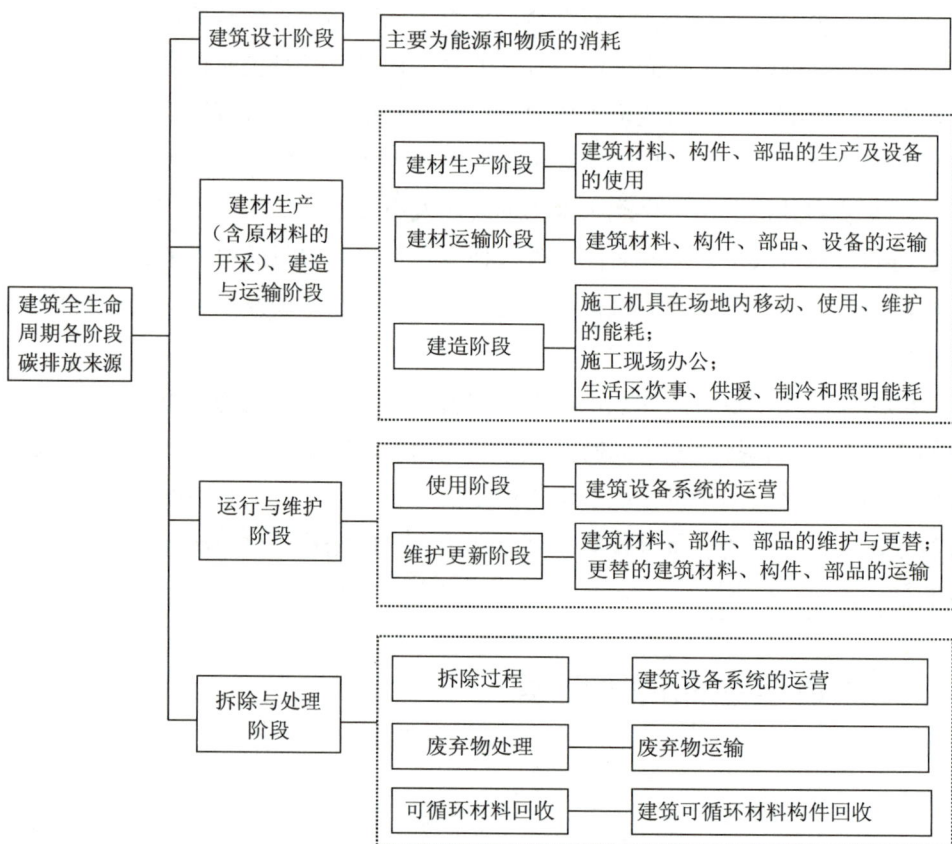

图 4-3 建筑全生命周期各阶段碳排放来源

建筑设计阶段的碳排放来源主要是所用能源和物资的消耗。但此阶段作为建筑全生命周期的前期组成部分，对后续各阶段的碳排放影响较大，对建筑全生命周期的碳排放量有决定性的作用。

建材生产（含原材料的开采）、建造与运输阶段包含建材生产、运输和建造施工 3 个阶段。建材生产阶段的碳排放来源包括建筑材料、构件、部品的生产及设备的使用；建材运输阶段的碳排放来源包括建筑城料、构件、部品、设备的运输；建造施工过程的碳排放来源主要有：施工机具在场地内移动、使用、维护的能耗，施工现场办公、生活区炊事、供暖、制冷和照明能耗。

运行与维护阶段的碳排放来源主要有：建筑设备系统的运营；建筑材料、构件、部品的维护与更替；更替的建筑材料、构件、部品的运输。

拆除与处理阶段的碳排放来源主要有：拆除机具的运行；废弃物的运输；以及建筑可预环材料构件的回收。

4.7.3　建筑全生命周期各阶段碳排放计算

4.7.3.1　建筑碳排放计算标准

（1）《建筑节能与可再生能源利用通用规范》

2021 年，住房和城乡建设部发布《建筑节能与可再生能源利用通用规范》（GB 55015—2021），自 2022 年 4 月 1 日起实施。该规范为强制性工程建设规范，全部条文必须严格执行。

①建筑碳排放计算作出强制性要求。新建居住和公共建筑碳排放强度应分别在 2016 年的节能设计标准的基础上平均降低 40%，碳排放强度平均降低 7 $kgCO_2$/（m^2·年）以上。

②可再生能源利用和建筑节能研究细化。新建、扩建和改建建筑以及既有建筑节能改造均应进行建筑节能设计。建设项目可行性研究报告、建设方案和初步设计文件应包含建筑能耗、可再生能源利用及建筑碳排放分析报告。

③新建建筑节能设计水平进一步提升。提高了居住建筑、公共建筑的热工性能限值要求：平均设计能耗水平在现行节能设计国家标准和行业标准的基础上分别降低 30%和 20%；严寒和寒冷地区居住建筑平均节能率应为 75%；其他气候区居住建筑平均节能率应为 65%；公共建筑平均节能率应为 72%。

④新增温和地区工业建筑节能设计指标要求。相较于《工业建筑节能设计统一标准》（GB 51245—2017），《建筑节能与可再生能源利用通用规范》新增温和 A 区设置供暖空调系统的工业建筑节能设计指标，拓展工业标准适用范围，温和地区工业建筑严格执行。

（2）《建筑碳排放计算标准》

2019 年 4 月 26 日，住房和城乡建设部发布《建筑碳排放计算标准》（GB/T 51366—2019），自 2019 年 12 月 1 日起实施。通过该标准相关计算方法和计算因子规范建筑碳排放计算，引导建筑物在设计阶段考虑其全生命期节能碳，增强建筑及建材企业对碳排放核算、报告、监测、核查的意识，为未来建筑物参与排放交易、碳税、碳配额、碳足迹，开展国际比对等工作提供技术支撑。

该标准通过对设计图纸、施工方案等技术材料中与碳排放有关的数据进行统计、计算和汇总，使用该标准中给出的方法和因子，计算得到建筑碳排放量。该标准适用于新建、扩建和改建的民用建筑的运行、建造及拆除、建材生产及运输阶段的碳排放计算；也适用于单体建筑和同类相似建筑组成的建筑群的碳排放计算，但不包括小区内的管道计算。

该标准参照《环境管理 生命周期评价 原则与框架》（GB/T 24040）和《环境管理 生命周期评价 要求与指南》（GB/T 24044）等的要求，对民用建筑全生命周期进行范围界定，如建材生产计算边界为从建筑材料的上游原材料、能源开采开始，到建筑材料出厂为止；建筑运行阶段碳排放计算范围包括暖通空调、生活热水、照明及电梯、可再生能源、建筑碳汇系统在建筑运行期间的碳排放量；时间边界从项目开工起至项目竣工验收为止。

降低建筑碳排放强度是应对气候变化和节能减排的重要工作，建筑节能、绿色建筑、低碳城市的核心控制指标的确定离不开建筑碳排放计算，统一建筑碳排放计算方法是关键的基础性工作，有利于规范引导建筑物开展碳排放计算、与国际对标。

4.7.3.2 建筑全生命周期碳排放计算过程

基于建筑全生命周期的碳排放计算具体过程如下：

①确定建筑全生命周期阶段的边界；

②收集建筑全生命周期阶段的相关活动数据；

③根据获取的活动数据选取相应的碳排放因子；

④对建筑全生命周期各个阶段碳排放采用公式：碳排放量=活动数据×碳排放因子进行计算，并累加求和得出建筑物的总碳排放量，将总碳排放折合成每年单位面积碳排放量作为建筑碳排放强度的评价依据。

4.7.3.3 建筑全生命周期碳排放总量计算

将建筑全生命周期划分为建筑设计阶段，建材生产（含原材料的开采）、建造与运输阶段，运行与维护阶段和拆除与处理阶段。一些研究表明，前设计阶段周期较短且很难对建筑前期准备阶段的能源消耗及碳排放进行统计计算，本节主

要介绍建材生产（含原材料开采）、建造与运输阶段，运行与维护阶段和拆除与
处理阶段的碳排放量的计算（图4-4）。

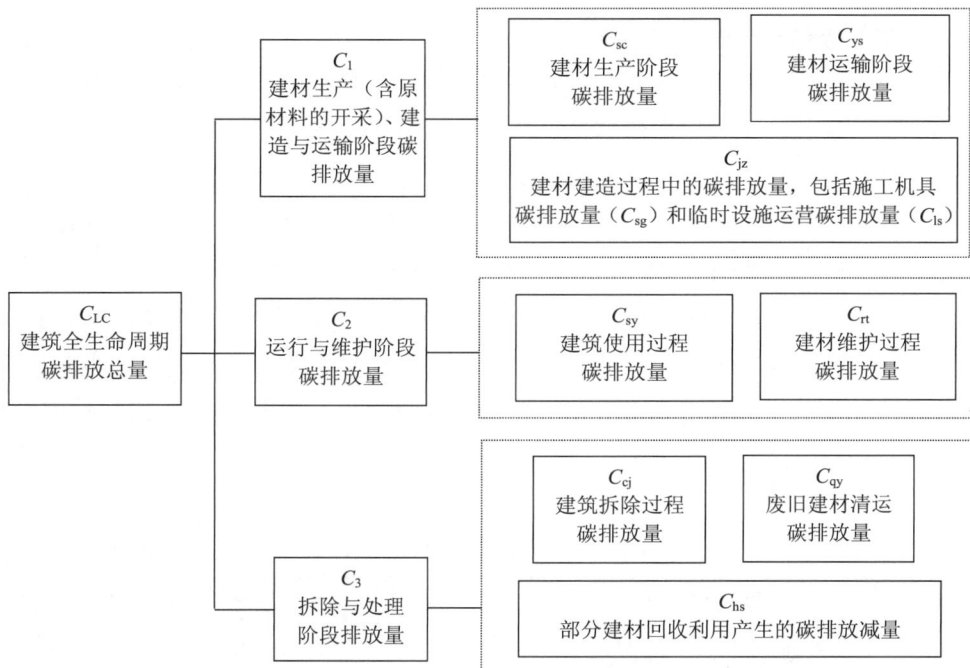

图4-4　建筑碳排放计算框架

（1）建材生产（含原材料的开采）、建造与运输阶段

建材生产（含原材料的开采）、建造与运输阶段的碳排放应为建材生产、建材
运输、建筑施工建造 3 个阶段排放之和，见式（4-1）。建材生产时，如果使用低
价值废料作为原料，可忽略其上游过程的碳过程。当使用其他再生原料时，应按其
所替代的初生原料的碳排放的 50%计算；建筑施工建造和拆除阶段产生的可再生建
筑废料，可按其可替代的初生原料的碳排放的 50%计算，并应从建筑碳排放中扣除。

$$C_1=C_{sc}+C_{ys}+C_{jz} \tag{4-1}$$

①建材生产阶段碳排放计算

建材生产阶段碳排放计算的边界是从建筑材料的原材料开采开始，到建筑材
料出厂为止。建材生产阶段碳排放量按式（4-2）计算：

$$C_{sc} = \sum_{i=1}^{n} M_i \times F_i \tag{4-2}$$

式中，M_i—— 第 i 种主要建材的消耗量，t；

F_i—— 第 i 种主要建材的碳排放因子，$kgCO_2e$/单位建材数量。

数据来源：M_i 的数据可以从工程预算清单或工程决算清单等技术资料中获得；建材生产阶段的碳排放因子宜选用经第三方审核的数据。

②建材运输阶段碳排放计算

运输过程中主要考虑将建材、设备机械等固体物资运送至施工现场所产生的碳排放量。建材运输阶段碳排放量按式（4-3）计算：

$$C_{ys} = \sum_{i=1}^{n} M_i \times D_i \times T_i \tag{4-3}$$

式中，D_i —— 第 i 种建材的平均运输距离，km；

T_i —— 第 i 种建材的运输方式下单位运输距离的碳排放因子，$kgCO_2e/(t \cdot km)$；

数据来源：M_i 的数据由工程预算清单或工程决算清单中的数据折换为质量得到；D_i 主要通过工程决算清单获得，其中包含材料生产厂家的名称、厂址和供货量；T_i 的数据来源参见表 4-2。

表 4-2　各类运输方式的碳排放因子　　　单位：$kgCO_2e/(t \cdot km)$

运输方式类别	碳排放因子
轻型汽油货车运输（载重 2 t）	0.334
中型汽油货车运输（载重 8 t）	0.115
重型汽油货车运输（载重 10 t）	0.104
重型汽油货车运输（载重 18 t）	0.104
轻型柴油货车运输（载重 2 t）	0.286
中型柴油货车运输（载重 8 t）	0.179
重型柴油货车运输（载重 10 t）	0.162
重型柴油货车运输（载重 18 t）	0.129
重型柴油货车运输（载重 30 t）	0.078
重型柴油货车运输（载重 46 t）	0.057
电力机车运输	0.01
内燃机车运输	0.011
铁路运输（中国市场平均）	0.01
液货船运输（载重 2 000 t）	0.019
干散货船运输（载重 2 500 t）	0.015
集装箱船运输（200 TEU*）	0.012

注：* 为国际标准箱单位。

③建造阶段碳排放计算

建筑建造阶段的碳排放量应按式（4-4）计算：

$$C_{jz} = \frac{\sum_{i=1}^{n} E_{jz,i} \times EF_i}{A} \qquad (4-4)$$

式中，C_{jz}——建筑建造阶段单位建筑面积的碳排放量，$kgCO_2/m^2$；

$E_{yz,i}$——建筑建造阶段第 i 种能源总用量，$kW\cdot h$ 或 kg；

EF_i——第 i 类能源的碳排放因子，$kgCO_2/(kW\cdot h)$ 或 $kgCO_2/kg$；

A——建筑面积，m^2。

（2）运行与维护阶段

①运行阶段

建筑运行阶段碳排放计算范围应包括暖通空调、生活热水、照明及电梯、可再生能源、建筑碳汇系统在建筑运行期间的碳排放量。

建筑运行阶段碳排放量应根据各系统不同类型能源消耗量和不同类型能源的碳排放因子确定，建筑运行阶段单位建筑面积的总碳排放量应按式（4-5）与式（4-6）计算：

$$C_M = \frac{\left(\sum_{i=1}^{n} E_i EF_i - C_p\right) \times y}{A} \qquad (4-5)$$

$$E_i = \sum_{j=1}^{n} (E_{i,j} - ER_{i,j}) \qquad (4-6)$$

式中，C_M——建筑运行阶段单位建筑面积碳排放量，$kgCO_2/m^2$；

E_i——建筑第 i 类能源年消耗量，单位/年；

$E_{i,j}$——j 类系统的第 i 类能源消耗量，单位/年；

$ER_{i,j}$——j 类系统消耗由可再生能源系统提供的第 i 类能源量，单位/年；

i——建筑消耗终端能源类型，包括电力、燃气、石油、市政热力等；

j——建筑用能系统类型，包括供暖空调、照明、生活热水系统等；

C_p——建筑绿地碳汇系统年减碳量，$kgCO_2/$年；

y——建筑设计寿命，年；

A——建筑面积，m^2。

②维护阶段

建筑维护是指因为建筑材料、构件或设备老化导致的维护或全面更换。建筑部件（如保温材料、门窗等）和建筑设备（如中央空调主机、分体式空调或冷水机组等）的使用寿命一般都小于建筑的使用寿命，在建筑生命周期内存在更换的可能。这些被更换的建筑材料、构件或设备的生产、加工、运输、施工和安装都会产生碳排放，其详细计算公式见式（4-7）：

$$C_n = \sum_{i=1}^{n}(CM_{ri} + CM_{ti} + CM_{ci}) \times M_i \times \frac{n}{r_i} \qquad (4\text{-}7)$$

式中，C_n —— 建筑更新的温室气体排放当量，$kgCO_2e$；

    CM_{ri} —— 第 i 种建材或设备生产的碳排放因子，$kgCO_2e$/单位；

    CM_{ti} —— 第 i 种建材或设备运输的碳排放因子，$kgCO_2e$/单位；

    CM_{ci} —— 第 i 种建材或设备加工和施工安装的碳排放因子，$kgCOe$/单位；

    M_i —— 第 i 种建材或设备的质量，t；

    r_i —— 第 i 种建材或设备的寿命，年；

    $\dfrac{n}{r_i}$ —— 第 i 种建材或设备的更换次数，应取整数。

（3）拆除与处理阶段

拆除阶段的碳排放主要包括拆除施工产生的碳排放、废旧建材运输产生的碳排放及部分建材回收利用产生的碳排放减量，计算公式见式（4-8）：

$$C_3 = C_{cj} + C_{ys} - C_{hs} \qquad (4\text{-}8)$$

式中，C_{cj} —— 拆解过程中的碳排放量，$kgCO_2e$；

    C_{ys} —— 运输过程中的碳排放量，$kgCO_2e$；

    C_{hs} —— 建材回收过程中的碳排放减量，$kgCO_2e$。

①拆除过程的碳排放计算

建筑拆除阶段的碳排放量应根据拆解过程中各种施工设备燃料动力总用量及对应能源碳排放因子计算，见式（4-9）：

$$C_{cc} = \sum_{i=1}^{n} E_{cci} \times F_i \qquad (4\text{-}9)$$

式中，C_{cc} —— 建筑拆除过程中的碳排放总量，$kgCO_2e$；

    E_{cci} —— 建筑拆除过程中第 i 种燃料动力总用量，单位燃料；

    F_i —— 第 i 中燃料的碳排放因子，$kgCO_2e$/单位。

②运输过程的碳排放计算

废弃物运输是指将建筑废弃物从施工现场运至填埋场、循环利用场或其他运输终点的过程。废弃物运输阶段的碳排放主要来自运输工具在运输过程中消耗能源产生的碳排放。

根据深圳市住房和建设局发布的《建筑废弃物减排技术规范》，拆除建筑的废弃物产生量计算公式为

$$W_c = A_c \times q_c \tag{4-10}$$

式中，W_c —— 拆除建筑的废弃物产生量，kg；

A_c —— 被拆除建筑的建筑总面积，m^2；

q_c —— 拆除建筑的废弃物产生量指标，表示每单位面积建筑所产生的废弃物质量，kg/m^2。

拆除后废旧建材的运输产生的碳排放量计算公式如下：

$$C_{ys} = \sum_{i=1}^{n} W_c K_{Tj} L_{ij} \tag{4-11}$$

式中，C_{ys} —— 废旧建材运输过程中的碳排放量，$kgCO_2e$；

W_c —— 拆除建筑的废弃物产生量，kg；

K_{Tj} —— 不同运输方式下运输单位建材的碳排放因子，$kgCO_2e/(t \cdot km)$；

L —— 运输距离，km；

i —— 废旧建材种类。

③回收过程的碳排放计算

建材回收利用带来的碳减量可按式（4-12）计算：

$$C_{hs} = \sum_{i=1}^{n} (AD_{hsi} \times \alpha_{hsi} \times EF_{hsi}) \tag{4-12}$$

式中，C_{hs} —— 回收阶段的碳减量，$kgCO_2e$；

AD_{hs} —— 材料的质量，t；

α_{hs} —— 材料的回收利用率，%；

EF_{hs} —— 回收材料的碳排放因子，$kgCO_2e/$单位；

i —— 材料的种类。

5

行业产品碳标签计算与报告

目前，农业、药品、纺织品以及园艺产品均已有相应的碳排放计算标准。IPCC 2019（修订版）第 4 卷：农业、林业和其他土地使用；GHG Protocol：农业指南；PAS 2050：2011 将海鲜和水产品、药品、纺织品以及园艺产品作为补充写入 PAS 2050-1：2011 标准。下文将针对各行业产品碳标签计算详细展开说明。

5.1　农产品全生命周期计算

5.1.1　农业和气候变化的关系

为了有效控制气候变化对环境造成的影响，必须将全球变暖限制在工业化前升温 2℃以内的水平。气温升高超过 2℃将对人类和生态系统尤其是对农业系统产生不可预测的负面影响。目前，对农业系统的影响已经发生，并日益加强。其中包括灌溉用水需求增加、野生动物致害和作物病虫害发生频率增加、饲料质量下降、作物和牧场产量下降。这些影响与地表温度、季节时间的变化，以及干旱、洪水和热浪等恶劣天气事件的发生频率和严重程度有关。

要实现将全球变暖限制在工业化前 2℃以内的目标，就需要大幅减少温室气体排放。绝大部分的农业活动都产生温室气体，并占据了全球人为温室气体排放总量的 11%（2010 年），氧化亚氮排放量的 60% 和甲烷排放量的 50%（2007 年）。

土地利用变化（LUC），是由原生栖息地转化为农田引起的，造成了大量的温室气体排放。另外，农业生产和各种下游活动（如农产品的加工和运输），造成了全球温室气体排放量的 3%～6%。

生态系统中主要温室气体排放源及清除过程见图 5-1。

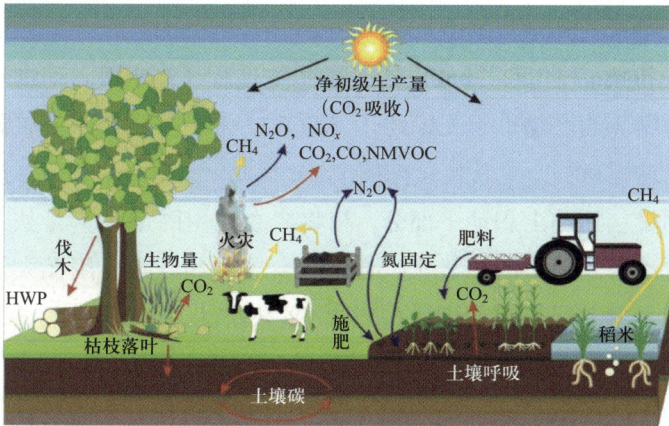

图 5-1 生态系统中主要温室气体排放源及清除过程

图片来源：https://www.ipcc-nggip.iges.or.jp/public/2006gl/chinese/pdf/4_Volume4/V4_01_Ch1_Introduction.pdf。

根据 IPCC 2019（修订版）第 4 卷农业、林业和其他土地利用（2019 Refinement to the 2006 IPCC Guidelines for National Greenhouse Gas Inventories，Volume 4 Agriculture，Forestry and Other Land Use，AFOLU），土地利用和管理影响着温室气体通量的各种生态系统（如光合作用、呼吸作用、分解、硝化/反硝化、肠道发酵和燃烧）过程。这些过程包括由生物（微生物、植物和动物）活动和物理过程（燃烧、淋出和径流）驱动的碳和氮的转化。大气和生态系统之间的二氧化碳交换主要由植物光合作用的吸收来控制，并通过有机物的呼吸、分解和燃烧的释放来控制。氧化亚氮主要作为硝化和反硝化的副产物从生态系统中产生，甲烷则通过土壤和厌氧条件下的产甲烷反应，肠道发酵以及有机物燃烧时的不完全燃烧 3 种途径排放。其他来源于燃烧和土壤的气体包括氮氧化物（NO_x）、氨（NH_3）、非甲烷挥发性有机化合物（NMVOC）和一氧化碳（CO），由于它们是温室气体的前体物，也会在大气中产生温室效应而受到特别关注。这些气体的排放被视为间接排放。间接排放还与土壤中的氮化合物（尤其是硝酸盐 NO_3）的淋洗和流失有关，其中一部分含氮化合物会经过反硝化作用转化为笑气（N_2O）。

AFOLU 部门的温室气体通量可以通过以下两种方式进行估算：

①碳库随时间的净变化（用于大多数 CO_2 通量）；

②直接作为进出大气的气体通量率（用于估算非 CO_2 排放量和一些 CO_2 排放量和清除量）。

使用碳库变化来估算 CO_2 排放和清除量，是基于生态系统碳库的变化主要是通过陆地表面和大气之间的 CO_2 交换。因此，随着时间的推移，总碳库的增加等同于从大气中净清除 CO_2，总碳库的减少（减少转移到其他库，如伐木产品）等

同于 CO_2 的净排放。非 CO_2 排放主要是微生物过程（在土壤、动物消化道和粪便中）和有机物燃烧的产物。下文描述了 AFOLU 中主要生态系统碳储量和过程的碳排放及清除过程。

植物生物量包括地上和地下部分。植物光合作用固定 CO_2 是从大气中去除二氧化碳的主要途径。大量的二氧化碳通过光合作用和呼吸作用在大气和陆地生态系统之间转移。通过光合作用吸收二氧化碳被称为总初级生产（Gross Primary Production，GPP）。约一半的 GPP 通过植物呼吸作用释放，返回大气。剩下的部分构成净初级生产（Net Primary Production，NPP），指生态系统在一定时期内所积累的有机物总量。NPP 减去异养呼吸（如凋落物、枯死木和土壤中有机物的分解）的损失，即为生态系统的净碳储量变化。在没有干扰或损失的情况下，这被称为净生态系统生产（Net Ecosystem Production，NEP）。

$$NEP = NPP-异养呼吸 \tag{5-1}$$

NEP 减去土地利用变化期间的干扰（如火灾）、收获和土地清理造成的额外碳损失，通常称为净生物群落生产（Net Biome Production，NBP）。在土地利用类别的国家温室气体清单中报告的碳库变化等于 NBP。

$$NBP = NEP-干扰/土地清理/收获造成的碳损失 \tag{5-2}$$

NPP 通过各种人为活动（如毁林、植树造林、施肥、灌溉、收获和物种选择等）受到土地利用和管理的影响。例如，砍伐树木会减少土地上的生物量碳储量。然而，需要额外考虑采伐的木材，因为一些碳可能储存在木质林产品或垃圾填埋场中保存数年甚至数百年。因此，一些从生态系统中移除的碳被迅速排放到大气中，另一些碳被转移到其他碳库中被储存数年。在非森林生态系统（农田、草地）中，主要组成植被是非木本多年生和一年生植被，与林地相比，它们在生态系统总碳储量中所占的比例要小得多。非木本植物每年或几年内更替一次，因此净生物质碳库碳储量大致保持不变。如果发生土地退化，碳储量可能会随着时间的推移而减少。土地管理者可能使用火烧作为草原和森林的管理手段，但这种管理方式若使用不当可能会烧毁原有植被（特别是林地），导致生物量碳的大量损失。林火不仅通过生物质燃烧将二氧化碳（CO_2）释放到大气中，还直接或间接排放其他温室气体（包括 CH_4、N_2O、NMVOC、NO_x 和 CO 等）。

活植物材料中所含的大部分生物质生产（NPP）最终会转移到死有机物质（DOM）库。DOM 会迅速分解，将碳返回到大气中，但一部分会保留数月、数年甚至数十年。土地利用和管理通过影响有机物的分解速率和新鲜碎屑的输入来影响死有机物质的碳库。燃烧死有机物造成的损失包括 CO_2、N_2O、CH_4、NO_x、

NMVOC 和 CO 等温室气体的排放。

随着死有机物的破碎和分解，它会被转化为土壤有机物质（SOM）的一部分。土壤有机质包括种类繁多的物质，它们在土壤中的停留时间差异很大。其中一些成分由不稳定的化合物组成，这些化合物很容易被微生物分解，从而将碳排放到大气中。然而，一些土壤有机碳被转化为顽固化合物或结合在分解非常缓慢的有机矿物复合物中，因此可以在土壤中保留数十年至数百年或更长时间。森林火灾发生后，会产生少量的"黑碳"，它们由一种近乎惰性的碳成分构成，周转时间可能跨越数千年。生物炭（C^4）可通过热解产生，并被改良为具有较长碳循环周期的土壤。

土壤有机碳储量受土地利用和管理活动的影响，这些活动影响枯枝落叶分解速率和土壤有机质损失率。尽管控制土壤有机碳储量平衡的主要过程是植物残体的碳输入和分解产生的碳排放，但在某些生态系统中，颗粒或溶解碳的损失可能占比很大。输入主要受 NPP 影响和（或）死有机物质保留的比例控制，如收获的生物质有多少作为产品去除，有多少作为残留物留下。产出主要受土壤有机质微生物和物理分解的管理决策的影响，如耕作强度。根据先前土地利用、气候和土壤特性的相互作用，管理实践的变化可能会导致土壤碳库增加或减少。通常，管理引起的碳库变化会在几年到几十年的时间内显现出来，直到土壤碳库达到新的平衡。除了人类活动的影响，气候变化速率和其他环境因素也会影响土壤碳动态（以及生物量和溶解有机物）。

土壤还含有无机碳库，它既可以作为形成土壤母质中的主要矿物质（如石灰石），也可以作为在土壤形成过程中产生的次生矿物质（如成土碳酸盐）。无机土壤碳库可能会受到土地管理的影响，但影响程度通常不会达到有机碳库受土地管理影响的程度。

土壤管理实践还会改变碳库还会影响温室气体排放。例如，施用石灰用于降低土壤酸度和提高植物生产力，同时也是二氧化碳排放的直接来源。具体来说，石灰处理通过从石灰石和白云石沉积物中去除碳酸钙并转化为 CO_2，从而将碳从地壳转移到大气中。

添加土壤氮是增加 NPP 和作物产量的常见做法，包括施用合成氮肥和有机改良剂（如粪肥），尤其是在农田和草地上。然而，添加氮也会对土壤中的温室气体排放产生影响。土壤中的氮可以通过硝化和反硝化等过程转化为不同的形态，并导致氧化亚氮（N_2O）的排放。增加土壤氮的有效性会增加 N_2O 的排放量。放牧活动中动物排放的氮（在粪便和尿液中）也会刺激 N_2O 排放。同样，土地利用变化与土壤有机质分解加剧和氮矿化有关，如在湿地、森林或草原上开始耕种，则土地利用变化会增加 N_2O 排放。

畜牧业生产系统，尤其是那些饲养反刍动物的系统，也是温室气体排放的重要来源。例如，反刍动物消化系统中的肠道发酵会导致 CH_4 的产生和排放。粪便处理和储存的管理方式会影响 CH_4 和 N_2O 的排放，这些排放是由于粪便分解过程中会产生 CH_4，也是硝化/反硝化的副产品。此外，NH_3 和 NO_x 的挥发损失以及氮在粪便管理系统和土壤的浸出和径流中的损失会导致间接的温室气体排放。

5.1.2　土地利用和管理类别

下文将简要概述土地代表性和按土地利用和管理系统划分的土地利用类型，以及按气候、土壤和其他环境层次划分的土地管理类别。

每个土地利用类型可进一步细分为无土地利用类型变化的土地（如仍为林地的林地）和有土地利用类型转化的土地（如林地转变为农田）。各国可能会根据所选择的方法及其要求，选择按气候或相应生态区域对不同利用类型的土地进行进一步分层。根据每种土地利用类型确定其温室气体排放和清除划分为生物质、死有机质和土壤碳排放（随着碳储量变化），燃烧产生的非 CO_2 排放，以及其他土地利用类型产生的温室气体排放源（如水稻和水淹地的 CH_4 排放）。

不同类型的牲畜管理会产生不同程度的 CH_4 和 N_2O 排放，如奶牛、家禽、绵羊、猪和其他牲畜（如水牛、山羊、美洲驼、羊驼、骆驼等）。动物排泄物管理系统对温室气体排放也有影响，包括厌氧潟湖、液体系统、固体储存、干地、牧场/围场和其他附属系统。

通常根据提供给土壤氮的综合输入量数据来估算土壤的 N_2O 排放量，这些数据包括氮肥的使用或销售量、作物残留物的管理情况、有机改良剂的使用情况以及土地利用转换对土壤中氮矿化的影响。同样，土壤 CO_2 排放量的估算则应根据土地管理过程中使用的石灰和尿素施用总量来进行。

采伐木质林产品也构成碳循环的一个组成部分，可以根据国家级数据估算碳储量变化；然而，目前关于采伐木制品所导致温室气体排放的估算和报告尚无明确标准定论。

5.1.3　计算方法的层次结构框架

方法 1 设计最易于使用，本书提供了计算方程和缺省值（如排放和碳库变化因子）。尽管需要特定国家的活动数据，但通常在第 1 层次上，可以使用全球范围内的活动数据（如森林砍伐率、农业生产统计数据、全球土地覆盖图、肥料使用、牲畜数量数据等）估计来源，尽管这些数据通常在空间上很粗糙。

方法 2 可以使用与方法 1 相同的方法计算排放量，但对最重要的土地利用类型或畜牧业类别应基于国家或区域特定数据的排放因子和碳库变化因子。国家定义的排放因子更适合该国的气候区域、土地利用分类和畜牧业类别。在第 2 层次中，通常会使用更精确的时间和空间分辨率以及更细化的活动数据，以匹配特定区域和特定土地利用或畜牧业类别的国家级缺省值。对于某些源类别，还提供了用于估算国家特定排放因子和碳库变化因子（如肠道发酵产生的 CH_4 排放）的方法。

在方法 3 中，采用更精准的方法，如针对国情量身定制的基于过程的模型和清单测量系统，通过高精度的活动数据在地方层面进行重复，随着时间推移估计排放量。这些高阶方法提供的估计量比低阶方法具有更高的确定性。此类系统可能包括定期重复的综合田间采样和（或）基于 GIS 的年龄、类别/生产数据、土壤数据以及土地利用和土地管理活动数据系统，集成了多种类型的监测。通常可以随时间跟踪发生土地利用类型变化的土地。在大多数情况下，这些系统具有气候依赖性，因此采用具有年际变化的数据进行估计。此外，牲畜数量可以根据动物类型、年龄、体重等进行详细分类。模型应经过质量检查、审计和验证，并进行全面记录。

5.1.3.1 适用于多种土地类别的通用方法

（1）碳储量变化估算的概述

AFOLU 中的 CO_2 排放量和清除量是基于生态系统碳库的变化量是进行估算的，针对每个土地利用类别（包括无土地利用类型转化的土地以及发生土地利用类型转化的土地），式（5-3）总结了碳储量变化。

AFOLU 的年度碳库变化估计为所有土地利用类别变化的总和。

①年度 AFOLU 所有土地利用变化碳库变化：

$$\Delta C_{AFOLU} = \Delta C_{FL} + \Delta C_{CL} + \Delta C_{GL} + \Delta C_{WL} + \Delta C_{SL} + \Delta C_{OL} \tag{5-3}$$

式中，C_{AFOLU} —— AFOLU 的年碳库变化，tC/年；

AFOLU —— 农业、林业和其他土地利用；

ΔC_{FL} —— 林地碳库变化；

ΔC_{CL} —— 农地碳库变化；

ΔC_{GL} —— 草地碳库变化；

ΔC_{WL} —— 湿地碳库变化；

ΔC_{SL} —— 聚居地碳库变化；

ΔC_{OL} —— 其他土地碳库变化。

对于每个土地利用类型，通过考虑碳库之间的碳循环过程，应选择所有同一土地利用类型的土地面积的所有层或分区，估算一个层内的碳库变化。总体而言，一个层内的碳库变化是通过将所有碳库中的变化量相加来估算的，如式（5-4）所示。此外，土壤中的碳库变化可以分为矿质土壤中碳库的变化和有机土壤的排放。采伐的木质林产品（HWP）也作为附加库包括在内。土地利用类型的年度碳库变化作为该类别内每一层变化的总和。

②土地利用类别的年度碳库变化为类别内每个层的变化总和：

$$\Delta C_{LU} = \sum \Delta_i C_{LUi} \qquad (5-4)$$

式中，ΔC_{LU} —— 式（5-3）中定义的土地利用（LU）类别的碳储量变化。

　　　i —— 土地利用类型中的特定碳层或细分（通过物种、气候区、生态型、管理制度等的任何组合），$i = 1, \cdots, n$。

③某一土地利用类别的某一碳层年度碳库变化作为所有碳库中变化的总和：

$$\Delta C_{LUi} = \Delta C_{AB} + \Delta C_{BB} + \Delta C_{DW} + \Delta C_{LI} + \Delta C_{SO} + \Delta C_{HWP} \qquad (5-5)$$

式中，ΔC_{LUi} —— 某土地利用类型中一个碳层的碳库量发生变化；

　　　ΔC_{AB} —— 地上生物质碳库年变化量；

　　　ΔC_{BB} —— 地下生物质碳库年变化量；

　　　ΔC_{DW} —— 枯死木碳库年变化量；

　　　ΔC_{LI} —— 废弃物碳库年变化量；

　　　ΔC_{SO} —— 土壤碳库年变化量；

　　　ΔC_{HWP} —— 收获的木质林产品碳库年变化量。

估算碳汇和通量的变化取决于数据和模型的可用性，以及收集和分析额外信息的资源和能力。根据国家情况和选择的计算方法，可能无法估算式（5-5）中所有库的碳储量变化。由于导出默认数据集对某些碳库变化的估计方法有局限性，方法 1 包括以下几个简化假设：碳循环包括由于连续过程（生长、衰减）和离散事件（收获、火灾、虫灾、土地利用变化和其他事件等干扰）而造成的碳储量的变化。连续的过程每年影响所有地区的碳储量，而离散事件（干扰）导致特定地区（干扰发生的地方）和事件年份的排放和重新分配生态系统碳。干扰也可能会产生长期的影响，如被风吹走或烧毁的树木腐烂。为了实用性，方法 1 假设所有扰动后的排放（较少的收获木材制品的去除）均发生在当年。例如，不是估计几年内扰动后留下的死有机物的衰减，而是所有扰动后的排放都是在事件发生的年份进行计算的。

④陆地 AFOLU 生态系统的广义碳循环，显示了碳流入和流出系统以及系统内 5 个碳库之间的流动（图 5-2）。

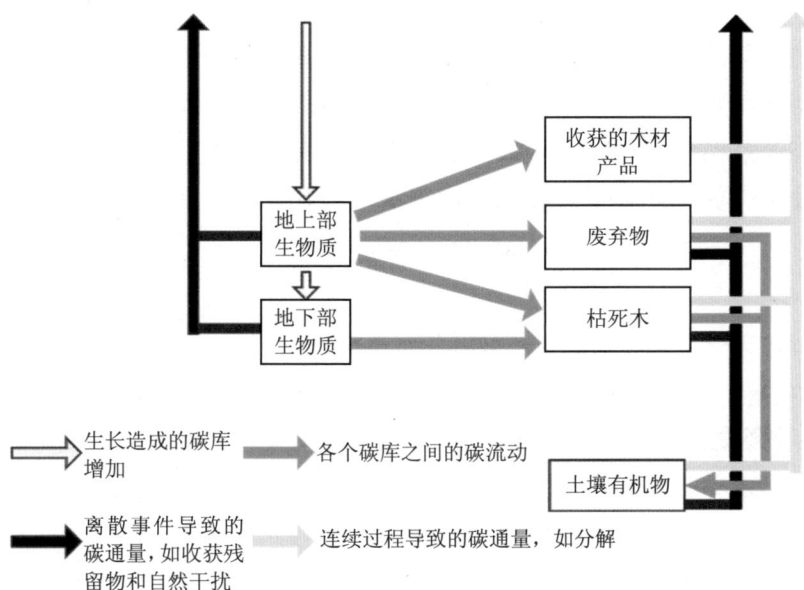

图 5-2 碳循环示意图

图片来源：IPCC 2019 volume 4 Agriculture, Forestry and Other Land Use Chapter 2: Generic Methodologies Applicable to Multiple Land-Use Categories，本书仅对图片内容进行翻译。

在方法 1 下，假设进入死有机质（枯木和枯枝落叶）的平均转移速率等于离开死有机质的平均转移速率，因此净碳库变化量为零。该假设意味着死有机质（死木和枯枝落叶）碳库不需要在方法 1 下对仍属于土地利用类别 2 的土地面积进行量化。这种方法的基本原理是，根据森林类型和树龄、干扰历史和管理方式，死有机质碳库，特别是枯死木，变异性强且地区差异较大，此外，关于粗木屑分解率的数据很少，因此现阶段无法制定全球适用的默认值和不确定性估计值。鼓励在森林类型、森林扰动或林地管理制度等方面发生重大变化的国家开发国内数据，以使用方法 2 或方法 3 估算这些变化的影响，并报告由此产生的碳库变化和非 CO_2 排放量和清除量。

为使所有计算保持一致，所有对碳储量变化（即增长、内部转移和排放）的估计，都以碳为单位。关于生物量碳库、增量、收获等的数据最初可以以干物质为单位，需要转换为吨碳以用于所有后续计算。有以下两种根本不同但同样有效的估算库变化的方法：i 基于过程的方法，估算碳库增加量和清除量的净平衡；ii

基于存量的方法，估计两个时间点的碳存量差异。

可以使用式（5-6）中基于过程的方法估算任何碳库中的年度碳储量变化，该方法列出了可应用于所有碳增加或损失的增益—损失法。收益可归因于增长（生物量增加）和碳从另一个碳库的转移（如由于收获或自然干扰，碳从活生物量碳库转移到死有机物质库）。收益标有正号（+）。损失可归因于碳从一个碳库转移到另一个碳库，或由于腐烂、收获、燃烧等引起的排放。损失时则标有负号（−）。

⑤收益和损失函数的给定池中的年度碳库变化（增益—损失法）见下式：

$$\Delta C = \Delta C_G - \Delta C_L \tag{5-6}$$

式中，ΔC——碳库年变化总量，t C/年；

ΔC_G——碳库年增加量，t C/年；

ΔC_L——碳库年损失量，t C/年。

CO_2 清除是从大气转移到池中，而 CO_2 排放是从碳库中转移到大气中。并非所有转移都涉及排放或清除，因为从一个碳库到另一个碳库的任何转移都是捐助池的损失，但对接收碳库来说是等量的收益。例如，从地上生物量库转移到枯死木碳库是地上生物量碳库的损失和等量的枯死木碳库的增加，这不一定会立即导致 CO_2 排放到大气中（取决于使用方法）。

式（5-6）中使用的方法称为增益—损失法，因为它包括导致碳库中变化的所有过程。另一种基于碳库的方法称为碳储量变化法，可用于在两个时间点测量相关碳库中的碳储量以评估碳库变化的情况，如式（5-7）所示。

$$\Delta C = \frac{C_{t_2} - C_{t_1}}{t_2 - t_1} \tag{5-7}$$

式中，ΔC——碳库中碳储量年变化量，t C/年；

C_{t_1}——t_1 时碳库碳储量，t C；

C_{t_2}——t_2 时碳库碳储量，t C。

如果以每公顷为基础估算碳库变化，则该值乘以每个层内的总面积，将得到碳库的总碳储量变化估算值。在某些情况下，活动数据可能以国家总变量的形式存在（如采伐的木材），在这种情况下，该碳库的碳储量变化估计值是在应用适当的因子转换为统一单位后直接根据活动数据估计的。当对特定土地利用类型使用碳储量变化法时，要确保该类别中的土地面积在时间 t_1 和 t_2 相同，以避免混淆碳库变化与面积变化导致的碳储量变化。

过程方法适用于使用从实证研究数据中得出的系数的建模方法。与依赖于两个时间点的碳储量估计差异的方法相比，过程方法将在更大程度上消除年际变化。

只要这两种方法能够代表实际扰动以及连续变化的趋势，并且可以通过与实际测量结果的比较来验证，这两种方法就都是有效的。

（2）非 CO_2 排放估算概述

非 CO_2 排放有很多种来源，包括土壤、动物排泄物的排放，以及生物质、枯死木和死有机质的燃烧。与基于生物量碳库变化量估算 CO_2 排放量的方法不同，非 CO_2 温室气体的估算通常涉及直接从源头排放至大气中的排放率计算。排放率通常由特定气体（如 CH_4、N_2O 等）和排放源类别以及面积（如土壤或燃烧面积）、比例或质量（如对于生物质或肥料）定义排放源。

排放至大气的非 CO_2 可由下式计算

$$\text{Emission} = A \cdot \text{EF} \qquad (5\text{-}8)$$

式中，Emission —— 非 CO_2 排放，t 非 CO_2 气体；

    A —— 排放源相关活动数据（可以是区域、动物数量或质量单位，取决于源类型）；

    EF —— 特定气体和排放源的排放因子，t/单位 A。

许多非 CO_2 温室气体的排放要么与特定的土地利用类型相关（如水稻的 CH_4 排放），要么通常根据国家级汇总数据进行估算（如牲畜的 CH_4 排放和土壤改良的 N_2O 排放）。本章描述了估算生物质燃烧产生的非 CO_2 排放和 CO_2 排放的方法，这可能发生在几种不同的土地利用类别中。

出于报告目的，碳库类别的变化（涉及向大气的转移）可以通过将碳库变化乘以-44/12 转换为 CO_2 排放量单位。如果大量碳库变化是由 CO 和 CH_4 的排放引起的，则应使用特定方法从估算的 CO_2 排放量或清除量中减去这些非 CO_2 排放量。在进行估算时，清单编制者应对每个类别进行评估，以确保这些碳排放尚未包含在估算 CO_2 排放量时所做的假设和近似值中。

还应注意的是，并非每个碳库变化都有与之对应的排放量。从碳到 CO_2 的转化基于分子量比（44/12）。符号（−）的变化是由于碳储量增加的惯例，即正（+）储量变化，表示从大气中清除（或"负"排放），而碳储量减少，即负（−）存量变化，代表对大气的正排放。

（3）针对第 2 层方法的附加通用指南

本节为清单编制者提供了使用异速生长模型量化包含植被的土地利用的体积、生物量和碳库的指南。异速生长模型可与国家特定数据一起使用，用方法 2 估算的碳储量。异速生长模型也是构成更复杂的第 3 层方法的一部分，包括基于测量的清单和基于模型的清单。

异速生长模型量化了生物体某些变量之间的关系。异速生长模型可用于估算个体、植被或林分的体积、生物量或碳储量。使用林木的异速生长模型计算时通常应提供准确且有代表性的抽样设计，通过从种群中进行单木解析，从单个树木中估计物种生长模型。由于单木解析通常成本高昂、劳动密集型且生态敏感，因此在现有的数据有效时，利用现有的异速生长模型是有意义的。

（4）死有机质碳库中碳储量的变化

所有土地利用类型的枯死木和枯枝落叶碳库的第 1 层假设是，如果土地利用类型不发生改变，碳库碳储量则不会随时间的变化而变化。因此，假定在人为干扰或管理（减少采伐木制品的移除）期间移除的林木的生物量中的碳在事件发生的年份完全释放到大气中。相当于假设转移到死有机质碳库中的非商用和非商用木材成分中的碳等于死有机物通过分解和氧化释放到大气中的碳量。各国可以使用更高级的方法估算死有机物质的碳排放动态。

使用方法 1 估算同一土地利用类型中死有机质（DOM）碳库的国家报告这些库的碳储量或碳排放量为零。按照这一规则，不报告火灾期间死有机质燃烧产生的 CO_2 排放，也不报告火灾后几年死有机质碳库碳储量的增加。然而，报告了燃烧 DOM 碳库产生的非 CO_2 气体排放。估算死有机质碳库中碳储量变化的方法 2 计算枯死木和枯枝落叶碳库的变化。方法 2 可以使用两种方法：跟踪输入和输出（增益－损失法）或估计两个时间点的 DOM 碳库差异（碳储量变化法）。这些估算方法需要包括重复测量枯死木和枯枝落叶碳库的详细清单，或模拟死木和枯枝落叶动态的模型。好的做法是确保此类模型根据现场测量进行测试并记录在案。同样的方程也用于枯死木和木质林产品碳库，但它们的值是单独计算的。

死有机质碳库中碳储量变化可由下式计算：

$$\Delta C_{DOM} = \Delta C_{DW} + \Delta C_{LT} \tag{5-9}$$

式中，ΔC_{DOM} —— 死有机质碳库的碳储量的年变化，t C/年；

ΔC_{DW} —— 枯死木中碳库变化，t C/年；

ΔC_{LT} —— 枯枝落叶碳库中碳储量变化，t C/年。

作为收益和损失函数的给定池中的年度碳库变化（收益—损失法）

$$\Delta C_{DOM} = A \cdot [(DOM_{in} - DOM_{out}) \cdot CF] \tag{5-10}$$

式中，ΔC_{DOM} —— 死有机质碳库的碳储量的年变化，t C/年；

A —— 管理的土地面积，hm^2；

DOM_{in} —— 由于每年变化过程和干扰，生物质转化为枯木/枯枝落叶碳储量的年均变化量，t d.m./（$hm^2 \cdot$年）；

DOM_{out} —— 枯死木或枯枝落叶碳库的年均腐烂和干扰碳损失缺省值，t d.m./（hm^2·年）。

式（5-10）中指定的 DOM 碳库的净碳储量需要估算年度变化过程（垃圾掉落和分解）的输入和输出以及与干扰相关的输入和损失。因此，在实践中，第 2 种和第 3 种方法需要估计转移率和衰减率以及关于采伐和干扰的活动数据及其对 DOM 池动态的影响。应当注意式（5-10）中使用的 DOM 池的生物量输入是估算的生物量损失的子集。生物量损失包含额外的生物量，这些生物量通过收获从场地移除或在火灾情况下损失到大气中。选择的方法取决于可用数据，并且可能与生物量碳储量选择的方法相协调。式（5-10）可能难以估计进出枯木或枯枝落叶池的转移。式（5-11）中描述的库差异方法可供拥有森林清查数据的国家使用，这些数据包括 DOM 池信息、原则抽样的其他调查数据和（或）模拟死木和枯枝落叶动态的模型。

在文献中可以找到有关从枯死木和枯枝落叶碳库中分解转移出来的相关信息。在估计 DOM_{out} 时，不要混淆分解流"速率"和分解"速率常数"。使用第 2 种方法的 DOM_{out} 是描述每年损失比例的速率常数与 DOM 存量的乘积（如 $\text{DOM}_{out}=k \cdot \text{DOM}$）。分解速率常数描述的是总损失，而不仅仅是通过呼吸的损失。负指数衰减模型通常用于表征枯死木和枯枝落叶随时间推移的体积、质量或密度损失的分解速率常数。虽然预测体积、生物量或密度损失的模型相对简单，但分解速率常数可能会有很大差异。枯死木和枯枝落叶块的分解由许多因素驱动，包括木质（木材和树皮与树叶）、位置（站立与倒下的枯木）、分解物质的种类、分解状态（新鲜与高度分解）和存在的分解者（如白蚁和（或）土壤生物群的存在）、树冠下的气候（如树冠开放的条件）。获取这些属性的特定信息将有助于将特定的分解常数分配给特定的 DOM 库缺少值。

枯木或枯枝落叶库中碳库的年度变化——差分法：

$$\Delta C_{\text{DOM}} = \left(A \cdot \frac{\text{DOM}_{t_2} - \text{DOM}_{t_1}}{T} \right) \cdot \text{CF} \tag{5-11}$$

式中，ΔC_{DOM} —— 枯死木或枯枝落叶的碳库年变化量，t C/年；

A —— 管理土地的面积，hm^2；

DOM_{t_1} —— 管理土地在 t_1 时枯死木/枯枝落叶碳库，t 干物质/hm^2；

DOM_{t_2} —— 管理土地在 t_2 时枯死木/枯枝落叶碳库，t 干物质/hm^2；

T——$T=t_2-t_1$ 第二次储储量评估与第一次碳储量评估之间的时间周期，/年；

CF —— 干物质的含碳量（废弃物默认 0.37，枯死木默认 0.5）（t 碳/t 干物质）。

请注意，无论何时使用碳储量变化法［如在式（5-11）中］，在时间 t_1 和 t_2 的碳储量计算时使用的面积必须相同。如果面积不相同，则面积变化将影响碳储量和储量变化量的估计。比较好的做法是使用清查期结束时的面积（t_2）来定义该土地利用类别中剩余的土地面积。例如关于转化为其他土地类别的土地部分所述，在新土地利用类型中估算 t_1 和 t_2 之间发生土地利用类型转化的所有区域的碳库碳储量的变化。

（5）死质有机质碳库生物量的输入量

每当树木被砍伐时，非商业目标树种和非商用部分成分（如树梢、树枝、树叶、根和非商业树木）都会留在采伐地上并转移到死有机物质碳库中。此外，每年随死亡率升高会给该碳库增加大量的枯死木。对于方法 1，假设转移到死有机质碳库的所有生物量成分中所含的碳均在转移发生的年份释放，无论是来自年度变化过程（凋落物和树木死亡率）、土地管理活动、薪柴聚集，还是干扰。对于基于更高层级的估算程序，有必要估算转移到死有机质碳库中的生物质碳储存量。

每年转移到死有机质碳库中的含碳生物量可用下式计算：

$$\mathrm{DOM_{in}} = L_{\mathrm{mortality}} + L_{\mathrm{slash}} + (L_{\mathrm{disturbance}} \cdot f_{\mathrm{BLol}}) \tag{5-12}$$

式中，$\mathrm{DOM_{in}}$ —— 生物质转化成死有机物的总碳量，t C/年；

$L_{\mathrm{mortality}}$ —— 因死亡导致的年生物质碳转化成死有机物质，t C/年；

L_{slash} —— 年度生物质碳转化为死有机物质作为斜线，t C/年；

$L_{\mathrm{disturbance}}$ —— 由于人为干扰导致的年度生物质碳损失，t C/年；

f_{BLol} —— 由于干扰造成的损失，留在地面上（转化为死有机质）的生物质部分衰减。

自然死亡率是由林分发育过程中的竞争、年龄、疾病和其他不包括在人为干扰中的过程引起的，在使用更高级别的评估方法时不能忽视。在粗放式管理的林地中，生长初期中间竞争造成的死亡率可能占林分生命周期总死亡率的 30%～50%。在定期照料的林分中，死亡率对死有机质碳库的增加可以忽略不计，因为部分砍伐会造成森林生物量的减少，否则这些生物量会因死亡而损失并转移到死有机质碳库中。可用的增量数据通常会以年度净增量的形式报告，定义为林分死亡率造成的损失。由于在本书中，年净增长被用作估计生物量增加的基础，因此不得不将死亡率作为生物量碳储量的损失再次减去。但是，死亡率必须算作第 2 种方法和第 3 种方法的枯死木碳库的补充。

因死亡率造成的年度生物质碳损失可用下式计算：

$$L_{\mathrm{mortality}} = \sum A \cdot G_{\mathrm{W}} \cdot (\mathrm{CF} \cdot m) \tag{5-13}$$

式中，$L_{mortality}$ —— 因为死亡导致的年生物质碳转化成死有机质的量，t C/年；

　　　A —— 管理土地的面积，hm^2；

　　　G_W —— 地上生物质年增长量，t 干物质/（hm^2·年）；

　　　CF —— 干物质的含碳率，t C/t 干物质；

　　　m —— 地上生物质增长的死亡率。

这涉及从木材采伐造成的年度碳损失总量中估算木材采伐或薪材移除及生物量转移后留下的残余物数量。

每年向残余物转移的碳可用下式计算：

$$L_{slash}=\{[H \cdot BCEF_R \cdot （1+R）-H \cdot D]\} \cdot CF \qquad (5\text{-}14)$$

式中，L_{slash} —— 年度残余物中生物质碳转化为死有机物质的量，t C/年，包含死根茎，t C/年；

　　　H —— 年度收获木材林积（木材或燃料木材清除），m^3/年；

　　　$BCEF_R$ —— 适用于木材清除的生物质转换和扩展因子，将可销售木材的清除量转化为地上生物质清除量，t 生物质清除的 m^3。

如果 $BCEF_R$ 不可用并且 BEF 和林材密度是分别估算的，则

$$BCEF_R=BEF_R \cdot D \qquad (5\text{-}15)$$

式中，D —— 基本木材密度，t d.m./m^3；

　　　BEF_R —— 生物量扩展因子，即将适销木材清除量扩展到总地上生物量体积，以说明树木、林分和森林的非适销成分；

　　　R —— 根茎比，$\dfrac{t死有机质地下生物量}{t死有机质地上生物量}$，地上及地下生物量单位为 t d.m.；

　　　CF —— 生物质含碳率，t C/（t d.m.）。

涉及去除活树部分的薪柴收集不会产生任何额外的生物量输入到死有机物质池中，本书没有进一步讨论。

（6）土壤中碳储量的变化

尽管土壤中同时存在有机和无机形式的碳，但土地利用和管理通常对有机碳库影响较大。因此，指南中提供的方法主要侧重于土壤有机碳。总体来说，土地利用和管理对土壤有机碳的影响在矿物土壤类型和有机土壤类型中截然不同。有机土壤（如泥炭和淤泥）至少含有 12%的有机碳，并在湿地排水不良的条件下发育。所有其他土壤都被归类为矿质土壤类型，通常有机质含量相对较低，发生在中等至排水良好的条件下，并且在除湿地以外的大多数生态系统中占主导地位。接下来的内容将讨论土地利用和管理对不同土壤类型的影响。

1）矿质土壤

矿质土壤含有受土地利用和管理活动影响的有机碳库。土地利用可通过将原生草地和林地转化为农田等活动对该库的大小产生巨大影响，其中 20%～40% 的原始土壤碳库可能会丢失。在土地利用类型（特别是在农田和草地）中，各种管理措施也可能对土壤有机碳储存量产生较大影响。原则上，如果土壤中碳输入和碳损失之间的平衡发生变化，土壤有机碳库会随着管理措施或干扰的发生而变化。管理活动通过改变植物生产（如施肥或灌溉以促进作物生长）、直接向有机添加物中加入碳以及去除生物量后剩余的碳量来影响有机碳输入活动（如作物收获、木材收获、火灾或放牧）。分解在很大程度上控制着碳的排放，并且会受到水分和温度变化以及管理活动造成的土壤扰动程度的影响。其他因素也会影响分解，如气候和土壤特征等。

2）土壤有机碳估算方法（土地利用类别中的剩余土地和土地转化为新的土地利用）

土壤碳清单包括对矿质土壤的土壤有机碳库变化的估计，以及由于排水和相关管理活动引起的微生物分解增强导致的有机土壤的 CO_2 排放。此外，如果有足够的信息可使用方法 3，则清单可以计算土壤无机碳库（如随时间酸化的石灰质草地）的碳储量变化。

土壤中碳储量年度变化量可由下式计算：

$$\Delta C_{Soils} = \Delta C_{Mineral} - L_{Organic} + \Delta C_{Inorganic} \tag{5-16}$$

式中，ΔC_{Soils} —— 矿质土壤的有机碳库年变化量，t C/年；

$L_{Organic}$ —— 排水有机土的年度碳损失量，t C/年；

$\Delta C_{Inorganic}$ —— 土壤非有机碳库的年度变化量，t C/年。

对于方法 1，矿质土壤的土壤有机碳库计算到默认深度 30 cm，因为默认参考的土壤有机碳库（SOC_{REF}）和库变化因子（如 F_{LU}、F_{MG} 和 F_I）是基于 30 cm 的深度。此外，参考条件即默认参考土壤有机碳库（SOCREF）存在于原生土地（原生植被下未退化、未改良的土地）中的条件。对于方法 2，可以使用不同的参考条件和深度，如方法 2 所述。残留物/废弃物碳库未包括在方法 1 中，因为它们通过估算死有机质碳库来解决。清单还可以估算由于对土壤进行生物炭改良而导致的矿质土壤有机碳库的变化（仅限方法 2 和方法 3）。有机土壤中的碳储量变化的计量基于排放因子，排放因子可以表示由于排水和管理活动导致的整个土壤剖面中有机碳的年度损失量。

由于推导库变化因子的数据有限，因此未提供用于估算土壤无机碳库变化的方法，因此，假定无机碳库的净通量为零。可以选择方法 3 来估算矿物或矿物中无机碳库变化的有机土壤。

计算矿质土壤、有机土壤、生物炭改良剂和土壤无机碳的估计值可能需要使用不同方法，具体取决于现在数据的可用性。因此，针对矿质和有机土壤中的有机碳以及无机碳汇（仅限方法 3）分别讨论了碳储量的变化。

对于矿质土壤，因子法基于 20 年有限时间内土壤碳库的变化。矿质土壤中有机碳库的变化是通过计算管理变化后剩余的有机碳库相较于参考条件下的有机碳库，并将所有气候区、土壤类型和管理实践的变化相加起来计算在库存中。方法 1 参考条件下存在的土壤有机碳库定义为原生植被下未退化、未改良土地中的有机碳库。以下是两个假设：①随着时间的推移，土壤有机碳储量达到特定于土壤、气候、土地利用和管理做法的稳态水平；②在向新的平衡 SOC 过渡期间，土壤有机碳库的变化在 20 年的时间内呈线性。

假设①，即在给定的气候和管理条件下，土壤有机碳库趋于平衡，被广泛接受。尽管响应管理变化的土壤有机碳库变化通常用曲线函数来描述，但假设②极大地简化了方法 1 并提供了多年清查期内的缺省值，其中管理变化和土地用途的转变在整个清查期间都在发生。

使用默认方法，计算清查时间段内矿质土壤有机碳库的变化。清单时间段可能会根据收集活动数据的年份来确定，如 1990 年、1995 年、2000 年、2005 年和 2010 年，这将对应于 1990—1995 年、1995—2000 年、2000—2005 年的清单时间段，2005—2010 年。对于每个清查时间段，根据参考碳库乘以库变化因子估算第 1 年（SOC_{0-T}）和上一年（SOC_0）的土壤有机碳库（$SOC_{Mineral}$）。碳储量年变化率估计为两个时间点的储量差异除以时间依赖性。

矿质土壤中有机碳库年变化可由下式计算：

$$\Delta C_{Mineral} = \frac{SOC_0 - SOC_{0-T}}{D}$$

$$SOC_{Mineral} = \sum_{c,s,i}(SOC_{REF_{c,s,j}} F_{LU_{c,s,j}} F_{MG_{c,s,j}} F_{I_{c,s,j}} A_{c,s,j}) \qquad (5\text{-}17)$$

式中，$\Delta C_{Mineral}$——矿质土壤中有机碳库的年度变化量，t C/年；

SOC_0——清查期最后一年的矿质土壤有机碳库碳储量，t C；

SOC_{0-T}——清查期开始时的矿质土壤有机碳库碳储量，t C；

T——单个清单的间隔年限，年；

D——矿质土壤有机碳库变化因子的时间依赖性，这是平衡 SOC 值之间转换的默认时间段，年（通常为 20 年，取决于在计算 F_{LU}、F_{MG} 和 F_I 因素时所做的假设，如果 T 超过 D，则使用 T 的值来获取清单时间段（0–T 年）内的年度变化率；

c —— 清单中包含的气候带；

S —— 清单中包含的土壤类型；

i —— 清单中包含的管理系统；

$SOC_{Mineral}$ —— 特定时间总矿质土壤有机碳储量，t C；

$SOC_{REF_{c,s,j}}$ —— 相同参考条件下矿质土壤的土壤有机碳储量，t C/hm²；

$F_{LU_{c,s,j}}$ —— 矿质土壤有机碳土地利用系统或特定土地利用情景的碳储量变化因子，量纲一（注：在森林土壤有机碳库计算中用 F_{ND} 代替 F_{LU}，以估算自然干扰机制的影响）；

$F_{MG_{c,s,j}}$ —— 管理制度的矿质土壤有机碳库变化因子，无量纲；

$F_{I_{c,s,j}}$ —— 用于输入有机改良剂的矿质土壤有机碳库变化因子，无量纲；

$A_{c,s,j}$ —— 碳层的土地面积，hm²。

注意：该层中的所有土地都应具有共同的生物物理条件（气候和土壤类型）和清查期间的管理历史，以便一起处理以用于分析目的。

清单计算基于按气候区域分层的土地面积和默认土壤类型。库变化因子的定义非常广泛，包括：①反映与土地利用类型相关的碳库变化的土地利用因子（F_{LU}）；②代表特定土地的主要管理做法的管理因子（F_{MG}）（如农田的不同耕作方式）；③代表不同水平的土壤碳输入的输入因子（F_I）。土地利用章节的土壤碳部分提供了库变化因子。这些因素中的每一个都代表特定年数（D）内的变化，这可能因生态系统类型而异，但通常在同一类型内不变（如农田系统为 20 年）。在某些清单中，清单时间段（T 年）可能会超过 D，在这种情况下，碳库的年变化率可以通过 $[(SOC_0-SOC_{0-T}) \cdot A]/T$（代替 D）获得。有关应用此方法的详细分步指导，请参阅土地利用章节中的土壤碳部分。

当使用库变化因子方法时，土地利用和管理活动数据的类型对公式的制定有直接影响。

①定义管理系统。尽管默认系统可以分解为更精细的分类，根据经验数据更好地代表特定国家/地区土壤有机碳库的管理影响（拟议管理系统的库存变化因素差异很大）。然而，只有在基础数据中有足够多的细节时才有可能将土地面积划分为更精细、更详细的管理系统。

②气候区和土壤类型。拥有详细土壤分类和气候数据的国家可以选择制定国家特定的分类。根据实证分析，参考碳库和（或）库变化因子在拟议的气候区域和土壤类型之间存在显著差异。指定新的气候区域和（或）土壤类型需要基于特定国家/地区的参考碳库和库变化因子。默认参考土壤碳库和库变化因子仅适用于使用默认气候和土壤类型的清单。

③参考碳储量。推导在国家特定参考条件下的土壤有机碳储量（SOC_{REF}）可能会得到更准确和更具代表性的值。例如，作为国家土壤调查的一部分，特定国家的碳储量可以通过土壤测量来估算。重要的是使用可靠的分类描述将土壤分类。在研究国家特定值时需要考虑另外 3 点，包括国家特定土壤类别和气候区域的可能规范（而不是使用 IPCC 默认分类）、参考条件的选择以及估计深度下碳储量的增量。

库的计算方法是将有机碳的比例乘以深度增量（默认为 30 cm）、体积密度和无粗碎片土壤的比例（＜2 mm 碎片）深度增量。粗粒无碎片比例用质量来计算，即粗粒无碎片土壤质量/土壤总质量。如果选择的深度增量不是 30 cm，则必须依据适用于参考条件和库变化因子的国家/地区特定土壤碳库。为了开发方法 2，还可以使用等效质量方法而不是基于固定深度的方法来定义参考 SOC 库和 SOC 库变化因子。

土壤参考条件是土地利用/覆盖类别（或土地利用/覆盖类别内的条件），用于评估土地利用变化对土壤碳储量的相对影响（如原生土地与另一土地利用之间的土壤碳库差异）和另一种土地利用（如农田）之间的土壤碳储量，并构成了式（5-17）中 F_{LU} 的基础。好的做法是选择土地利用方式或其他条件定义相同的土壤的参考条件，以更准确地评估土壤碳库变化。无论土地用途如何，每个气候带和土壤类型都应使用相同的参考条件。然后将与参考条件相关的土壤碳库乘以土地利用、投入和管理因子，以估算清查时期年初和上一年的库［式（5-17）］。

估算特定国家/地区参考土壤碳库的另一个关键因素是估算土壤中不同深度的碳储量的科学性。如果选择不同的土壤深度，应考虑引入可能因所选深度而出现的偏差（正或负）。例如，当深度设置为 20 cm 并且混合土壤耕作深度大于 20 cm 时，可以观察到耕种和未耕种土壤之间 SOC 存量的明显差异。20 cm 的深度不代表 SOC 储量变化到耕种土壤中发生混合的深度。优良做法是将参考条件土壤碳储量与土地利用和管理影响土壤碳库的深度进行对比，但这将要求所选深度数据可用或可以获取。参考条件土壤碳库深度的任何变化都需要推导与所选深度一致的新库变化因子［如 F_{LU}、F_{MG} 和 F_{I}，参见式（5-17）］，因为默认值是基于对 30 cm 深度影响的。

方法 2 的一个重要改进是估计特定国家的库变化因子（F_{LU}、F_{MG} 和 F_I）。国家特定因子的推导可以使用试验/测量数据和计算机模型模拟来完成。在实践中，计算库变化因子涉及估算每个研究或观察的响应比（不同投入或管理类别中的碳库分别除以名义实践的值）。

添加生物碳的矿质土壤中生物碳碳储量的年度变化可由式（5-18）计算：

$$\Delta BC_{Mineral} = \sum_{p=1}^{n} (BC_{TOT_p} F_{C_p} F_{perm_p}) \tag{5-18}$$

式中，$\Delta BC_{Mineral}$ —— 与生物炭改良相关的矿质土壤碳储量的年总变化量，t 隔离碳/年；

BC_{TOT_p} —— 每种生物炭生产类型在清查年期间掺入矿质土壤的生物炭质量（p），t 生物炭干物质/年；

F_{C_p} —— 每种生产类型生物炭的有机碳含量（p），t C/t 生物炭干物质；

F_{perm_p} —— 100 年后剩余（未矿化）的每种生产类型（p）的生物炭碳含量，t 碳隔离/t 生物炭；

N —— 不同生产类型的生物炭种类。

国家特定值：清单中生物炭形式的碳含量（F_{C_p}，单位为 t C/t 生物炭，基于干重）可以直接从生物炭的代表性样品中测量取得。国家特定值也可以基于已发布的生物炭碳含量数据，该生物炭应用于与该国土壤的生物炭相同的原料和工艺条件。

3）非 CO_2 温室气体排放

生物质燃烧、畜牧业活动及其粪便管理、土壤会排放大量非 CO_2 温室气体。下文描述了估算火灾引起的温室气体排放的通用方法，并在林地、草地和农田部分给出了针对土地利用的详细方法。优良做法是检查由于碳储量和汇中损失导致的温室气体排放的完整覆盖范围，以免遗漏或重复计算。

火灾排放物不仅包括 CO_2，还包括其他温室气体，或源自燃料不完全燃烧产生的温室气体前体，包括一氧化碳、甲烷、非甲烷挥发性有机化合物和含氮物质。在 1996 年 IPCC 指南和 GPG 2000 中，明确了热带草原火灾和作物残茬燃烧产生的非 CO_2 温室气体排放与林地和草地转化产生的排放。该方法因植被类型而有所不同，并且不包括林地中的火灾。在 GPG-LULUCF 中，讨论了火灾产生的碳排放，特别是在涵盖林地的章节（干扰导致的碳损失）中。在农田和草地章节中，仅考虑了非 CO_2 温室气体排放，并假设 CO_2 排放量将被随后 1 年内植被再生长产生的 CO_2 清除量所抵消。这一假设意味着土壤肥力得以维持——如果各国有证据表明火灾导致土壤肥力下降，则这些国家可能会忽略这一假设。在林地中，通常缺乏同步性（报告年份的 CO_2 排放量和清除量不相等）。

指南提供了一种更为通用的估算火灾温室气体排放的方法。火灾被视为一种干扰，它不仅影响生物量（特别是地上生物量），而且影响死有机物（枯枝落叶和枯死木）。对于木本植被较少的农田和草地，通常仅计算生物质燃烧，因为生物质是受火灾影响的主要部分。

各国在估算林地、农田和草地火灾造成的温室气体排放时应遵循以下 5 个原则：

①报告范围：需要报告管理土地上所有火灾（规定的火灾和野火）的排放（CO_2 和非 CO_2，草地的 CO_2 除外）。当土地利用发生变化时，火灾引起的任何温室气体排放都应在新的土地利用类别（过渡类别）下报告。不需要报告发生在未管理土地上的野火造成的排放量，除非这些土地随后发生土地利用变化（成为管理土地）。

②将火作为一种管理工具（规定的燃烧）：报告燃烧区域的温室气体排放，如果火灾影响到未管理的土地，火灾后土地利用发生变化，也应报告温室气体排放。

③CO_2 排放量和清除量的等效（同步）：如果清查年中生物量库的 CO_2 排放量和清除量不相等，则应报告 CO_2 净排放量。对于草地生物量燃烧和农业残留物燃烧，CO_2 排放量和清除量一般是相等的。然而，木本植被也可能在这些土地类别中被燃烧，燃烧产生的温室气体排放应使用更高一级的方法计算。此外，在很多地方，被烧毁的林地（如放牧林地和稀树草原）经常用于放牧，需注意等效假设是否成立。对于林地，如果大量木质生物量减少（损失代表数年的生长和碳积累），则不太可能同步，并且应报告净排放量。例如，砍伐原生森林并转变为农业和（或）种植园以及林地中的野火。

④可用于燃烧的燃料：应考虑减少可用于燃烧的燃料量的因素（如来自放牧、腐烂、生物燃料减少、牲畜饲料等）。应采用质量平衡方法计算残留物，以免低估或重复计算。

⑤年度报告：尽管火灾（尤其是野火）具有很大的空间和时间可变性，各国仍应每年估算和报告火灾造成的温室气体排放量。

指南提供了一种用于估算林地火灾造成的碳储量变化、非 CO_2 排放（包括森林转化造成的排放）的综合方法，以及农田和草地的非 CO_2 排放。非 CO_2 排放涉及以下 5 种类型的燃烧：①草地燃烧（包括多年生木本灌木丛和稀树草原燃烧）；②农业剩余物焚烧；③焚烧林地中的枯枝落叶、林下和采伐剩余物；④砍伐森林转为农用地的燃烧；⑤其他类型的燃烧（包括野火引起的燃烧）。

其中③、④和⑤涉及 CO_2 的直接排放。由于估算不同类别的排放量有许多共同点，本书提供了一种通用方法来估算火灾产生的 CO_2 和非 CO_2 排放量，以免在特定土地利用部分重复描述此领域的火灾排放量准则。

在估算具有林地植被地貌特征的稀树草原的温室气体排放量时，避免重复计算很重要。如巴西的茂密林地地层，尽管它属于稀树草原，但由于其生物物理特性而被归入林地。除了燃烧产生的温室气体排放，火灾还可能导致产生惰性碳增加。火灾后的剩余物包括未燃烧和部分燃烧的部分，以及少量由于其化学性质而高度耐腐蚀的炭。目前对不同燃烧条件下的焦炭的形成率和分解率的研究有限，无法开发用于清单目的的可靠方法。此外，虽然 NMVOC 的排放也会因火灾而发生，但由于数据不足以及估算所需的关键参数存在很大的不确定性，本书中并未涉及这些排放的计算。

4）默认矿质土壤参考碳库

默认矿质土壤参考碳库中的数据可参考《2006 IPCC 清单指南》或《1996 IPCC 国家温室气体清单指南》。IPCC 气候区和 IPCC 土壤类别提供了矿质土壤 C 方法的参考碳库。土壤数据来自 ISRIC-WISE 数据库，包括 10 250 个配置文件，辅以 1 900 个额外的地理参考配置文件，这些配置文件来自代表性不足的温带和北方地点。我们筛选了所有土壤的数据，并使用 Walkley Black 分析确定其有机碳含量，然后根据 1.3 的转换因子进行调整，以估计通过干燃烧分析获得的相应值。这些配置文件数据是在 1925—2010 年收集的，其中 2/3 的样品的采集时间是在 1955—1995 年。配置文件被归类为"栽培或干扰"与"（半）自然"两类。仅包括标记为本地植被［分类为"（半）自然"］的剖面（共 5 560 个剖面，相当于《2006 IPCC 清单指南》中使用的剖面的大约 1.6 倍）。与《2006 IPCC 清单指南》中用于推导参考碳储量值的剖面相比，这些剖面在全球的地理分布也更为广泛。

土壤有机碳库的估算可由式（5-19）估算：

$$T_d = \sum_{i=1}^{k} (\rho_i P_i D_i) \cdot (1 - S_i) \qquad (5\text{-}19)$$

式中，T_d —— 土壤有机碳总量，kg/m^3；

ρ_i —— 第 i 层的体积密度，mg/m^3；

P_i —— 第 i 层的有机碳比例，g 碳/kg；

D_i —— 第 i 层土壤厚度，m；

S_i —— 大于 2 mm 碎片的体积。

表 5-1 农业指南和产品标准的方法差异

温室气体报告问题	农业指南意见中的建议	产品标准中的要求
范围 3 来源	需要报告	所有相关上游和下游来源的排放应反映在给定产品的清单中（尽管分析无须考虑下游排放）
来自土壤中碳库碳储量的变化量	需要报告	应考虑以下通量： ①由于土地利用类型或土地利用类型之间的转换而导致的； ②CO_2 排放和清除； ③改良土壤的排放（如生物质燃烧或石灰）；
生物质碳库和死有机质碳库（DOM）中碳储量的变化量	①应报告 CO_2 的排放量； ②应报告用木本植被吸收 CO_2 的情况； ③无需报告草本植被吸收 CO_2	④由于后续土地利用（如肥料使用和收获）流向土壤的 CO_2 通量是可选的，可包括在内这些通量可以被合理地估计出来； ⑤土壤有机碳变化量应与土壤无机碳变化量分开报告
从碳储量的变化中推测 CO_2 变化量的时间序列	因特定地点的条件而异	在土地利用变化的背景下：20 年或第一次监测的时间间隔长度，以较长者为准

5.1.4 农业排放源概况

许多不同类型的排放源与农业有关，如燃料使用、土壤和粪肥管理。了解他们之间的质量差异对库存开发的许多步骤至关重要，包括计算、报告和进行温室气体通量数据的质量控制。

5.1.4.1 农业排放源

农业排放源的一个重要特点是可划分为机械来源和非机械来源。这是因为农业依赖于生物系统，生物系统中温室气体排放或清除通常比农场使用的机械设备排放复杂得多。

非机械来源是由气候和土壤条件（分解）形成的生物过程，或者是由作物残留物的燃烧。它们通常通过农场的氮和碳流的复杂模式连接起来。非机械来源通过不同的途径排放 CO_2、CH_4 和 N_2O（或这些温室气体的前体）。CO_2 通量主要由植物光合作用，通过呼吸、分解和有机物的燃烧释放控制。反过来，N_2O 的排放来自硝化和反硝化反应，而 CH_4 的排放来自土壤和粪便储存中厌氧条件下的 CH_4 生成、肠溶发酵和有机物的不完全燃烧。

机械来源是在农场上操作的设备或机械，如移动机械（如收割机）、固定设备（如锅炉）、制冷和空调设备。这些源排放 CO_2、CH_4 和 N_2O，或 HFCs 和 PFCs，它们的排放完全由源设备和材料输入（如燃料成分）的特性决定。

机械来源	非机械来源
• 购买的电力：CO_2、CH_4 和 N_2O • 移动机械（如耕作、播种、收获、运输和渔船）：CO_2、CH_4 和 N_2O • 固定机械（如铣削和灌溉设备）：CO_2、CH_4 和 N_2O • 制冷和空调设备：氢氟碳化物和全氟碳化合物	• 土壤的排水和耕作：CO_2、CH_4 和 N_2O • 在土壤中添加合成肥料、牲畜废弃物和作物残留物：CO_2、CH_4 和 N_2O • 在土壤中添加尿素和石灰：CO_2 • 肠发酵：CH_4 • 水稻种植：CH_4 • 管理：CH_4 和 N_2O • 土地使用变化：CO_2、CH_4 和 N_2O • 露天燃烧大草原和农田上的作物残留物：CO_2、CH_4 和 N_2O • 管理林地（如树木带、木带）：CO_2 • 有机废物的堆肥：CH_4 • 园艺生长培养基（如泥炭）的氧化反应：CO_2

图 5-3　不同农业排放源

（1）不同农业来源的相对重要性

在农场规模上，不同排放源和不同温室气体的相对规模将因农场类型、管理实践和起作用的自然因素而有很大差异。这些因素包括原始土地覆盖、农场地形和水文、土壤微生物密度和生态、土壤温度、湿度、有机含量和成分，作物或牲畜类型，以及土地和废物管理实践。很少有研究使用一套一致的方法来观察不同来源对不同农业系统的全农场清单的相对贡献。对于一个给定的农场，很难准确地预测不同来源的相对大小。尽管如此，可以预期会有某些广泛的模式。

（2）土壤改良剂和土壤管理系统（N_2O）

N_2O 的直接和间接排放也发生在有效氮增加后：

①合成氮肥和有机肥料（如动物粪便、堆肥、污水处理厂污泥和其他废弃物）。

②由放牧动物在牧场、牧场和围场坝上留下的尿液和粪便。

③作物残留物进入土壤和豆类植物的固氮作用。（注：作物残留物管理和豆类种植可以减少田间肥料需求，并最终减少土壤 N_2O 的总体排放。）

④氮矿化与土壤有机质的损失有关，并由土地利用或土壤管理的变化引起，如有机土壤（组织溶质）的排水或管理。

（3）人工管理（CH_4 和 N_2O）

粪便管理同时释放 CH_4 和 N_2O，尽管这些温室气体的排放受到不同因素的影响。

CH_4 是在厌氧条件下粪便的储存和处理过程中释放的。CH_4 排放最常见的两种环境有：

①大量的动物在一个封闭的区域（如奶牛场、肉牛养殖场、猪和家禽养殖场等）进行管理。

②当粪便作为液体被储存或处理时（如在潟湖、池塘、水箱或坑中）。相比之下，当粪便作为固体处理或当它被储存在牧场时，它往往在有氧条件下分解，产生更少的 CH_4。

N_2O 直接或间接从储存或处理的粪便中释放。N_2O 的排放量受到以下因素的影响：①粪便的氮、碳含量，贮藏时间和处理类型；②温度和时间，相对简单的有机氮，如尿素（哺乳动物）和尿酸（家禽）往往会更快地导致间接 N_2O 排放；③氮从处理装置中淋出和流失。

（4）土壤中间接和直接的 N_2O 排放

农场的 N_2O 排放由可用氮的供应来控制。通过向土壤中增加肥料或动物粪便，或通过粪便的储存和处理，增加可用氮，刺激反硝化和硝化过程，从而导致 N_2O 排放。实际的 N_2O 排放可能直接发生在肥料储存或施肥的地点，也可能通过浸出和挥发间接发生。挥发性的氮最终沉积在土壤、湖泊或其他水体的表面，在那里发生 N_2O 排放。浸出的氮导致农场通过地下淋溶液、地下径流水、沟渠、河流、河口等排放 N_2O。虽然间接 N_2O 排放可能发生在农场之外，但它们的计算方法与直接 N_2O 排放的相同（图 5-4）。

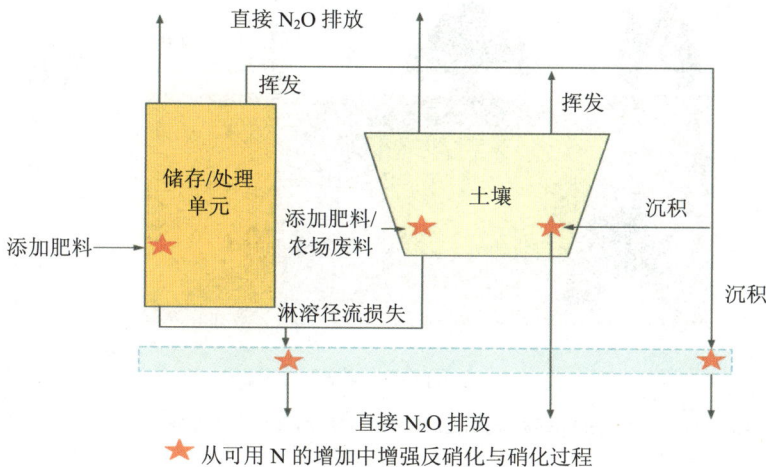

图 5-4 土壤 N_2O 的排放

图片来源：GHG Protocol Agricultural Guidance P29 Box 4-1，本书仅对图片内容进行翻译。

（5）稻株栽培

在淹水稻田中，有机物质厌氧分解产生甲烷，甲烷主要通过水稻植株运输并逃逸到大气中。甲烷的排放取决于作物种植的数量和时间，种植前和种植期间的水系，以及有机和无机土壤改良剂。土壤类型、温度和水稻品种也很重要。

土壤中加入石灰可用于降低土壤酸度，促进植物生长。当碳酸盐石灰岩［如石灰岩（$CaCO_3$）或白云石（$CaMg(CO_3)_2$）］添加到土壤中时，其溶解并可能释放碳酸氢盐（HCO_3^-），然后通过额外的化学反应形成 CO_2。CO_2 是否排放和排放量取决于土壤因素、气候状况和使用的石灰类型（石灰岩或白云石、细层或层纹理）。非碳酸盐石灰（如石灰中的氧化物和氢氧化物）不会导致农场排放二氧化碳，但它们的生产会导致碳酸盐原料分解后的 CO_2 排放。

（6）碳库管理

相较于工业部门，碳库对农业部门更重要，碳库可能在农业土地利用或 LUC 过程中作为 CO_2 的来源或汇。这些库主要有以下 4 种类型（图 5-5）：

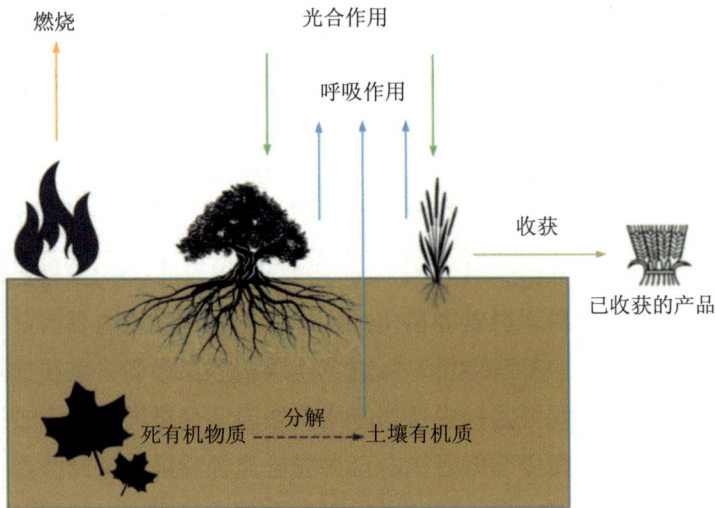

图 5-5　碳库

图片来源：GHG Protocol Agricultural Guidance，本书仅对原图内容进行翻译。

①地上和地下生物量（如树木、作物和根系）。

②土壤中或土壤上的死有机物（DOM）（腐烂的木材和落叶）。

③土壤有机质，包括所有过于细小而不能被认定为死有机物的非生物生物质。

④收获的产品。一般来说，这类碳库储存在农业部门是短暂的，因为作物产品在收获后迅速消耗。收获的木制品（HWPs）是一个例外。

碳储量表示储存在池中的碳的数量。在农场管理发生变化后，碳库可能需要几十年才能达到平衡。最终，对于农业用地作为一个整体来隔离碳，所有库存增加的总和必须超过所有库存减少的总和（通过 CO_2 固定获得的所有碳收益的总和必须超过通过 CO_2 和 CH_4 排放和收获产品获得的所有碳损失的总和）。

（7）土壤碳池

有机和无机形式的碳并存在于土壤中（图 5-5）。然而，农业对有机土壤和矿质土壤中发现的有机碳池的影响较大。

①有机土壤中的有机碳池。有机土壤（如泥炭和淤泥中的土壤）的有机物质量比例很高，在排水条件差的湿地条件下发育，当输入的有机物超过厌氧分解的碳损失时。排干有机土壤为农业准备土地会导致 CO_2 的排放（排放速率因气候而异），在较温暖的条件下排水会导致更快的分解速率。CO_2 的排放还受到排水深度、石灰化以及有机基质的肥力和稠度的影响。

②矿质土壤中的有机碳库。所有非有机土壤都被归类为矿质土壤。它们通常含有相对较少的有机物，发生在中等到有良好排水的条件下，并且在除湿地以外的大多数生态系统中占主导地位。如果改变土壤中碳输入和碳损失之间的净平衡，矿质土壤的有机碳储量就会发生变化。碳输入可以通过在收获和火灾后将生物质残留物掺入土壤，或通过在有机修正剂中直接添加碳来实现。碳损失在很大程度上是由分解控制的，受湿度和温度、土壤性质和土壤扰动的影响。

（8）机械来源

农场中存在以下 3 种机械来源：

①固定的和可移动的燃烧源。固定燃烧源是锅炉、熔炉和发电机等设备，用于为各种设备（如碾磨设备和灌溉设备）提供动力。可移动燃烧源是车辆和移动设备（如拖拉机、联合收割机和卡车）。所有燃烧源的 CO_2 排放主要由所使用燃料的碳含量决定。相比之下，CH_4 和 N_2O 的排放主要由目前的燃烧和排放控制技术决定。

②购买的电力。相关的排放将取决于有关电网上使用的燃料类型和技术的组合。

③制冷剂和空调设备。这些设备在安装、维护、操作和处置过程中会泄漏制冷剂——高全球变暖潜力（GWP）温室气体。

5.1.4.2　农场大门以外的场外排放源

不同上游和下游过程的相对重要性将会有所不同，这取决于与市场的远近程度（运输距离）、加工和包装的数量，以及农场投入（特别是肥料）的类型和数量。以下排放来源对各类型的农场都很重要。

（1）肥料生产

肥料生产产生的温室气体排放与能源消耗密切相关，而且在工厂设计和效率、排放控制技术和原材料投入等方面也有所不同。以下 3 种原材料特别重要：

①二氧化碳。二氧化碳是由碳氢化合物（主要是天然气）作为碳氢化合物的原料和能源消耗时排放的。

②硝酸（HNO_3）。硝酸生产是 N_2O 的最大工业来源，N_2O 作为氨催化氧化生成硝酸的副产物排放。

③磷酸。由磷岩与硫酸反应产生。CO_2 排放来源为燃料使用和岩石中所含碳化合物。

在很大程度上，肥料产品中所含的温室气体反映这些成分的相对含量。

（2）饲料生产

在全球范围内，饲料生产占所有类型牲畜产品的温室气体排放量的45%。与那些以肠溶发酵占主导地位的牛奶和牛肉相比，它在鸡蛋、鸡肉和猪肉的生命周期库存中更为重要。饲料生产排放的主要来源是土壤管理、土地利用变化，以及干燥和加工过程中的电力使用。

（3）制冷

制冷是下游供应链中主要的温室气体密集型组成部分。制冷排放发生在初始冷却、运输、储存、餐饮和零售期间。目前可获得的数据有限，但这种制冷排放可能占全球温室气体排放量的1%。

5.1.4.3　林地

目前，林地已有碳排放计算标准——IPCC 2019 第 4 卷：农业、林业和其他土地利用。可估算林地和转化为林地的土地地上生物量、死有机质以及土壤有机碳变化产生的温室气体排放和清除量。

5.1.4.4　仍为林地的林地

本节讨论已经属于林地超过 20 年（缺省值）或超过国家特定过渡期的管理森林。仍为林地的林地（FF）的温室气体清单要求：估算 5 种碳库（地上生物量、地下生物量、枯死木、枯枝落叶和土壤有机质）中碳储量的变化，以及非 CO_2 气体的排放量。

5.1.5 生物量

本节介绍了生物量增加和损失的估算方法。生物量增加包括植株生长总量（地上和地下部）。损失包括林木清除/采伐、薪材林木清除/采伐/采集和火烧、虫灾、病害和其他扰乱引起的损失。当发生这样的损失时，地下部生物量也会减少，并转化成死有机物质（DOM）。

（1）方法 1（生物量增加—损失方法）

在不能获取活动数据和排放/清除因子的国家特定缺省值的情况下，方法 1 是可行的，并且当仍为林地的地上生物量碳储量的变化相对较小时，方法 1 也可以适用。此方法要求将生物量碳增加减去生物量碳损失。可以采用生物量增加—损失方法估算生物量中的年度碳储量变化，其中估算了植株生长引起的年度碳储量增加和生物量损失引起的年度碳储量减少。

保持特定土地利用类别的土地的生物量年度碳储量变化可由式（5-20）计算：

$$\Delta C_B = \Delta C_G - \Delta C_L \tag{5-20}$$

式中，ΔC_B —— 每种土地亚类中，生物量中的年度碳储量变化（地上部和地下部生物量的总和），考虑总面积，t C/年；

ΔC_G —— 每种土地亚类中由于生物量增长引起的年度碳储量的增加量，考虑总面积，t C/年；

ΔC_G —— 每种土地亚类中由于生物量损失引起的年度碳储量的减少量，考虑总面积，t C/年。

估算生物量碳库的年增长量，其中每种森林子类下的面积乘以每年每公顷干物质的年均增量。

因为生物量增长通常以林木材积或地上部生物量计算，所以用根茎比估算地下部生物量。或者，可以采用生物量换算和扩展系数（$BCEF_I$）直接将出材材积换算为总生物量。

如果 $BCEF_I$ 值不存在或生物量扩展系数（BEF）和基本木材密度（D）是分别估算的，可作如下换算：

$$BCEF_I = BEF_I \cdot D \tag{5-21}$$

$BCEF_I$ 将林木材积换算为到地上部生物量总材积，以计算树木、林分和森林的非出材组分。BEF_I 无量纲。

表 5-2 和表 5-3 取自《省级温室气体清单编制指南》，生物量扩展系数和木材密度可根据我国不同区域选取不同数值。

表 5-2　全国及部分省（区、市）生物量扩展系数加权平均值

省（区、市）	全林	地上	省（区、市）	全林	地上
全国	1.787	1.431	河南	1.740	1.392
北京	1.771	1.427	湖北	1.848	1.477
天津	1.821	1.470	湖南	1.712	1.387
河北	1.782	1.430	广东	1.915	1.513
山西	1.839	1.467	广西	1.819	1.448
内蒙古	1.690	1.364	海南	1.813	1.419
辽宁	1.803	1.434	重庆	1.736	1.419
吉林	1.784	1.411	四川	1.744	1.419
黑龙江	1.751	1.393	贵州	1.842	1.480
上海	1.874	1.461	云南	1.870	1.488
江苏	1.603	1.309	西藏	1.805	1.449
浙江	1.755	1.421	陕西	1.947	1.517
安徽	1.742	1.408	甘肃	1.789	1.433
福建	1.806	1.441	青海	1.827	1.483
江西	1.795	1.435	宁夏	1.798	1.445
山东	1.774	1.428	新疆	1.683	1.356

表 5-3　全国及部分省（区、市）基本木材密度加权平均值

省（区、市）	SVD	省（区、市）	SVD	省（区、市）	SVD	省（区、市）	SVD
全国	0.462	黑龙江	0.499	河南	0.488	贵州	0.425
北京	0.484	上海	0.392	湖北	0.459	云南	0.501
天津	0.423	江苏	0.395	湖南	0.394	西藏	0.427
河北	0.478	浙江	0.406	广东	0.474	陕西	0.558
山西	0.484	安徽	0.416	广西	0.430	甘肃	0.462
内蒙古	0.505	福建	0.436	海南	0.488	青海	0.408
辽宁	0.504	江西	0.422	重庆	0.431	宁夏	0.444
吉林	0.505	山东	0.412	四川	0.425	新疆	0.393

生物量增加—损失方法可适用于所有层级，但是库-差别方法更适用于方法2和方法3。这是因为库-差别方法在生物量相对大的增加、减少或在进行了非常准确的森林清查情况下可提供更加可靠的估算结果。对于混交林分的林区和（或）在与生物量总量相比生物量变化非常小的情况下，库-差别方法存在的清查误差可能大于预期变化。除非定期清查给出死有机质碳储量的估计值，否则应该意识到，用来估算转移到死有机质、采伐的木材产品的数量和扰乱引起的排放，仍然需要关于死亡率和碳排放的其他数据。当使用库-差别方法时，为了能获得可靠的结果，随后的清查必须采用相等的覆盖面积。因此，在合适的层级选用增加—损失或库-差别方法将是一个专业性的问题，专家应当考虑国家清查系统、来自生态调查的数据和信息的可获得性、森林所有权归属、活动数据、换算和扩展系数以及成本效益分析等因素。

（2）方法2

当活动数据和排放/清除因子的国家缺省值可以获得或以合理费用收集时，可使用方法2。与方法1相同，方法2使用各种类木材密度值可计算来自各种类森林清单数据的生物量。如果能获取必要的国家特定数据，在方法2中可使用库-差别方法。

（3）方法3

有关生物量碳库变化估算的方法3可允许采用多种方法，包括基于过程的模式。由于各国清查方法、森林条件和活动数据不同，国家与国家间的实施方法亦可能不同。因此，方法3的一个关键问题是要将使用的数据、假设、公式和模型的有效性和完整性编写成公开的文档。当使用库-差别方法时，方法3要求使用详细的国家森林清单。这可能需要辅以适合国情的异速生长公式和模型，保证可直接估算生物量增长量。

5.1.6　排放因子的选择

增加—损失方法要求提供符合本国每种森林类型和气候带的地上部生物量增长量、生物量换算和扩展系数（BCEF）、BEF和（或）基本木材密度，以及同包括木材清除、燃木清除和扰乱引起的损失在内的生物量损失有关的排放因子。

5.1.6.1　年度生物质碳储量增加（ΔC_G）

5.1.6.1.1　地上部生物量平均增长量（增量）（G_W）

（1）方法1

采用地上生物量增长量的缺省值。如果存在，优良做法是对于与国家更确切的不同森林类型采用该地区的缺省值。

（2）方法2

采用国家特定数据来计算地上部生物量增长，G_W 来自国家特定立木蓄积的年度净增量（I_V）。选取关于 I_V 的合并生物量换算和扩展系数（$BCEF_I$）的缺省值。还可以使用生物量扩展系数（BEF_I）和基本木材密度（D）数据，将现有数据换算为 G_W。

（3）方法3

基于过程的估算将利用详细的森林清查或监测数据，含有关于立木蓄积和过去及预计的年度净增量的数据以及直接关于生物量和生物量生长率的立木蓄积或净年度增量的函数，还可以通过过程模拟获取林分年度净增量，应该考虑具体含碳率和基本木材密度。

森林清单通常提供清查年份的森林立木蓄积量和年度净生长量的状况。当清单年份和报告年份不吻合时，应通过内插或外推年度净增量或者通过模型估算增量与关于采伐和干扰的数据一起使用，以更新所关注年的清单数据。

5.1.6.1.2　地下部生物量增长量（增量）

（1）方法1

为了与《1996 年 IPCC 指南》的缺省值法保持一致，地下部生物量增量可计为零。或者，可以使用根茎比来估算地下部分生物量的增长量，该默认值是地下部分生物量与地上部分生物量之间的比例（R）。严格来说，地下部生物量与地上部生物量的比例仅对碳储量有效，当应用于短期内地上部生物量增长量计算时，其变化量较小，可忽略。

（2）方法2

根据不同森林类型采用相应国家的地下部分生物量与地上部分生物量的比例估算地下部分生物量。

（3）方法3

最好将地下部分生物量直接纳入计算总生物量增量和损失量的模型。或者，使用国家或区域确定的地下部生物量与地上部生物量比例或回归模型进行计算。

5.1.6.2　年度生物量碳损失（ΔC_L）

当计算通过生物量清除的碳损失时，需要以下因子：木材采伐量（H）、整树或部分树的燃烧清除（FG）、基本木材密度（D）、根茎比（R）、含碳率（CF）、木材清除的 $BCEF$。所有木材清除均代表森林生物量碳库的一个损失。

其他碳损失的估算要求使用受扰乱影响的面积（$A_{扰乱}$）和这些森林面积生物

量（B_W）的数据。需要受扰乱影响的森林类型的地上部生物量的估值以及地下部生物量和地上部生物量比例和扰乱中损失的生物量比例。在高层级下需要用燃料生物量消耗值、排放因子和燃烧因子来估算在火烧中损失的生物量比例和转移到死有机物质的生物量的比例。

（1）方法1

平均生物量随着森林类型和管理做法不同而变化。在林火发生时，从地上部分生物量（包括下层林木）的燃烧层排放出 CO_2 和非 CO_2 气体。火烧可能烧毁很高比例的林下植被。在其他扰乱发生的情况下，部分地上部生物量转移到死有物质中，并且在方法1下，应假设受到扰乱的面积中所有生物量在林火发生当年被释放。

（2）方法2

在方法2中，将考虑森林类型、扰乱类型和强度引起的生物量变化。生物量的平均值将根据特定国家的数据获得。

（3）方法3

除了计算与方法2相似的损失，方法3还可以使用模型，模型一般采用关于火灾发生年和火灾类别的空间参考或空间位置信息。

5.1.7 活动数据的选择

5.1.7.1 管理林地的面积

依据不同森林类型、气候、管理体系和区域，所有层级均需要关于林地面积的信息。

（1）方法1

利用以下途径获取的森林面积数据：国家统计资料、林业机构（可能拥有关于不同管理做法面积的信息）、资源保护机构（特别是与促进天然更新相关的面积）、当地政府和测绘机构。应进行交叉检验以确保数据的完整性和一致性，避免遗漏或重复计算。如果无国家数据可以利用，可从国际数据来源获取总量信息。优良做法是结合国家数据来源来核实、验证和更新粮农组织的数据。

（2）方法2

依据不同森林类型、气候、管理体系和区域，使用国家界定的国家数据集，其分辨率足以确保关于土地面积的适当表述符合规定。

（3）方法3

该方法使用的关于林地经营的国家数据具有不同来源，主要是国家森林清单、土地利用和土地利用变化数据或遥感数据。这些数据应包括转变为林地的所有土地并按气候、土壤和植被类型分别统计。可以使用不同森林类别的地理参考面积追踪不同土地利用类型的面积变化。

5.1.7.2 木材清除

为了计算生物质碳库变化和碳汇转移，清单需要关于木材清除的数据，包括燃烧清除和干扰引起的生物量损失。除了工业目的木材采伐，还可能有小规模加工的木材清除或直接从土地拥有者销售给消费者的木材清除。

这些数量可能不包括在官方统计资料里，但需要通过调查进行估算。来自伐倒树的树枝和树冠的燃木必须要从转移到枯死木碳库中的量里减去。还需从生物量中减去受扰乱影响的地区上剩余的木材，确保方法1清单中没有重复计算，因为方法1已经假设受扰乱影响的地区中的生物量被释放到大气层中。

在使用生产统计资料中，使用者必须要明确所涉及的单位。核查原始数据中的信息是否已在生物量、去皮材积或带皮材积中报告，以确保在适当情况下使用扩展系数。

当没有代表样地的补充数据时，所有林地均算在仍为林地的林地下。正在转化为另一土地利用的林地的木材清除不应该列在仍为林地的损失量中，因为这些损失已在新土地利用类别中报告。如果木材清除的统计资料不包括关于土地的分类信息，应该从总木材清除量中减去来自林地转化导致的土地的生物量损失相近的生物量。

圆木采伐情况公布在欧洲经委会/粮农组织《木材公报》并载于粮农组织《林产品年鉴》。后者主要依据各国提供的数据。在无官方数据时，粮农组织提供基于现有最可靠信息的估值。通常，年鉴延后两年发布。

（1）方法1

粮农组织数据可用作 H 的缺省值。圆木数据包括从森林清除的以 m^3 报告的所有材积（去皮）。在 BCEFR 使用前，去皮数据需要换算为带皮数据。采用出材率完成去皮到带皮材积的换算。

（2）方法2

使用国家特定数据。

（3）方法3

应该在报告所选的空间分辨率下，使用不同森林类别的国家特定木材清除数据。

5.1.7.3 薪材清除

对薪材清除引起的碳损失进行估计，需要关于年度清除的薪材材积（FG）、基本木材密度（D）。

各国用不同的方法采集薪材，从普通采伐、使用木材到收集木炭各不相同。许多国家薪材是生物量损失的最大组分，因而这些国家需要可靠的估值。如果可能，应该区分来自仍为林地的林地和转化为其他利用的林地的薪材清除。

（1）方法1

粮农组织提供关于所有国家薪材和木炭消费数据的统计数据。粮农组织统计数据是基于各国相关机构/部门所提供的资料，由于国家数据收集和报告系统的限制，不能完整计算整个燃木和木炭清除。因此，在方法1下，粮农组织的统计资料可直接使用，但应通过粮农组织国家数据来源，如林业部、农业部或任何统计组织，并注意检查其完整性。由于燃木收集有多种来源，森林、木材加工过程的残余物、农场、家园、农村公共地等。应该用关于薪材消费的地区调查或当地研究补充粮农组织或任何国家估值，如果在国内可以获得更完整的信息，应该使用国内数据。

（2）方法2

如使用国家特定数据可得，则使用该数据。可利用薪材采伐的区域调查来核实和补充国家或粮农组织数据源。国家一级总计薪材采伐量的估计，可通过对不同收入水平的城乡住户、产业和单位进行区域级调查。

（3）方法3

应使用国家级研究报告中的数据确定薪材采伐情况，包括非商业性薪材采伐。薪材采伐量应该与森林类型和地区相对应。在整个调查中，对于仍为林地的林地，可以在地区级别或更细分的层面上使用针对薪材清除的多种方法来进行计算，需要查明薪材的来源，以确保没有重复计算。

5.1.7.4 自然火灾

关于所有欧洲国家按类型分列的自然火灾的速率和影响因子的数据库。

环境规划署网站有关于全球火烧面积的数据库，但是此数据库只适用于2000年。在许多国家，燃烧面积的年际变化很大，所以这些数字不具代表性。

5.1.8 不确定性评估

本节考虑与仍是林地的区域所作清单估值有关的特定数据来源的不确定性。要对国家级别的具体和（或）细分数值进行估计，需要获取比下文更为准确的不确定性信息。目前关于排放因子和活动数据不确定性估值的现有文献有限。

粮农组织（2006 年）提供了森林碳排放因子的不确定性估计值；基本木材密度（10%～40%）；工业化国家管理森林中的年度增量（6%）；立木蓄积（工业国家 8%，非工业国家 30%）；工业国家综合的自然损失（15%）；木材和薪材采伐（工业国家 20%）。

在芬兰，松树、云杉和桦树的基本木材密度的不确定性在 20%以下。相同种类林分间的变异率应当低于或等同于相同种类单一树木的变率。松树、云杉和桦树的生物量扩展系数的不确定性为 10%左右。

在 8 个亚马孙热带森林清单样地调查中，综合测量误差在不到 10 年内的本底面积变化的误差估值为 10%～30%。

木材密度和生物量扩展系数的不确定性的主要来源为林分年龄、物种构成和林分结构。为了减少不确定性，鼓励各国制定适合本国条件的国家或区域特定生物量扩展系数和 BCEFs。如果没有国家或区域特定的数值，应核对缺省参数的来源并检查其是否符合该国的具体条件。

引起年度增量变化的原因包括气候、立地增长条件和土壤肥力等。与天然森林相比，人工更新和经营林分的变化较小。提高估计值准确性的主要方法是按森林类型适用分层的国家特定或区域增量。如果使用增量缺省值，应清楚表明估计值的不确定性并记录。方法 3 可使用按种类、气候带、林分生产力和经营强度分层的增长曲线确定缺省值。相似的方法通常用于木材提供计划模型中，此信息可以纳入碳计量模型中。

商业性采伐的数据较为准确，但由于非法采伐和税收规定会导致漏报，数据可能并不完整或有偏差。直接采集和利用未出售的传统木材，可能未列入任何统计数据。各国必须充分考虑这些问题。发生风暴和虫害后从森林清除的木材量在时间和材积两方面均差异很大。无法提供这类损失缺省数据。这些损失的不确定性的估算，可根据从森林直接清理出的损坏木材量或随后用于商业和其他目的的损坏木材的有关数据。如果将薪材材积与采伐分开进行处理，不确定性可能很大，因为传统采集相关的不确定性很高。

工业国家估算的森林面积估计值的不确定性约为 3%。

5.1.9 死有机物质

本节对于仍为林地的林地中死有机物质池中碳库变化的估算方法进行介绍。方法 1 假设 DOM 池中的净碳储量变化为零，因为方法 1 中简单的输入和输出公式不宜用来捕捉 DOM 池的动态。想要量化 DOM 动态的国家需要建立方法 2 或方法 3 缺省值。在 DOM 是关键类别的国家，应该采用高层级方法并估算 DOM 变化。

枯死木（DW）碳库包括粗碎木片、死粗根、现存枯死木的碳，以及其他未包括在枯枝落叶或土壤碳汇中的物质。实际上估算枯死木碳库的大小和动态有许多局限性，特别是与现场测量相关的局限性。一般来说，与从枯死木（DW）碳库转移到枯枝落叶及土壤碳库的速率和向大气层的排放量的估值相关的不确定性很高。林分中枯死木量（指林地中不再活着的树木的总量）的变化很大，无论是在管理土地上还是在非管理土地上均是如此。枯死木的数量取决于最后扰乱以来的时间、最后扰乱的类型、扰乱中的损失、扰乱时的投入的生物量（死亡率）、自然死亡率、衰减率和管理。

可以采用碳储量变化法或增加—损失方法估算枯枝落叶的净累积率。后者需要估算每年的枯枝落叶量（包括所有的叶、细枝条、果实、花、根和树皮）减去枯枝落叶年分解率的余量。此外，扰乱可以增加和清除枯枝落叶碳库的碳储量，影响枯枝落叶碳库的大小和组成成分。在林分生长（指林地中植被的生长和发展过程）的早期阶段，枯枝落叶动态取决于最后扰乱的类型和强度。当扰乱向死有机物质（DOM）碳库转移生物量时（如被风吹走或被昆虫杀死），枯枝落叶碳库会一直减少直到损失被枯枝落叶输入补偿。当扰乱已经清除枯枝落叶（如野火），在林分生长的早期阶段，如果枯枝落叶的输入超过分解，枯枝落叶碳库碳储量会增加。经营措施如木材采伐、烧除残余物和整地等，会改变枯枝落叶的理化性质，但是很少有研究报告明确记录不同管理措施对枯枝落叶碳组分产生的影响。

5.1.9.1　方法的选择

枯死木和枯枝落叶的计量方法，公式是相同的，用于分别计算这两种碳库的估计值。

DOM 池中碳库变化的估算需要关于枯死木和枯枝落叶碳库的碳储量变化估计值。

（1）方法 1

假设枯死木和枯枝落叶碳库处于平衡状态，此时 DOM 池中的碳储量变化为零。对于森林中的森林类型、扰乱或管理状况发生明显变化的国家，鼓励其使用方法 2 或方法 3 建立国家数据库，以量化这些变化带来的影响和所选碳库的变化及非 CO_2 气体的排放量。

（2）方法 2 和方法 3

可以估算枯死木和枯枝落叶碳库中碳储量变化的两种一般方法。估算 DOM

变化的方法选择时可能受生物质碳储量变化估算方法的选择的影响。

增加—损失方法：增加—损失方法采用枯死木和枯枝落叶碳库输入与损失的质量平衡，来估算一个具体计入期中的碳储量变化。这包括估算仍为林地的林地管理面积和进出枯死木及枯枝落叶碳库的年均转移量。为了降低不确定性，仍为林地的林地管理面积可按气候或生态带进一步分层，按森林类型、生产力、扰乱状况、管理做法或其他影响枯死木和枯枝落叶碳库动态的因子进行分类。净平衡的估算按每公顷计算转移进枯死木和枯枝落叶碳库的量，这些转移量来自茎的死亡、枯枝落叶循环以及分解的损失。此外，在受管理活动或自然干扰的地区，枯死木和枯枝落叶将以生物量残余物的形式输入，并通过采伐、烧除或其他机制而转移。

优良做法是对 DOM 所采用的林地分层要与估算生物量碳储量变化的分层相同。库—差异法：涉及估算仍为林地的林地管理面积，确定两个时间点的枯死木和枯枝落叶碳储量，并计算两个碳库估值间的差值。通过将碳储量变化量除以两次测量间的时间段（年），得到清单年的年度碳库变化量。方法 2 仅对具有基于抽样地块的森林清单的国家有效。按两个时间点碳储量的差值计算碳库变化，要求在时间 t_1 和 t_2 的面积相等，以确保报告的碳库变化不由面积变化引起。

对于方法 2 和方法 3，两种方法均需要大量数据，并要求进行现场测量和模型模拟。这样的模型可以建立在模拟森林碳汇变化动态的知识和信息基础上。

5.1.9.2　排放/清除因子的选择

（1）方法 1

采用缺省法，假定仍为林地的林地死有机质碳库的碳储量是稳定的。野火期间源自枯死木和枯枝落叶碳库排放的二氧化碳量为零，也不计算再增长过程中枯死木和枯枝落叶碳库中的碳积累。在方法 1 中野火中的非 CO_2 排放的估算，包括 CH_4 和 CO。

（2）方法 2 和方法 3

参数 f_{BLol} 是指总生物量中留在地面上分解的部分，转移的碳的分解速率和准确量将用于计算损失中的扩展系数。

f_{BLol} 在方法 2 估算要求中提供扰乱后剩余碳的平均比例的国家数据。当国家数据不完整时：

在国家拥有可靠的立木蓄积生物量数据的情况下，燃烧系数缺省值默认为 $(1-f_{BL})$；在这种情况下，使用本方法计算损失。

在立木蓄积生物量数据不太可靠的情况下，生物量清除缺省值为 $[M_B \cdot (1-f_{BL})]$。M_B 是可用于燃烧的燃料质量。

关于采伐的活树中碳向采伐残余物转移的国家特定值可从本国扩展系数导出，考虑森林类型（针叶/阔叶/混交）、生物量利用率、采伐做法和在采伐作业期间损坏树木的数量。采伐和自然扰乱均导致枯死木及枯枝落叶碳库生物量增加。其他管理做法（如采伐残余物的烧除等）和野火会导致枯死木及枯枝落叶碳库中的碳减少。如果得知受扰乱影响的不同管理做法和森林类型下的面积，那么可以采用转移矩阵，来确定每种扰乱类型下转移到其他碳库、到大气层或从森林中清除的生物量、死有机物质和土壤碳储量的比例。

方法 3 的 f_{BLol} 估算需要关于扰乱（如火烧和风暴等）中有关排放比例的更详细的知识数据应当通过现场测量或从类似扰乱的研究中获取，并建立了转移矩阵，用于每一扰乱类型，确定转移到其他碳库碳储量、向大气层释放或转移到采伐的木材产品的生物量（以及所有其他碳汇）比例。

方法 3 依赖更复杂的森林碳计量模型，应提供不同森林类型中来自死有机质碳库的输入和损失速率、生产力和树龄级别。已有包含对死有机质碳库进行再测量的完整森林清单时，还可利用碳储量变化法求出碳储量变化的估计值。优良做法是结合定期抽样的基于清单的方法。基于清单的方法可以结合模型以捕捉所有森林碳汇的动态。与较低层级相比，方法 3 方法提供了更加确定的估计值，而且更加表明生物量和死有机物质碳储量动态之间的联系。模拟枯死木和枯枝落叶碳平衡动态计量的另一个重要参数是衰减率，并随森林类型及气候条件和森林管理做法不同而变化（如控制的火烧或疏伐和其他形式的间伐）。

5.1.9.3 活动数据的选择

采用方法 1 不需要任何活动数据来估算仍为林地的林地上死有机物质中的碳储量变化。

采用高层级的方法需要按主要森林类型、管理做法和扰乱状况分类的仍为林地的林地的面积的变化数据。关于每年受采伐和扰乱影响的面积的国家特定活动数据，可以从国家监测数据中得到。如果这种信息能与国家土壤及气候数据、植被清单和其他相关生境数据一起使用，将更有利于对死有机质变化的评估。

由于各国的森林管理体系不同，数据来源也千差万别。数据可收集自各承包商或公司、负责森林清单及经营的管理机构和政府机构，以及研究机构。

5.1.9.4 不确定性评估

方法 1 假设碳储量是稳定的，所以不确定性的分析可以忽略。但实际上，在森林景观中，这种假设不合理。尽管对于森林景观而言，结果误差可能很小，因为部分林分的增加可能被其他分林的减少抵消。但对于整个景观或国家而言，死有机质碳库既可以增加也可以减少。了解一个国家的森林中发生变化的植被类型，可以对死有机质碳库的变化方向进行定性的深入了解。例如，在部分国家，生物量和林木蓄积量不断增加，因为采伐和扰乱的损失量小于增长带来的增量。死有机质碳库很可能也在不断增加，除非使用方法 2 或方法 3 估算否则增加速率不能得知。

使用方法 1 假设所有的碳排放都发生在扰乱发生平均年份的各个国家，很可能会高估高于平均扰乱年份带来的损失，并低估低于平均扰乱年份的真实排放。采伐或扰乱速率比较稳定而依赖这样模型的国家，很可能接近真实的净碳储量变化。

各国在采用专家判断来评价使用高层级方法得出估计值的不确定性。可合理地进行假设，死有机质中碳储量变化的估计值的不确定性一般大于生物量中碳储量变化的估值的不确定性，因为在多数国家，比起关于死有机物碳储量的数据，关于生物质碳储量数据更易获得。此外，描述生物量动态的模型一般描述比死有机质动态的模型更为准确。

由于对森林生态系统中非木材组分重要性的认识提高，许多国家已经修改了清单程序。可以获得的关于死有机物质碳储量及其动态变化的数据越来越多，这将更好地识别、量化和减少未来年份死有机物质估计值的不确定性。

5.1.10　土壤碳

本节详细说明了估算森林土壤碳储量变化的估算程序和好的实践方法。但本节不包括凋落物（一种死有机物碳库）。针对以下两种类型的森林土壤提供单独的指南：①矿物质森林土壤；②有机质森林土壤。

根据森林类型和气候条件，矿物质森林土壤的有机碳含量（深度为 1 m）通常在 20～300 t 碳/hm²。全球矿物质森林土壤含有约 700 Pg 碳，但由于碳输入和输出之间的差异，土壤有机碳库并不是静态的。碳输入主要由森林光合作用、枯落物的分解及其并入矿物土壤和随后通过矿化/呼吸的损失决定。土壤有机碳的其他损失是由于侵蚀或溶解到地下水中的有机碳的流失或地表径流流失造成的。森林土壤中大部分碳的输入是来自枯落物的分解，因此土壤有机物质倾向集中在上层土壤，大约一半的土壤有机碳集中在 30 cm 的土层中。在一些森林生态系统中，树木的根系区延伸深地下超过 30 cm，这可以增加深层土壤的有机碳的含量。间伐和暂伐这样的管理措施，土壤碳储量的变化可以在 20～30 cm 以下被检测到，但不是所有研究或所有深度都有响应。此外，土壤碳研究的缺乏增加了根深度与土壤碳储量变化相关的不确定性。上层剖面中所含的碳通常是最易分解的，因为它最易受自然和人为干扰。本节仅涉及土壤碳，不涉及分解的枯落物。

人类活动和其他干扰，如森林类型、生产力、衰变速率和干扰的改变，会影响森林土壤的碳动态。不同的森林管理活动，如轮伐期、树种选择、排水、采伐方式（整树或锯材、更新、局部采伐等）、场地准备活动（指定火烧、土壤翻耕）和施肥，都会影响土壤有机碳库。干扰模式的变化，特别是严重森林火灾、虫灾和其他取代林分的干扰的发生，也会改变森林土壤碳库。此外，有机土壤上的森林林分淋溶也会降低土壤碳储量。

本节详细阐述了估计森林土壤碳有机储量变化的程序和良好实践（注意：不包括森林枯落物，即死有机物）。针对两种类型的森林土壤分别提供单独的指南：①矿物质森林土壤；②有机质森林土壤。

考虑到森林土壤碳储量的变化，与森林土地性质保持不变的森林土地相关的变化，各国至少需要根据气候区域和土壤类型估计清单时间段中开始和结束时期的总森林面积，如果土地利用和管理活动数据有限，可以使用方法1提供的活动数据，但更高的层次可能需要更加详细的记录或咨询该领域专家了解森林管理系统的大致分布。森林土地类别必须根据气候区域和主要土壤类型进行分层，对于第1层，可以通过叠加合适的气候和土壤分布图来完成。对于方法2或方法3，进一步的分层可能是有用的。

5.1.10.1　矿质土壤

尽管有越来越多的文献研究森林类型、管理实践和其他干扰对土壤有机碳的影响，但现有大部分数据针对特定于场地来研究的，但最终可以基于气候条件、土壤特性、时间尺度以及考虑不同土壤深度递增的采样强度和效应来推测。然而，目前对于森林类型、管理和其他干扰相关的矿质森林土壤中碳储量变化的幅度和方向的影响仍然不确定，仍需考虑前文所提及的限定条件。

（1）方法1

目前，现有科学基础还不足以在IPCC不同气候区域的森林管理中开发出第一层级默认排放因子以量化其影响。因此，在第一层级的方法中，默认森林土壤碳储量在管理中不会发生变化。最近的研究表明，森林管理措施对土壤碳储量的影响很难量化，并且对土壤的影响变化多样，甚至相互矛盾。此外，如果使用方法2或方法3的活动数据，则不需要计算矿质土壤的碳储量变化（碳储量变化为0）。如果使用方法1收集的活动数据，并且无法确定从何种土地类型转变为森林土地，则清单编制者应使用清单期间现今开始和结束的面积来估算森林土地的土壤碳储量以估算土壤碳储量的变化。森林土地的土壤碳储量变化与其他土地用途的库存变化相加，以估算土地利用变化造成的影响。如果编制者没有计算森林土地的碳储量，则清单可能会产生系统性错误。例如，从森林土地转变为农田或草地的土地在清单最后一年会有一个土壤碳储量估算，但在清单的第一年时（当它是森林）没有计算碳储量。因此，转换为农田或草地的土壤碳增加，因为假设森林土地的土壤碳储量为 0，但农田和草地不是。这将造成清单估算的偏差。对于土壤上层 30 cm，使用式（5-17）估算 SOC_0 和 SOC_{0-T}。需要注意的是，森林土壤中的露出基岩区域不包括在土壤碳储量计算中（假设其储量为 0）。

（2）方法 2

使用式（5-18）基于参考土壤碳库以及针对森林类型（F_I）、管理（F_{MG}）和自然扰乱状况（F_D）的国家特定碳储量变化因子，计算土壤有机碳储量。需要注意的是，在式（5-18）中应使用自然扰乱状况的碳储量变化因子（F_D）替代土地利用因子（F_{LU}）。此外，可纳入国家特定信息，更有针对性地规定参考碳储量、气候区域、土壤类型和（或）土地管理分类系统。

（3）方法 3

需要大量的知识和数据，来制定准确和有代表性的国内估算方法，包括评价模式结果和实施国内监测计划和（或）建模工具。任何国家特定方法的基本要素是：

①生物量应采用按气候区域、主要森林类型和管理制度的分层；

②确定每层中的主要土壤类型；

③描述对应土壤碳库的特点，确定土壤有机碳投入和产出率的决定性过程和这些过程发生的条件；

④确定并采取合适的方法以便在可操作的基础上估算每层森林土壤的碳储量的变化，包括模型评价程序；

方法学应考虑预计包括综合开展各项监测的活动，如多次进行森林土壤调查、建模研究以及建立固定样地。关于土壤监测活动的进一步指导意见可参考相关文献。优良做法是开发或改编相应的模型，并经过同行评审，同时采用关于所研究的生态系统的具有代表性并独立于校准数据的观察结果进行验证。

5.1.10.2 有机土壤

（1）方法 1

因为数据有限或缺乏充足知识仅涉及由于森林有机土壤排水引起的碳排放，这限制了更为精确的缺省值的建立。排水的森林有机土壤按气候类型进行分层，然后乘以具体气候排放因子，求出年度碳排放的估计值。在采用方法 1 时，转化为林地的面积可以包括在总面积估算里（不含补充数据），以确定土地利用的变化。

（2）方法 2

方法 2 使用与方法 1 相同的基本公式，但纳入国家特定信息，可以更为具体化地规定排放因子，气候区域和（或）建立相较于有机土壤的森林分类方案。

（3）方法 3

方法 3 涉及估算与管理森林的有机土壤相关的 CO_2 排放量，包括可能改变森林有机土壤的水文状况、地表温度和植被构成的所有人为活动；以及主要的扰乱如火烧。

5.1.10.3　库变化和排放因子的选择

5.1.10.3.1　矿质土壤

（1）方法 1

使用方法 1 时，不需要使用方法 2 或方法 3 计算保留林地的库存。如果使用方法 1 的活动数据，则碳储量存变化因子（包括输入、管理和干扰制度）等于 1。因此，方法 1 只需要参考碳储量。

（2）方法 2

在方法 2 中，库存变化因子是基于针对管理、植被类型和自然干扰机制的特定国家分类方案来推导的。方法 2 应包括国家特定参考碳储量缺省值的推导，以及比方法 1 提供的默认分类更为详细的气候和土壤分类。在方法 2 中，评估土壤碳储量变化的深度可以不同于 30 cm。然而，这将需要与参考碳储量（SOC_{REF}）和储量变化因子（F_{LU}、F_I 和 F_{MG}）的深度保持一致，以确保一致应用于确定土地利用变化对土壤碳库影响的方法。

专注于对整个森林 SOC 的影响最大的因素，同时考虑受影响森林的范围。管理实践可以粗略地标记为密集型（如人工林业）或广泛型（如天然森林），这些类别也可以根据国家情况重新定义。碳储量变化因素的开发可能基于在实验场地和采样点的深入研究，包括重复、成对的地点比较。在实践中，可能无法区分不同森林类型、管理实践和干扰制度的影响，此时库存变化因素应组合为单个校正因子。如果一个国家有关于不同森林类型在不同管理制度下的充分文献资料，则可能直接推导出有机土壤碳储量的估算值，而不必使用参考碳库存和调整因子。然而，必须建立因子与参考碳储量的对应关系，以便计算土地利用变化造成的影响，而不会因为各种土地利用类别（森林土地、耕地、草地、定居点和其他土地）

之间缺乏方法一致性导致碳储量计算的人为增加或减少。

可以通过衍生国家特定的参考碳储量（SOC$_{REF}$）调整清查，这些参考碳储量的值可以通过已发表的研究或调查来确定。这些值通常是通过调查和（或）统计大型土壤剖面数据库获得的。

（3）方法3

常量的储量变化率因子本身不太可能被估计，更倾向于使用变量率来准确地捕捉土地利用和管理效应。

5.1.10.3.2　活动数据选择

5.1.10.3.2.1　矿质土壤

（1）方法1

方法1假设林地土壤碳储量不会因为管理而改变，则不需要将森林分为不同类型、管理类别或自然干扰体系。但是，如果使用方法1的活动数据，则需要环境数据将国家分类为气候区域和土壤类型，以便将适当的参考碳储量应用于林地。如果国家数据库中没有可用于气候类型分类的信息，可以使用联合国环境计划等国际气候数据。还需要将土壤分类，如果没有国家数据来绘制土壤类型的地图，可以使用国际土壤数据，如FAO的世界土壤图。

（2）方法2

方法2的活动数据包括主要森林类型、管理实践、干扰机制及其适用的面积。将数据与国家森林清查（如果存在）以及国家土壤和气候数据库相结合。主要的变化包括无经营措施的森林转化为有管理措施的森林；森林类型的转换，如从本地森林转变为新的森林类型，如引种树种等；加强森林管理活动，如场地准备、树木种植、间伐和轮伐强度以及转化期的变化；采伐方法的变化，树干采伐与整株采伐，留在现场的残留物的数量；以及干扰的频率，如虫害和疾病暴发、洪水、火灾、台风/飓风/风暴和雪灾。数据来源因国家的森林管理系统而异，但可以包括个人承包商或公司、法定森林管理机构、研究机构和负责森林清查的机构。数据格式各不相同，包括活动报告、森林管理清单和遥感影像等。

此外，方法2应包括比方法1更为精细的环境数据分层，包括气候区域和土壤类型，基于国家的气候和土壤数据分层。如果在方法2清查中使用更为精细的分类方案，则还需要针对更加详细的气候区域和土壤类型确定参考碳储量，并根据国家特定的分类标准将土地管理数据分层。

（3）方法3

对于方法3中的动态模型和（或）基于直接测量的清查数据，相较于方法1

和方法 2，需要更为详细的气候、土壤、地形和管理数据组合，具体要求将取决于模型或测量设计。

5.1.10.3.2.2　有机土壤

（1）方法 1

缺省排放因子，用于估算与有机土壤排水相关的碳损失。

（2）方法 2

方法 2 涉及从国家特定数据中求出排放因子。主要考虑除了气候区域外，是否将森林类型或管理作进一步更细的分类。是否进一步细分取决于表明碳损失率重大差异的试验结果。例如，可以建立多种森林管理体系的排水分类。此外，管理活动可能会破坏基础有机土壤的碳循环。例如，采伐可能因截留、蒸发和蒸腾减少而导致水位上升。

（3）方法 3

恒定碳储量变化率因子本身的估算不太可能有利于可变率，可变率可以更准确地反映土地利用和管理的影响。

5.1.10.4　不确定性评估

土壤碳清单存在三大不确定性来源：

①土地利用和管理活动以及环境数据的不确定性；

②如果使用第一或第二级方法（仅限矿质土壤），参考土壤碳储量的不确定性；

③第一或第二级方法的碳储量变化/排放因子的不确定性，第三级基于模型的方法的模型结构/参数误差或第三级基于测量的清单的测量误差/抽样变异性。

此外，通过开发一个包含国家特定信息的更高级别清单，有可能减少偏差。

默认的矿质土壤参考碳储量和有机土壤排放因子在特定国家应用时，存在高度不确定性，尤其是偏差。默认值代表土地利用和管理影响或参考碳储量的全球平均值，可能不同于特定区域的值。通过使用第 2 层方法导出特定国家的因子或开发第 3 层特定国家估算系统可以减少偏差。更高层方法的基础将是在该国或邻近地区研究土地利用和管理对土壤碳的影响。此外，通过考虑在国内不同的土地利用和管理影响。例如在气候区域和（或）土壤类型之间的变化，可以使因子估计的精度进一步提高。对于报告储量变化而言，偏差是更大的问题，因为不一定被包括在不确定性范围内（如果因素中存在重大偏差，则真实储量变化可能超出报告的不确定性范围）。

土地利用活动数据的不确定性可以通过建立更好的国家系统进行改进，如开展地面调查并增加样本位置和（或）采用遥感技术提供额外覆盖面。最好设计一个分类体系，以足够的样本量捕捉大多数土地利用和管理活动，从而减少在国家范围内的不确定性。

5.1.10.5 生物质燃烧产生的非二氧化碳温室气体排放

未受控制（野火）和管理（计划）火烧可对森林中的非 CO_2 温室气体排放产生重大影响。在仍为林地的林地上，还需要计算生物质燃烧产生的 CO_2 排放，它们一般与 CO_2 的吸收率不同步。这在林分发生野火后和热带地区轮作期间中尤其重要。当森林类型发生变化时（如从天然林转化为人工林），在初始年中生物量燃烧可能会产生净 CO_2 排放，特别是在转化中大量木材生物量被烧除时。然而，从长期来看，这些影响均不如林地转化为农田或草地时产生的影响大。土地利用变化中火烧的排放在新土地利用类别中报告，为了明确土地利用转化，应使用不含补充数据的限制性方法 1 进行土地面积表述，在这种情况下来自林地的火烧排放应包括在仍为林地类别的林地中。

5.1.10.5.1 排放因子的选择

可用来燃烧的燃料质量对估算非 CO_2 排放来说甚为关键，需要判断其植被类型与缺省表格所描述的广义植被类别如何对应。根据不同森林类型、区域和管理体系，方法 3 估算需要 MB 的空间估值。方法 3 估算方法还可区分火烧的不同强度，导致燃料燃烧的不同程度。

5.1.10.5.2 活动数据的选择

需要仍为林地的林地中关于烧除面积的估计值。现有包含每年火烧烧除面积的全球数据库，但不会提供个别国家每年计划火烧面积的可靠数据。优良做法是，为了提高国家清单的可靠性，制定烧除面积和火烧的性质的国家估值，特别是火烧如何影响森林碳动态（如对树死亡率产生的影响）。采用方法 2 的各国将可以获得国家估值。方法 3 估算要求遭受火烧和火烧强度的区域面积和森林特定类型估计值。

5.1.10.5.3 不确定性评估

对于仍为林地的林地，需要估算国家特定的不确定性估计值。这些产生于与活动数据（烧除面积）和排放因子相关的不确定性乘积。优良做法是提供误差估计值（如范围、标准误差等），除非这些数据或方法与方法 1 相比可以降低不确定性，否则不采用国家特定数据（如如果有限制性）或方法。

5.1.11　完整性、时间序列、质量保证/质量控制和报告及归档

5.1.11.1　完整性

完整性是温室气体清单的一项要求，包括采伐的木材产品在内的所有的森林碳增加和损失。林地的温室气体清单应该包括属林地的所有土地和转化为林地的所有土地利用类别。对于完整性而言，包括所有碳汇和非 CO_2 温室气体。计算不同碳汇使用的森林面积应该相同。应该估算来自有机土壤的排放量和矿质土壤上土地利用变化引起的排放量或清除量。高层级方法纳入国家特定信息，包括管理和自然扰乱状况对矿质土壤碳库或来自有机土壤的排放产生的影响。必须完整核算与仍为林地的林地和转化为林地的土地相关的 CO_2 排放量和清除量，或管理（当适用时，以及未管理）林地中生物质燃烧所产生的排放量和清除量。优良做法是将来自生物量碳汇的所有损失初次计算为生物量碳库的损失，这些损失转化为死有机物质池。优良做法是各国采用方法 1 估算方法，不计算火烧或其他扰乱中来自死有机物质（DOM）池的碳排放，因为已假设所有 DOM 的添加在添加年中已经释放。因此，方法 1 也不核算自然扰乱后 DOM 池的增加。

5.1.11.2　制定完整的时间序列

为所有 AFOLU 类别开发一致的人为排放和温室气体去除清单时间序列是良好的实践。由于与森林有关的活动数据和排放因子可能每隔几年才能获得，因此实现时间序列的一致性可能需要从更长的时间序列或趋势中进行插值或外推。

当外推可以更准确地反映碳排放和吸收的主要驱动因素（如森林生长和收获）演变时，与线性插值或外推相比，可以采用外推的方式进行缺失值填补。

通常，这些功能关系表达式是应用于模拟不同池中碳储量动态模型。同时考虑了许多相互关联的变量，这些变量包括：森林特征（森林类型、土壤类型、树种组成、生长库存、年龄结构）和管理实践（更新方式、轮伐长度、间伐频率等）；碳池和气体；HWP 的估算参数；自然干扰的处理；"间接人为诱导效应"的可能影响。例如人为诱导的气候和环境变化（如温度、降水、CO_2 和氮沉降反馈等），这些变化会影响生长、死亡、分解速率和自然干扰机制。

其中，收获量是排放和清除的主要驱动因素。如果我们已知实际收获要外推时期的体积，那么模型可以直接采用这个收获体积值，并结合其他已知的变量。然而，有时没有关于收获量的可靠统计数据。在这种情况下，最好的做法是假设历史管理实践在填补空白期间继续存在。这些做法是使用现有时间序列中应用（和记录）的那些，如对于"校准期"。木材储量、年龄结构动态、增量和采伐之间

的函数关系以及持续管理实践下的数量（这是森林管理产量表的基础）可用于计算年度碳库收益（森林净增量）和年度碳库的一致时间序列的碳库损失（如收获量等）。例如，如果给定树种通常在 80 年采伐，基于功能关系的外推将适用于该采伐年龄（历史森林管理实践），也适用于填补缺口的时期，考虑到年龄结构动态（如如果森林变老，可能有更多面积达到 80 年），碳收益将使用森林净增量计算与模拟的年龄结构和收获量相关联，以填补缺口。

现有（非外推）时间序列中使用的上述任何变量的变化（如添加新的碳池）引发方法学上的不一致，需要通过重新运行整个时间序列来解决，用于外推的模型。这种重新运行应确保上述变量的一致性。作为对一致性的一般检查，优良做法是证明用于外推的模型选定的"校准期"再现现有时间序列。此校准周期的长度可能取决于各种因素，但最好对模型结果和现有序列之间进行至少 5 年或 10 年的比较。如果校准期间的模型结果落在估计范围内，即与现有时间序列的不确定性相符（如温室气体清单中记录的），那么任何存在的时间序列和推断部分之间的剩余不连续性均可以通过应用"重叠"技术来解决。该程序将影响模拟的 GHG 水平估计。如果在校准期间，由于现有时间序列的不确定性，模型的结果不在报告范围内，使用这些结果来推断时间序列不是好的做法。

5.1.11.3 质量保证和质量控制

林地温室气体清单估算可能有不同程度的精度、准确性和偏差度。而且，估值受国家现有数据和信息的质量和一致性以及知识差距的影响。此外，取决于各国所采用的层级，估值还可能受不同来源误差（如抽样误差、评估误差、遥感图像分类误差、模型误差等）的影响，它们会蔓延到整个估算过程。

优良做法是通过质量保证（QA）及质量控制（QC）和专家对排放估值进行审查，来实施质量控制检查。且采用各来源特定类别程序加强有关数据处理、处理和报告及文件编写方面的一般质量保证/质量控制。应该单独编写用于仍为林地的林地的质量保证/质量控制程序。

收集数据的机构负责审查数据收集的方法，检查数据以确保正确收集、总计或分解它们，并用其他来源的数据和前几年的数据交叉检验，以确保这些数据长期内是真实的、完整的和一致的。联合国粮农组织数据需要与其他国家来源就准确性和一致性进行交叉检验。估算的依据（如统计调查或"案头估算"）均必须作为质量控制过程的组成部分加以审查和说明。归档是审查过程一个至关重要的组分，因为它能够使审查人员发现不准确和缺陷，并提出改进意见。对于高度不确定的来源类别而言，报告中的文件资料和透明度极其重要，对国家特定因子与其他国家使用的缺省值或因子间的差异要说明原因。鼓励（生态）条件类似的各国进行协作，完善各种方法、排放因子和不确定性评估。

5.1.11.4　活动数据核查

在可能的情况下，清查机构应利用独立的资料来源检查涉及所有管理土地面积的数据，并进行比较。对于许多国家而言，联合国粮农组织数据库可能是主要的来源，在这种情况下必须与其他来源一起交叉检验。应就面积记录中的任何差异编成文件归档以供审查。应将所有土地利用类别的活动数据面积的总数相加，以确保清单中的总面积及其按气候和土壤类型的分层长期保持不变。这可确保长期内土地面积既不"创造"也不"丧失"，如有这种情况，将会造成清单的重大误差。在利用国家具体的数据时（如关于立木生物量和生物量生长率的数据、地上生物量的碳部分、生物量扩展因子、合成肥料消费量估值），清查机构应将它们与 IPCC 缺省值或排放因子数据库（EFDB）进行比较并注明差异。

国家特定的参数应是高质量的、最好是经同行审查的实验数据，作出充分的说明并成文归档。鼓励实施清查的机构确保利用优良做法并确保结果经过同行审查。可利用关于试验面积的评估结果来验证报告数字的可靠性。

5.1.11.5　内部和外部审查

审查程序最好应由不直接介入清单编制的专家进行。清查机构应利用 AFOLU 部门的温室气体清除和排放问题专家，对所用的方法和数据进行同行专家审查。鉴于用来计算某些类别的国家特定因子的参数的复杂性和独特性，应让选定的该领域专家参与此种审查。如果在直接测量的基础上得出土壤因子，清查机构应审查测量结果以确保它们代表环境和土壤管理条件及各年间气候变化的实际范围。还应审查在立地执行的质量保证/质量控制规程，并将产生的估值在立地间与缺省估值进行比较。

优良做法是各国采用方法 1 评审，如果必要，修改用于枯枝落叶和死木池中碳库的缺省假设，这些假设是估算毁林后库损失量所需的。鼓励采用高层级方法的国家，计算用于建立 DOM 库变化的模式的中间指标。例如，质量保证/质量控制程序可以与文献值和其他经同行评审的出版物，比较库大小、枯枝落叶的投入、衰减率等估值。如果可能，优良做法是将模式估值与现场测量值和其他数据源进行比较。建模体系中易实施的一种质量保证/质量控制核查是计算内部质量平衡，以确保该模式既不产生碳亦不损失碳，不作为源或汇进行报告。例如，质量转换要求包括来自生物量池的损失要么计算为 DOM 池的投入，要么转移到森林生态系统之外，要么释放到大气层中（火烧的情况下）。此外，采伐数据可用来核查模式产生的转移（损失停止）估值。采用高层级估算方法的国家可以实施第 2 个质量保证/质量控制程序，即为按区域、森林类型和土壤类型（有机和矿质土壤）分层的 DOM 池建立上界和下界。清单中报告的或者模式估算出的任何值，如果超出界限之外，可作进一步研究。

5.1.11.6　报告及归档

　　一般来说，优良做法是将用来产生国家排放/清除清单的所有数据和信息（如数字、统计资料、假定来源、建模方法、不确定性分析、验证研究、清查方法、研究实验、产生于实地研究的测量数据、有关规程以及其他基本数据）归档并编成文件。应报告关于碳汇定义的详细说明，将管理土地范围的相关定义，连同提供长期一致适用这些定义的证据纳入清单。

　　还需要提供文件来证明以下各项完整性和一致性：时间序列数据、抽样、方法与年份间的内插方法、重新计算、避免重复计算以及执行质量保证/质量控制的方法。如果清单编制者决定进到更高的层级，而该层级的计算方法和数据在本卷中未作说明或需要采用更加细分的办法，就需要补充文件资料来支持采用更加先进和准确的方法、国家界定的参数、高分辨率的地图和数据集。不过，在所有层级，均需要就方法、系数和活动数据的选择决定作出说明。目的是便利独立的第三方重新构建估值，但将所需的所有文件纳入国家清单报告是不切合实际的。因此清单应当包括关于所利用办法和方法的摘要并提及数据的来源，以便报告的排放估值具有透明性，而且可以追溯其计算中采取的步骤。

5.1.11.6.1　排放因子

　　必须说明所用的排放或清除因子的来源（具体的 IPCC 缺省值或其他）。如果利用国家或区域特定的排放因子，而且如果采用新方法（非 IPCC 缺省法），应全面说明并以文件资料证明这些排放因子和方法的科学依据。这包括界定投入参数和说明求出这些排放因子和方法的过程，以及不确定性的根源和量值。利用国家特定的排放因子的清查机构应提供关于选择不同因子所依据的信息，说明是如何求出的，将它与其他所公布的排放因子作比较，解释任何重大的差别，并尝试设定不确定性的范围。

5.1.11.6.2　活动数据

　　应当提供计算中使用的所有活动数据的来源，如面积、土壤类型和特点及植被覆盖等，需要完整引述从中获取数据的统计数据库。提及数据库的元数据是有益的，包括关于下列方面的信息：数据收集的日期和频率、抽样程序、为获得土壤特点和最低限度可检测有机碳变化所采用的分析程序，以及对于准确性和精确性的估计。在活动数据不是直接取自数据库时，应当提供用来求出活动数据的信息和假定，以及与求出的活动数据相关联的不确定性的估值。这特别适用于利用按比例扩展程序求出大规模的估值；在这些情况下，应说明统计程序以及相关的不确定性。

5.1.11.6.3　模式模拟的结果

如果清查机构在其估计程序中利用来自模式的数据产出，就应提供有关模式选择和利用的理由。优良做法是完整引述经同行评审的、并对模式作出说明的出版物，并解释和验证建模结果。应提供详尽的信息以使审查人员能够评估模式的有效性，包括一般建模办法、关键的模式假定、投入和产出数据、参数值和参数化程序、模式产出的信度区间以及就产出所作的任何敏感性分析的结果。此外，与所有投入和产出文件一起，应该将模式的计算机源编码长期存档，将来作为参考资料。

排放分析：应解释各年间排放的重大波动。应区分各年间活动水平的变化与排放系数的变化，并将这些变化的原因编写成文件。如果不同的年份利用不同的排放因子，应解释这样做的理由并成文归档。

5.2　农田

本部分概述了估算和报告农田温室气体排放的几种方法。耕地包括可耕地和耕地、稻田以及农林结合体系，其植被结构低于林地类阈值，并且预计以后也不会超过这些阈值。农田包括所有的一年生作物和多年生作物及临时休耕地（再次耕种之前搁置一年或数年的土地）。一年生作物包括谷物、油料作物、蔬菜、块根作物和饲料。多年生作物包括与草本作物混合生长的乔木和灌木（如农林结合体系）或果园、葡萄园以及种植园植物（如可可、咖啡、茶叶、油椰、椰子、橡胶树和香蕉等），符合林地归类标准的土地除外。通常用于种植一年生作物，但作为作物——牧草轮作（混合体系）的组成部分，临时用于饲料作物或放牧可耕地，也属于农田这一类别。

5.2.1　仍为农田的农田

本部分为至少 20 年期间未经过任何土地利用转化的农田的温室气体清单提供指南。仍为农田的年度温室气体的排放和清除包括：①估算所有碳汇和源的年度碳库变化；②估算所有碳汇和源的非 CO_2 气体年度排放。

5.2.1.1 生物量

5.2.1.1.1 方法的选择

碳可存储在多年生木本植被农田的生物量中，包括但不限于单一栽培（如咖啡、油棕、椰子、橡胶园、水果和坚果果园），以及复合栽培（如农林综复合体系）。下文详述了估算仍为农田的农田中生物量碳库的方法。

仅估算多年生木本作物的生物量变化。对于一年生作物，假设单一年份中生物量库的增加等于当年收获和死亡引起的生物量损失，因此，生物量碳库无净累积。

农田生物量中的碳变化（CCCB）可以估算自：

①年度生物量增加和损失率；

②两个时点的碳库。

第一种方法（增加—损失方法）提供了缺省方法 1，并且经下文所述的改进后，也能用作方法 2 或方法 3。

第二种方法（库—差别方法）适用于方法 2 或方法 3，但不适用于方法 1。根据给定的国家情况，通过采用可行的最高层级方法改进清单。如果仍为农田的碳排放和清除是一个关键类别，并且生物量的子类别被视为非常重要，那么更建议各国采用方法 2 或方法 3。

（1）方法 1

默认方法是将多年生木本农田面积乘以生长产生的生物量积累的净估计值，并减去与收获、采集或干扰相关的损失。损失是通过碳储量值乘以收获多年生木本作物的农田面积来估算的。

默认的假设：多年生木本生物量中移除的所有碳（如清除的生物量并重新种植不同的作物）在移除年份排放；多年生木本作物积累碳的时间等于名义收获/成熟周期。后一个假设意味着常年木本作物积累生物量的时间有限。因为生长速度已经放缓，增长带来的增量收益被自然死亡率、修剪或其他原因造成的损失所抵消损失，因此直到它们通过收获被移除或达到稳定状态，生物量中没有碳的净积累。

（2）方法 2

两种方法进行生物量变化的估算。增加—损失方法要求从报告年份的生物量碳增量中减去生物量碳损失。库—差别方法需要生物质碳给定土地利用面积在两个时间点的存量。

相较之下，方法 2 通常会根据气候区对主要木本作物类型进行估算，尽可能地使用国家特定的碳积累率和库损失或两个时间点的国家特定碳库估算。方法 2 估算了多年生木本植被中地上和地下生物量的碳库变化。方法 2 涉及按主要农田类型和管理系统对特定国家或区域的生物量库进行的估算，以及作为主要管理系统（如主要作物、生产力管理等）功能的变化。优良做法是各国尽可能地使用特定国家或区域的数据纳入多年生作物或树木生物量的变化。如果数据缺失，可以使用默认数据。

（3）方法 3

使用高度分解的方法 2 或涉及过程建模和（或）详细测量的国家特定方法。方法 3 涉及清单系统，使用基于统计的碳储量采样随时间变化和（或）过程模型，按气候、农田类型和管理制度分层。例如，经过验证的特定物种生长模型包含收获和施肥等管理效应，以及相应的管理活动数据，可用于估算农田生物量碳储量随时间的净变化。这些模型可以结合森林清查中的测量结果，并将其用于估计库变化，外推到整个农田面积。

选择合适模型的关键标准是它们能够代表活动数据中的所有管理实践。至关重要的是，该模型必须得到来自代表气候、土壤和耕地管理系统的特定国家和区域实地观测结果的验证。

1）地上木质生物量增长率

（1）方法 1

各国应使用与每个气候区域和种植系统相关的地上生物量增长率的适当默认值。然而，鉴于种植系统的巨大差异，包括树木或木本作物，最好的做法是使用地上木质生物量增长率的国家数据。

（2）方法 2

基于不同种植和农林系统的国家数据来源，年度木质生物量增长率数据可以更加细化或分类。应根据特定管理/土地利用活动（如施肥、收获、间伐等）的变化，估算年木质生物量增长率的变化率。实地研究的结果应与其他来源的生物量增长估计值进行比较，以验证它们是否在记录的范围内。重要的是，在推导生物量积累速率的估计值时，要认识到生物量增长率将主要发生在管理变化后的前 20 年，此后该速率将趋向一个新稳定状态，除非管理条件发生进一步变化，否则不会发生变化。

（3）方法 3

对于方法 3，需要高度分解的生物量积累因素。可能包括物种分类，具体到诸如收获和施肥等管理影响的生长模型。地上生物量的测量是必要的，类似定期测量地上生物量积累的森林清查。

2）地下生物量积累

（1）方法1

默认假设是农业系统中多年生树木的地下生物量没有变化。农业系统的地下生物量数据有限。

（2）方法2

使用多年生木本植被实际测量的地下生物量数据。方法2建议估算地下生物量积累。根茎比在单个物种和群落尺度上显示出广泛的值。地下生物量的可用数据有限，因此，应尽可能地使用特定于区域或植被类型的经验得出的根茎比。

（3）方法3

如果采用库—差异法，这包括使用与森林清查和建模研究相同的实地研究数据。

3）搬迁、薪材和干扰造成的生物量损失

（1）方法1

默认假设是所有损失的生物量都在同一年排放。可获得来自农田来源的有限生物量清除、薪材收集和干扰损失数据。联合国粮食及农业组织（FAO）提供圆木和薪材总消耗量数据，但未按来源（如农田、林地等）分开。世界范围内关于薪材的统计数据极少且不确定。默认清除和薪柴收集统计数据可能包括来自农田的生物量，如从家庭花园中收获的薪柴。因此，有必要确保不重复计算损失。如果没有关于来自农田的圆木或薪材来源的数据，默认方法将包括林地损失而不包括农田的损失。如果多年生木本生物量在名义收获/成熟周期下的收获/成熟年份或之后被替换，各国应使用单位面积最大碳储量（L_{max}），假设多年生农田被收获并再生回多年生农田。碳损失是通过将收获/替代农田的年面积乘以 L_{max} 来估算的。如果多年生作物被移除的年龄未知，土地利用变化导致碳移除，各国应使用单位面积碳储量平均值（L_{mean}）。碳损失是通过将年土地转化面积乘以 L_{mean} 来进行估算的。当多年生农田转为另一种类型的农田时，报告的损失以仍为农田的农田计。当多年生农田转为非农田土地用途时，报告相关土地转换类别的损失。

（2）方法2和方法3

基于清单研究或根据不同来源（包括农业系统）进行的生产和消费研究，更为精细的国家级数据可用于估算生物量损失。这些可以通过多种方法获得，包括通过航空照片（或高分辨率卫星图像）和地面测量图估计木本植被的密度（树冠覆盖率）。对于不同的农田类型和条件，物种组成、密度和地上与地下生物量可能有很大差异，因此按农田类型对抽样和调查样地进行分层可能是最为有效的。

5.2.1.1.2 活动数据的选择

本部分中的活动数据指的是对多年生木本作物的蓄积量和收获土地面积的估计。它们是总农田面积中的地层（以保持土地利用数据的一致性），并且应根据使用的方法和增长及损失因素加以分类。

（1）方法1

年度或定期调查与概述的方法结合使用，以估算成熟的多年生木本作物的年平均面积和收获或移除的多年生木本作物的年平均面积。面积估计进一步细分为一般气候区域或土壤类型，以匹配默认的生物量增益和损失值。在计算中，国际统计数据（如 FAO 数据库）和其他来源可用于估算多年生木本作物种植的土地面积。

（2）方法2

在方法 2 下，应采用更详细的年度或定期调查估算不同类别多年生木本生物量作物的土地面积。区域被进一步划分为相关的子类别，以此来表示每个区域中多年生木本作物类型和气候区域的所有主要组合。这些面积估算必须与为方法 2 开发的任何国家特定生物量碳增量和损失值相匹配。如果特定国家更为精细的分辨率数据仅部分可用，则鼓励各国使用最佳可用知识的合理假设推断多年生木本作物的整个土地基础。

（3）方法3

方法 3 需要高分辨率的活动数据，这些数据在次国家级到精细的网格尺度上分解。与方法 2 类似，土地面积按主要气候和土壤类别以及其他可能重要的区域变量（如区域管理实践模式）分为特定类型的多年生木本作物。此外，将空间明确的面积估计与当地估算生物量增量、损失率和管理做法联系起来，以提高估计的准确性。

5.2.1.1.3 方法 1 和方法 2 的计算步骤

下文列出方法 1 和方法 2 估算仍为农田的农田中生物量碳库变化（ΔC_B）的步骤。

使用农田的工作表（工作表详见 IPCC 2006 年国家温室气体清单指南第四卷 Anmex-01-AFOLU），计算仍为农田的农田中生物量碳库的变化。

步骤 1：输入报告年的农田子类别

一般而言，一个国家包含多种多年生木本的农田，其生物储量和增量各不相同。比如果园（如杧果、柑橘等）、种植园（如椰子、橡胶等）和农林复合农场。

步骤 2：对每一子类别，输入多年生木质生物量和农田年度面积

每一子类别农田的面积（A，hm^2）一般可以从国家土地利用机构、农业农村部和自然资源部获得。数据来源可能包括：卫星图像、航空摄影和基于土地的调查，以及粮农组织数据库。

步骤 3：对每一子类别，输入多年生木质生物量累积中的年均碳库[$tC/(hm^2 \cdot 年)$]

把生物量累积率 G 的每一农田子类别的年均生长率（C_G），输入工作表适合的栏中。

步骤 4：对每一子类别，输入生物量损失中的年度碳库[$tC/(hm^2 \cdot 年)$]

如果存在采伐，将来自采伐的生物量的碳库量（C_L）输入适合的栏。用多种农田地上部木质以上生物量缺省值，乘以缺省碳密度（0.5 tC/t 生物量），进行估算。

步骤 5：计算每一子类别中的生物量的年度碳库变化

计算生物量中的年度碳库变化 C_B。

步骤 6：将所有子类别的估值相加，计算碳库中的总变化（ΔC_B）。

5.2.1.1.4　不确定性评估

下面对与每种方法生物量碳估算相关的不确定性的评估办法提出了指导意见。

（1）方法 1

采用方法 1 时不确定性的来源包括：土地面积估计值以及碳累积和损失率缺省值的准确度。因为大多数国家每年都会使用可靠方法估算农田面积。不同作物体系的面积估值不确定性可能较低（＜10%）。

（2）方法 2

方法 2 将减少总体不确定性，因为国家特定的排放和清除因子比率应能准确地估计本国境内作物体系和气候区碳增量和碳损失。计算国家特定的碳增长率的误差估值（即标准偏差、标准误差或范围），并将这些变量用于基本的不确定性评估。各国评估国家特定系数的误差范围应与碳累积系数缺省值的误差范围作比较。如果国家特定比率有等于或大于缺省系数的误差范围，使用方法 1 并根据更多的实地测量进一步精确国家特定比率。方法 2 也可利用更高分辨率的活动数据，如本国境内不同气候区或特定作物体系的面积估值。与那些更精细尺度的土地基础界定的生物量碳增量因子的结合使用，高分辨率的数据可进一步降低不确定性水平（例如，求咖啡种植园的面积时用咖啡种植系数，而不是通用的农林结合体系缺省值）。

（2）方法3

与方法1和方法2相比，方法3有最低的不确定性。计算所有本国界定的生物量增长和损失率的标准偏差、标准误差或范围。各国建立模式参数的概率密度函数，以用于蒙特卡罗模拟。种植系统的不确定性，特别是与面积估值相关的，可能减少或不存在。

5.2.1.2 死有机物质

本部分列出了仍为农田的农田（CC）中估算关于死有机物质池的碳库变化的方法。为两种类型的死有机物质池（如枯木和枯枝落叶）提供了方法。枯木是一个多变的池，在转为枯枝落叶、土壤或排放到大气层中的速率的实地测量中存在许多问题。枯木中的碳含量在林分间变化很大。枯木的量取决于最后扰乱的时间、扰乱时投入的量（死亡）、自然死亡率、衰减率以及管理。

枯枝落叶累积可衡量枯枝落叶年度脱落量（包括所有的树叶、细枝条及小树枝、干草、果实、花和树皮）减去年分解率。枯枝落叶量还受最后扰乱的时间和扰乱类型的影响。木材和牧草的采伐、燃烧和放牧等管理极大地改变了枯枝落叶的性质，然而很少有研究能明确记录管理对枯枝落叶碳产生的影响。

一般而言，农田含少量（或不含）枯木，作物残余物或枯枝落叶，但农林结合系统除外。

5.2.1.2.1 方法选择

估算死有机物质碳库的变化需要估算枯木储量和枯枝落叶储量变化。

每个死有机物质池（枯木和枯枝落叶）应分别处理，但确定每个池变化的方法是相同的。

（1）方法1

假设农田中不存在枯木和枯枝落叶库，或者处于平衡状态（如在农田结合系统和果园中）。因此，不需要估算这些池的碳库变化。

（2）方法2和方法3

方法2和方法3可计算由管理做法引起的枯木和枯枝落叶的碳变化。提出了估算死有机物质中碳库变化的两种方法。

方法1（也称为增加—损失方法）：方法1估算农田管理类别的面积，以及由枯木及枯枝落叶库转入和转出的年平均进出量。这需要根据以下因素估算仍为农田的农田下的面积，根据：①不同气候或农田类型；②管理制度，或其他明显影响枯木和枯枝落叶碳汇的因素；③根据不同的农田类型，每公顷不同农田向枯木和枯枝落叶库转移的生物量。

方法 2（也称为库—差别方法）：方法 2 估算两个时间段（t_1 和 t_2）的农田面积、枯木和枯枝落叶库。用库变化除以两次测量之间的时期（年），得到清查年枯木和枯枝落叶库的变化量。对于进行定期清查的国家，方法 2 是可行的。此方法更适合采用方法 3 的国家。当国家存在国家特定排放因子和国家数据时，采用方法 3。国家界定的方法可能基于农田和（或）模型的永久样地详细清单。

5.2.1.2.2　清除/排放因子的选择

枯木和枯枝落叶的碳含量比例是变化的，取决于分解的阶段。木材的变化比枯枝落叶的小得多，可采用值为 0.5 t 碳/t 干物质的比值。

（1）方法 1

假设所有仍为农田的农田中，死有机物质碳库都发生微小变化或未发生变化，因此不需要排放/清除因子和活动数据。农田管理或扰乱发生明显变化（很可能影响死有机物质池）的国家，鼓励其使用方法 2 或方法 3 建立国内数据以量化并报告这种影响。

（2）方法 2

如果某些农田类别不能获得国家特定区域值，则使用缺省值，采用不同农田类别中死有机物质的国家一级数据。从被采伐的活体树转移到采伐残余物的碳的国家特定值，以及分解率或死有机物质池中的净变化（在方法 2 的情况下），可以在国家特定数据中获得，同时应考虑农田类型、生物量利用率、采伐做法和采伐活动中损坏的植被量。

（3）方法 3

对于方法 3，国家应建立自己的方法学和参数，以估算死有机物质的变化。这些方法学可能源于方法 1 或方法 2，也可能基于其他方法。

清单数据可以结合模型研究以捕捉所有农田碳汇的动态。

5.2.1.2.3　活动数据的选择

活动数据包括仍为农田的农田面积，按主要农田类型和管理做法进行汇总。将这些信息与国家土壤、气候、植被和其他地理数据相联系，更加易于评估死有机物质的变化。

5.2.1.2.4　方法 1 和方法 2 的计算步骤

（1）方法 1

假设死有机物质池是稳定的，不需要活动数据。

（2）方法 2（增加—损失方法）

将每种死有机物质池（枯木和枯枝落叶）分开处理，但每个池的方法是相同的。

步骤 1：确定将用于此评估和代表性面积的类别或农田类型和管理体系。

步骤 2：确定每个类别中死有机物质库的净变化。确定来自清单或科学研究的，用于各类枯木或枯枝落叶平均投入量和产出量的值。国家应该采用当地可获得的来自这些池的投入量和产出量数据。用投入量减去产出量，计算死有机物质池的净变化。负值表明库的净减少。

步骤 3：基于步骤 2，确定每个类别死有机物质碳库中的净变化。将枯木和枯枝落叶的碳比例乘以死有机物质库中的变化，以确定枯木碳库中的净变化。枯木碳比例缺省值为 0.5 t 碳/t 干物质；枯枝落叶碳比例缺省值为 0.4 t 碳/t 干物质。

步骤 4：确定每个类别死有机物质碳汇中的总变化，需要各类别的代表面积与该类别死有机物质碳库的净变化相乘。

步骤 5：综合所有类别死有机物质的总变化，确定死有机物质碳库的总变化。

方法 2（库—差别方法）

将每种死有机物质池分开处理，但每个池的方法是相同的。

步骤 1：如方法 1 所述，确定将用于评估和代表面积的类别。

步骤 2：确定每个类别死有机物质库的净变化。从清查数据中，确定清查时间间隔、清查初期（t_1）死有机物质的平均库量以及清查末期（t_2）死有机物质平均库量。通过用 t_2 的死有机物质库减去 t_1 的死有机物质库并除以时间间隔，使用这些数值进行死有机物质库的年净变化的计算。负值表明死有机物质库的减少。

步骤 3：确定每个类别死有机物质碳库中的净变化。将每个类别死有机物质库中的净变化乘以死有机物质的碳比例，来确定死有机物质碳库中的净变化。枯木的碳比例缺省值为 0.5 t 碳/t 干物质，枯枝落叶的碳比例缺省值为 0.4 t 碳/t 干物质。方法 3 需要国家特定或生态体系特定的扩展系数。方法 2 可以采用国家一级的缺省扩展系数。

步骤 4：通过将每个活动类别的代表面积乘以那个类别死有机物质碳库中的净变化，以确定每个活动类别死有机物质碳汇中的总变化。

步骤 5：综合所有活动类别死有机物质中的总变化，确定死有机物质碳库的总变化。

5.2.1.2.5　不确定性评估

因为假设死有机物质库是稳定的，所以方法 1 不需要不确定性评估。对于方法 2 和方法 3，应该获得面积数据和不确定性的估值。在当地评估碳累积和损失因子。

5.2.1.3 土壤碳

影响农田土壤碳储量的主要管理做法是残留物管理方式、作物选择和种植管理的强度（如连续种植与裸露休耕期的轮作）、灌溉管理以及轮作和牧草或干草的混合系统。此外，有机土壤的排水和耕作会减少土壤碳储量。

为解释与仍为农田的农田相关的土壤碳库变化，各国至少需要对清查时期开始和结束时的农田面积进行估算。如果土地利用和管理数据有限，可以使用汇总数据（如粮农组织关于农田的统计数据），以及关于土地管理系统大致分布的专家知识（如中、低和高投入种植系统等）。农田管理类别必须根据气候区域和主要土壤类型进行分层，既可以基于默认或特定国家的分类，也可以通过在合适的气候和土壤地图上叠加土地利用来实现。

5.2.1.3.1 方法的选择

清单可以使用方法 1、方法 2 或方法 3 进行编制，每个方法都比前一个方法需要更多的细节和资源。各国也可能会使用不同的层级来为土壤碳的不同子类别（矿质土壤和有机土壤中的土壤有机碳库变化，以及与土壤无机碳库相关的库变化）进行估算。

1）矿质土壤

（1）方法 1

矿质土壤的估算方法是基于土壤有机碳的管理变化后有限时期内土壤有机碳库的变化。式（5-17）用于估算矿质土壤中土壤有机碳库的变化，从清查期开始时的碳库（SOC_{0-T}）中减去清查期最后一年的碳库（SOC_0），然后除以库变化因子的时间依赖性（D）。在具体计算中，必须获取有关土地利用和管理的特定国家/地区数据，将其分类为适当的土地管理系统（如高、中和低投入作物），包括耕作管理，然后按 IPCC 气候区域和土壤类型进行分层。使用默认参考碳储量（SOC_{ref}）和默认储量变化因子（F_{LU}、F_{MG}、F_I）估算期初和期末的土壤有机碳储量。

（2）方法 2

①默认方程的发展中国家特定因素。

对于方法 2，使用与方法 1 相同的基本公式 [式（5-17）]，但纳入国家特定信息以更好地指定库变化因子和参考碳库，并进一步分解气候区域、土壤类型和（或）土地管理分类。

②Biochar C 修正案。

用于生物炭碳修正的方法 2 采用自上而下的方法，其中使用生成并添加到矿质土壤中的生物炭总量估算具有国家特定因素的土壤有机碳库的变化。

③稳态方法。

方法 2 稳态方法是一个三子库稳态碳模型，它提供了一种可选的替代方法来估算仍为农田的农田中 0～30 cm 矿质土壤层中的土壤碳库变化。

稳态方法估算在土壤质地和天气定义的条件下耕作和碳输入管理活动组合产生的碳库变化。不适用于水稻种植，也不能参数化来估计由于生物炭碳修正引起的土壤有机碳库的变化。

该方法的复杂性介于方法 1 和方法 2，基于 Century 生态系统模型中 3 个土壤有机碳子库的稳态解。

与使用默认方程的方法 1 或方法 2 相比，方法 2 稳态方法将土壤有机碳细分为 3 个独立的子库，具有快速（活性子库）、中间（慢速子库），周转时间长（被动子池）。每个子池中碳的周转时间决定了碳在土壤中保留的时间长度。方法 2 稳态方法结合了气候、土壤有机碳输入、土壤特性和管理实践的空间和时间变化。但是，编译器可以在给定适当的数据集的情况下进一步开发和（或）参数化该模型，这将是第 3 层方法。

（3）方法 3

方法 3 使用动态模型和（或）详细的土壤碳库存测量作为估算年度库变化的基础。模型的估计值是使用估计土壤碳净变化的耦合方程计算。

选择合适模型的关键标准包括模型能否代表农田所有相关管理实践/系统的能力；模型输入（驱动变量）与全国输入数据的可用性兼容；并根据实验数据进行验证。也可以使用基于测量的方法开发方法 3，定期对监测网络进行采样以估算土壤有机碳库变化。

2）有机土壤

（1）方法 1

基本方法是按气候区对有机耕作土壤进行分层，并设定特定气候区的年碳损失率。将排放因子乘以土地面积，然后求和来估算年度碳排放。

（2）方法 2

对于方法 2，使用与方法 1 相同的基本方程，但纳入了国家特定信息，更准确的排放因子、气候区和（或）管理分类体系。

（3）方法 3

用于有机土壤的方法 3，采用动态模式和（或）测量网络。

5.2.1.3.2 库变化和排放因子选择

1）矿质土壤

（1）方法 1

库变化的默认时间段（D）是 20 年，管理做法库量的影响深度为 30 cm，这也是参考土壤碳库的深度。

（2）方法 2

①默认方程的发展中国家特定因素。

方法 2 需要估计特定国家的库变化因子。输入（F_I）和管理因子（F_{MG}）的推导分别基于与中等输入和集约耕作的比较，因为它们被认为是 IPCC 默认管理分类中的名义做法。如果基于实证分析和（或）经过良好测试的模型，更多分类类别中的库变化因子存在显著差异，优良做法是为更高分辨率的管理、气候和土壤类型分类推导出值。参考碳库可以从方法 2 中的国家特定数据中导出。方法 1 中的参考值对应于原生植被下未退化、未改良的土地，但方法 2 也可以选择其他参考条件。此外，评估土壤碳库变化的深度可能不同。

耕作对土壤碳储量的影响在高于耕作深度和低于耕作深度的深度下可能存在显著差异，对于准确估算耕作系统对碳库的影响包括土壤碳耕作深度以下的库数据是必要的。

但是，所有土地利用（F_{LU}、F_I 和 F_{MG}）的参考碳库（SOC_{REF}）和库变化因子的深度需要相同，以确保土地利用变化对土壤碳库的影响。

在推导 F_{LU} 和 F_{MG} 的特定国家因素时，以土壤质量当量而不是土壤体积当量（固定深度）表示碳储量，可以改进碳储量估计值。这是因为一定土壤深度的土壤质量随着与土地利用相关各种影响土壤密度的操作而变化，如连根拔除，土地平整，耕作和雨水压实。重要的是要认识到，如果用此方法，用于推导所有土地利用的库变化因子的所有土壤碳库必须基于等效质量。

②BiocharC 修正案。

参数 F_{permp} 可以基于直接从代表性生物炭样本测量的 H/Corg 或 O/Corg，或者从已公布的生物炭数据中获得，该国土壤的生物炭相似的工艺条件生产。方法 2 排放因子可以根据环境条件的变化进行分解，如气候和土壤类型，以及与产生由特定原料类型和转化过程定义的生产类型的生物炭生产方法相关的变化。

③稳态方法。

为三池稳态碳池方程提供了默认参数。还需要碳输入的平均木质素和氮含量来估计 3 个碳库的大小。

（3）方法 3

恒定库变化率因素本身不太可能估计，更可能准确地反映土地利用和管理影响的可变率。土壤生物炭修正的方法 3 因国家/地区而异，可能涉及经验或基于过程的模型，以解释生物炭修正的更广泛影响。

2）有机土壤

（1）方法 1

浅排水与森林管理排放相似，而多年生树木系统的深度排水与一年生耕作系统排放更为相似。

（2）方法 2

排放因子从方法 2 的国家特定实验数据中求出。假设新类别捕捉碳损失率中的明显差别，求出用于有机土壤和（或）更细气候区分类上特定农田土地管理类别的排放因子。

（3）方法 3

恒定库变化率因子本身的估算不太可能优于多变速率，多变速率能更加准确的反映土地利用和管理的影响。

5.2.1.4　源自生物量燃烧的非 CO_2 温室气体排放

来自仍为农田的农田中的非 CO_2 排放（特别是 CH_4、CO、NO_x 和 N_2O），通常与农业残余物的燃烧相关，后者随国家、作物和管理系统而变化。假设燃烧过程中释放的碳会在下一个生长季节被植被再吸收。因此，来自生物质燃烧的 CO_2 排放不必计算。

农业残余物就地烧除的百分比（可燃烧的燃料质量）的估算，应该考虑燃烧前动物消耗造成的残余物清除比例、田间衰减比例以及其他部门使用比例（如生物燃料、家畜饲料、建筑材料等）。这对消除重复计算的可能性来说很重要。

5.2.1.4.1　方法的选择

在方法 1 下，活动数据通常被高度分解，燃烧和排放因子选用缺省值。在方法 2 下，主要作物类型的估值按气候区所分，一般采用国家特定残余物累积率和国家特定燃烧及排放因子估值。方法 3 是包含过程建模和（或）详细测量的国家特定方法。

所有国家都应努力改进清查和报告办法，根据本国情况，尽可能地采用高层级方法。如果仍为农田的农田的燃烧是关键类别，各国应该采用方法 2 或方法 3。

5.2.1.4.2　排放因子的选择

（1）方法 1

采用方法 1 的各国应该用缺省燃烧消费值（$M_B \times C_f$）数量 M_B 和 C_f。

（2）方法 2

此方法是方法 1 的扩展，使用国家特定的可用燃料、燃烧和排放因子。各国可以根据作物生产统计资料以及作物产量和所产生残余物的比例，估算可用燃料的量。需要通过实地研究，来估算从田间清除的作物残余物（作为燃料或草料）比例和留下的不同耕作系统燃烧的残余物比例。各国应该侧重将要燃烧的主要作物或每公顷生物量和每单位土地排放水平相对高的系统（如甘蔗、棉花等）。

（3）方法 3

此方法使用基于国家特定参数的模型，采用国家清单数据，以确保没有忽略作物残余物的燃烧。在不同气候区和管理系统下，现场测量不同耕作系统就地烧除的残余物量。各国应该优先建立国家特定燃烧和排放因子，将被燃烧的最重要作物残余物作为重点。

5.2.1.4.3　活动数据的选择

（1）方法 1

活动数据包括农业残余物一般会被烧除的作物类型的土地面积估值。可以通过国家农业农村部及相关部门协商，例如，缺乏卫星图像的客观数据。各国还可以估算种植一年生作物生产的作物面积，以及每公顷的平均产量。如果不能获得国家估值，可以采用粮农组织统计资料。利用国家来源交叉检验粮农组织数据则更优。

（2）方法 2

各国应该采用按特定国家和作物管理系统中特定的残余物累积率进一步分解的面积估值（如按气候区分的主要作物类型）。其可以采用更详细的年度或定期调查估算不同作物类别土地面积。应该将面积进一步分为相关子类别，以使作物类型和气候区的所有主要组合，都有相应的面积估值。

（3）方法 3

方法 3 需要在国家以下分解精细格网尺度的高分辨率活动数据。与方法 2 类似，按主要气候及土壤类别和其他模型中使用的具有潜在重要性的区域变量（如区域管理做法的模式），将土地面积分为特定作物类型。各国应该努力获得空间明晰面积估值，以保证农田被覆盖并且面积没有被高估或低估。此外，空间明晰面积估值可以与当地相关排放率和管理影响相联系，以提高估值的精确度。

5.2.1.4.4　不确定性评估

通常会被烧除残余物的每种作物类型的种植面积估值，可能有较高的不确定性。全球作物生产的统计资料，可能是间接估算种植面积的一种方法，如果不能基于每年更新此统计资料，可能会产生极大的不确定性。田间燃烧农业残余物比例的变量可能存在很大的不确定性。例如基于国家特定参数，方法2的估值会更为精确。优良做法是提供国家特定燃烧和排放因子以及烧除面积的误差估值（即标准偏差、标准误差、范围）。

5.2.2　水稻甲烷排放

稻田甲烷的排放量是通过将不同类型稻田的面积乘以相应的稻田甲烷排放因子来计算的。这些稻田类型包括单季稻、双季早稻和双季晚稻。稻田甲烷排放因子可以使用推荐值进行计算，也可以使用过程模型 CH_4MOD 进行计算。稻田甲烷排放的计算如下：

$$E_{CH_4}=\sum EF_i \times AD_i \tag{5-22}$$

式中，E_{CH_4} —— 稻田甲烷排放总量，t；

　　　EF_i —— 稻田甲烷排放因子 kg/hm^2，缺省值见表5-4；

　　　AD_i —— 对应于该排放因子的水稻播种面积，$1\,000\,hm^2$；

　　　i —— 稻田类型，分别指单季稻、双季早稻和双季晚稻。

表 5-4　稻田甲烷排放因子　　　　　　　单位：kg/hm^2

区域	单季稻		双季早稻		双季晚稻	
	推荐值	范围	推荐值	范围	推荐值	范围
华北	234.0	134.4～341.9				
华东	215.5	158.2～255.9	211.4	153.1～259.0	224.0	143.4～261.3
中南、华南	236.7	170.2～320.1	241.0	169.5～387.2	273.2	185.3～357.9
西南	156.2	75.0～246.5	156.2	73.7～276.6	171.7	75.1～265.1
东北	168.0	112.6～230.3				
西北	231.2	175.9～319.5				

注：数据来源于省级温室气体排放清单编制指南（试行）；华北：北京、天津、河北、山西、内蒙古；华东：上海、江苏、浙江、安徽、福建、江西、山东；中南：河南、湖北、湖南、广东、广西、海南；西南：重庆、四川、贵州、云南、西藏；东北：辽宁、吉林、黑龙江；西北：陕西、甘肃、宁夏、新疆。

该排放因子基于 2005 年各大区稻田平均的有机肥包括作物秸秆和农家肥施用水平、稻田水管理方式、气候条件、水稻生产力水平、水稻单产等得到。应用于其他年份时，由于上述条件可能发生变化，排放因子会有所不同。若需要准确计算当地排放因子，可应用模型方法。在应用模型方法计算稻田中各水稻生长季甲烷排放因子时，水稻生长季 CH$_4$ 排放因子均采用 CH$_4$MOD 模型计算，该方法属于《2006 IPCC 清单指南》推荐的稻田甲烷排放方法 3。通过资料收集和处理获得不同空间单元的活动水平，即分类型稻田种植面积、数据。基本计算单元是县或地市级行政区划。每个单元需要输入相应的模型参数和变量，通过 CH$_4$MOD 运行，获得该单元的 CH$_4$ 排放量。

水稻生长季中影响稻田甲烷排放的各种主要因素在 CH$_4$MOD 模型中均被量化作为输入参数，这些因素包括：

①逐日平均气温数据：是计算水稻生长季甲烷排放的主要参数之一。这些数据通常由各地气象部门的常规气象观测提供，而对于缺乏观测数据的地区，则可利用空间分析等方法进行插补以获得数据。

②各个水稻生长季的水稻单产和播种面积：单季稻、双季早稻和双季晚稻都属于水稻的品种。通常，这些品种的单产和播种面积数据是从区域内行政单元的统计数据中获得的。根据数据的可获得性，可以利用分省、分地市、分县级行政单元或更小的行政单元进行统计，也可以将多个级别行政单元的统计数据融合在一起。

③水稻移栽和收获日期数据：在每个计算单元中，水稻的平均移栽和收获日期不同。如果计算单元的空间范围过大，以至于水稻物候差异明显，可以将该单元进一步分割，以使得单元内不同地点的水稻物候差异不超过 7 天。

④稻田有机质添加量数据：对于有机质种类和添加量信息的记录，主要涉及前茬秸秆还田量、稻田根量和留茬量、绿肥厩肥以及其他有机肥料的施用量。理论上，这些信息应该按照每个计算单元和有机质类型分别记录，但由于数据获取的限制，也可以采用更高级别行政区域的统计分析结果，并进行不确定性分析。

⑤稻田水分管理。我国稻田的水分管理相当烦琐，因为在一个生长季节中，可能会使用淹水、烤田、间歇灌溉 3 种基本方式的不同组合。为了提高稻田甲烷排放清单的可靠性，需要详细说明不同水稻生长阶段（包括移栽—分蘖盛期、分蘖—花期和花期—收获期）的水管理方式。

⑥水稻品种参数：不同水稻品种在其他条件相同的情况下甲烷排放会有差异，这种差异体现在 CH$_4$MOD 模型的品种参数取值不同。由于缺乏足够的实验数据支持对不同水稻品种的实际取值，在实际应用中取品种系数为"1"计算甲烷排放。如果有关于杂交稻甲烷排放的试验结果，品种系数就需要加以修正。

⑦稻田土壤中砂粒的百分含量：土壤质地对稻田甲烷排放的影响在 IPCC 指南中有所提及，但未给出量化的影响因子。在 CH$_4$MOD 模型中，砂粒含量被用作

土壤质地的指标。若无当地的实测土壤数据，推荐采用中国科学院南京土壤研究所的土壤数据。

在《2006 IPCC 清单指南》中，稻田水管理模式需要被归为不同类型，包括雨养、灌溉和深水等，并与稻田类型和作物轮作类型一起被用作划分稻田和计算相应排放因子的分类依据。本次研究将把稻田甲烷排放参数化为水管理参数并作为 CH_4MOD 模型的输入参数，而不再作为划分稻田的依据。一般来说，高海拔且缺乏排灌设施的田块，采用围田集雨的方式来保持水分，因此稻田处于全淹水状态；低洼的盐碱地则由于容易浸水，需要经常排干，处于间歇灌溉状态；排灌条件良好的稻田则多数采用表 5-5 中的模式 1 或模式 2。

表 5-5　我国水稻种植中的主要集中水管理模式

模式代码	模式组成	描述
1	F-D-F-M	多见于华北和华东的单季稻
2	F-D-M	多见于华南和西南的单、双季稻
3	F-M	类似模式 2，但没有明显的烤田
4	F	排灌条件欠佳的高地稻田和盐碱稻田
5	M	低洼稻田，地下水位通常较高

注：F：淹水；D：烤田；M：间歇灌溉。

5.2.3　土壤中的氧化亚氮（N_2O）排放

土壤自然产生氧化亚氮，是通过硝化和反硝化过程进行的。在硝化过程中，微生物在缺氧的条件下将氨基氧化成硝酸盐。而在反硝化过程中，厌氧微生物将硝酸盐还原成氮气（N_2），从而产生氧化亚氮作为反应序列的气体中间产物。此外，氧化亚氮还可以通过微生物细胞释放到土壤中，最终进入大气层，成为硝化的副产物。在这一反应过程中，土壤中的无机氮可供量是主要的控制因素之一。

两种间接途径排放氧化亚氮分别为：①管理土壤、化石燃料燃烧和生物量燃烧中产生的 NH_3 和 NO_x 挥发，这些气体和它们的产物 NH_4^+ 和 NO_3^- 会重新沉积到土壤和水中；②在经过淋溶和径流后，N 主要以 NO_3^- 的形式从管理土壤中释放。

（1）氧化亚氮（N_2O）直接排放

氧化亚氮（N_2O）直接排放的计算见式（5-23）：

$$N_2O_{氮肥\text{-}直接}\text{-}N=(F_{SN}+F_{ON}+F_{CR})\times EF_1 \tag{5-23}$$

式中，F_{SN} —— 农田中人造氮肥的年施用量，kg N；

F_{ON} —— 土壤中动物粪肥、堆肥、污水污泥和其他有机添加氮的年添加量，kg N；

F_{CR} —— 农田中的秸秆还田氮，包括地上秸秆还田氮和地下根氮，kg N；

EF_1 —— 氮投入农田引起的 N_2O 排放的排放因子，kg N_2O-N/kg N-in，默认值为 0.010。

（2）氧化亚氮（N_2O）间接排放的计算

农用地氧化亚氮间接排放 N_2O 间接源于施肥土壤和畜禽粪便氮氧化物（NO_x）、氨（NH_3）挥发经过大气氮沉降，引起的氧化亚氮排放 N_2O 沉降以及土壤氮淋溶或径流损失进入水体而引起的氧化亚氮排放 N_2O。

氧化亚氮间接排放计算如式（5-24）：

$$N_2O_{氮肥-挥发}\text{-}N=(F_{SN}\times Frac_{GASF}+F_{ON}\times Frac_{GASM})\times EF_2 \tag{5-24}$$

式中，$N_2O_{氮肥-挥发}$-N —— 农田氮肥施用挥发氮大气沉积的氧化亚氮间接排放，kg；

$Frac_{GASF}$ —— 农田施用化肥中含有的氮，以氨气和氮氧化合物形式挥发的化肥氮比例，kg N-vol/kg N-in，默认值为 0.11；

$Frac_{GASM}$ —— 农田施用有机肥中含有的氮，以氨气和氮氧化合物形式挥发的化肥氮比例，kg N-vol/kg N-in，默认值为 0.21；

EF_2 —— 土壤和水面氮大气沉积的氧化亚氮排放的排放因子，kg N_2O-N/kg N-vol，默认值为 0.01。

其中，淋溶渗滤造成的间接排放如式（5-25）：

$$N_2O_{氮肥-淋溶渗滤}\text{-}N=(F_{SN}+F_{ON}+F_{CR})\times Frac_{LEACH}\times EF_3 \tag{5-25}$$

式中，$N_2O_{氮肥-淋溶渗滤}$-N —— 氮肥施用基于淋溶/径流造成的 N_2O-N 间接排放，kg；

$Frac_{LEACH}$ —— 土壤中通过溶淋和径流损失的所有施加氮/矿化氮的比例，kg N-lea/kg N-in，默认值为 0.24；

EF_3 —— 土壤和水面氮大气沉积的氧化亚氮排放的排放因子，kg N_2O-N/kg N-lea，默认值为 0.011。

5.3　草地

草地覆盖地球土地表面的 1/4 左右，跨越从干旱到潮湿的各种气候条件。草地的管理程度和强度差异巨大，既有粗放型管理的牧场和热带稀树草原——牲畜存栏率和火烧状况是主要的管理变量，也有集约型管理（如施肥、灌溉、物种改良等）的连续性牧场和干草地。草地的植被一般以多年生草类为主，以放牧为主要的土地利用。

当编制草地碳清单时，各年间气候变化是需要考虑的重要因素。现存生物量每年都发生极大的变化，这与年降水量间的差别是相关的。各年间降水量的变化也可能影响诸如灌溉或肥料施用等管理决策。清单编制者需要意识到此问题，并在清单中适当地考虑这些因素。

5.3.1　仍为草地的草地

仍为草地的草地包括一直属于草地植被和牧草利用或由其他土地类别转化为草地超过 20 年的管理牧场。仍为草地的草地（GG）土地利用类别建立温室气体清单包括：估算 5 种碳汇（地上部生物量、地下部生物量、枯木、枯枝落叶和土壤有机质）中的碳库变化，以及非 CO_2 气体的排放量。该类别中温室气体排放和清除的主要来源与草地管理及管理变化相关。

5.3.1.1　生物量

永久草地的碳库受到人类活动和自然扰乱的影响，包括木材生物量的收获、草原退化、放牧、火烧、牧场恢复、牧场管理等。草地生物量的年产量会很大，但由于放牧和火烧进行的快速周转和损失以及每年草本植被的衰老，许多草地中现存的地上部生物量库极少超过每公顷数吨。在植被的木本部分、根部生物量和土壤中能够累积更大量的碳。这些池中碳库增加或减少的程度受到上文所述的各种管理做法的影响。

本部分就估算仍为草地的草地的生物量中的碳库变化提供指导意见，包括木本植被覆盖的增加，有机添加物的影响，以及管理和石灰施用的影响。有关仍为草地的草地的生物量中碳库变化的基本概念与管理做法有关联。

对于具体生态系统，因为常常缺乏有关地下部生物量的数据，所以使用基于地下部生物量与地上部生物量比例这一种简化方法。使用该方法，地下部生物量的估值与地上部生物量的估值紧密关联。因此，为了简便，将地下部和地上部生物量结合起来进行估算和报告。

虽然在概念上，草地、农田和森林间估计生物量变化所用的方法相似，但草地在很多方面都有独特性。大量草地面积会受到频繁的火烧，这会影响木本植被的丰富量，木本和草本植被的死亡和再生长，以及地下和地上部碳的划分。气候变化和其他管理活动，如树木和灌木的清除、牧场改良、植树以及过度放牧和退化等，都会影响生物量库。就热带稀树草原（有树木的草原）的木本物种而言，由于大量的多干树木、大量的灌木、空心树、高比例的直立死树、高根茎比例和矮林再生等，其异速生长关系与用于林地的不同。

（1）方法1

假设仍为草地的草地中的生物量没有发生变化。在管理类型和强度固定不变的草地中，生物量将处于大体稳定的状态（通过植物生长累积的碳大体上与放牧、分解和火烧造成的损失相抵）。在管理做法随时间发生变化（例如通过引进林牧复合体系，为放牧管理而清除树木/灌木，改进牧场管理或其他做法）的草地，碳库变化可能是显著的。如果关于草地并非关键源的假设是合理的，国家可以采用方法1关于生物量没有变化的假设。可是，如果可获的信息可确定仍为草地的草地中生物量变化率的可靠估值，甚至在仍为草地的草地并非关键源的情况下，特别是当管理方法可能变化时，国家可以采用更高层级的方法。

（2）方法2

方法2可估算管理做法引起的生物量变化。提出了估算生物量中碳库变化的两种方法。

增加—损失方法，该方法包括估算根据管理类别划分的草地面积以及生物量库的年均生长量和损失量。这需要根据以下几点估算仍为草地的面积，即不同的气候或生态带或草地类型、扰乱状况、管理制度，或其他明显影响不同草地类型的生物量碳汇和生物量生长及损失的其他因素。

库—差别方法，包括对草地面积以及对两个时间段（t_1 和 t_2）的生物量库的估算。通过将库的差额除以两次清除间的时间段（年数）得到生物量库的年均差。该方法对于开展定期清查的国家是可行的，并且可能更加适合采用方法3的国家。该方法对气候变化显著的地区并非十分适合，可能给出错误的结果，除非每年都可以进行清查。

（3）方法3

当国家存在国家特定排放因子和大量国家数据时，采用方法3更为准确。国家界定的方法可能基于草地永久样地和（或）模式的详细清单。

对于方法3，各国应该制定自己的方法学和参数，以估算生物量中的变化。采用的方法需要明确记录。

国家一级的生物量碳估值应该确定为国家草地清单，国家一级模式的组成部分，或者来自专项温室气体清单项目，遵循原则进行定期抽样。清单数据可以结合模式研究以捕捉所有草地碳汇的动态。

方法 3 提供比低层级方法更为确定的估值，并且更加突出了各个碳汇之间的联系。部分国家已经建立了扰乱矩阵，可为每种类型的扰乱提供不同池中碳重新分配的方式。

5.3.1.2 排放/清除因子的选择

估算管理引起的生物量变化所需的排放和清除因子包括：生物量生长率、生物量的损失，以及地下部生物量的扩展系数。排放和清除因子用于估算以下几个方面引起的生物量生长和损失，即草地受多年生木本植被的侵蚀、过度放牧引起的退化以及其他管理效应。

（1）方法 1

当仍为草地的草地中没有发生明显碳排放或清除时，选择方法 1。方法 1 中假设所有仍为草地的草地中的生物量是稳定的。对于草地管理或扰乱发生明显变化的国家，鼓励其按方法 2 或方法 3 制定估算该影响的国内数据并报告。

（2）方法 2

对于部分草地类别，如果不能获得国家特定或区域值，结合缺省值是更合适的方法，采用不同草地类别生物量碳库的国家级数据。生物量净增量以及从被采伐的活体树和草中转移到采伐剩余物的碳的国家特定值，以及分解率（增加—损失的情况下）或生物量库中的净变化（库—差别方法的情况下），可以从国家特定数据中获得，该数据考虑了草地类型、生物量利用率、采伐做法和采伐活动中损坏的植被量。应当通过科学研究求出各扰乱状况下的国家特定值。

（3）方法 3

方法 3 结合动态模型与生物量库变化清查测量组合。此方法本身并非简单的利用库量变化或排放因子。基于模型的方法估算排放量/清除量是以生物量储存净变化的多个方程相互作用得出的。可将模式连同类似详细森林清查中使用的基于定期抽样的库估值一起，用来估计库变化或投入量和产出量（如方法 2 中一样），以便对草原地区进行空间推断。例如，经过验证的物种特定生长模型可纳入诸如放牧强度、火烧和施肥等的管理效应，可以采用此模型与相应的管理活动数据来估算草地生物量碳库随时间的净变化。

5.3.1.3 活动数据的选择

活动数据包括仍为草地的草地的面积，按主要草地类型、管理做法和扰乱状况进行汇总。应该与草地章节中其他部分中报告的面积保持一致，特别是仍为草地的草地中死有机物质和土壤碳相关各节中的面积。如果这种信息能与国家土壤及气候数据、植被清单和其他生物物理数据一起使用，将极大便利对生物量变化的评估。

5.3.1.4 不确定性评估

本节考虑与为仍为草地的草地所作生物量碳估算有关的特定来源不确定性。碳清单中存在两种不确定性的来源：①土地利用及管理活动和环境数据中的不确定性；②下列不确定性：对于方法2碳增加和损失、库变化/排放因子中的碳库和扩展系数等项；方法3基于模式方式的模式结构/参数误差；或者基于测量清单相关的测量误差/抽样变化。一般来说，清单的精确性随着每种类别估算值抽样数的增加以及更窄的置信区间而提高，通过开发纳入国家特定信息的高层级清单更有可能会减少偏差（提高准确性）。必须计算基本不确定性评估中所用的每种国家界定术语的误差估值（标准偏差、标准误差或范围）。

清单编制者将需要处理土地利用和管理数据中的不确定性，然后使用适合的方法（如简单误差传播方程）与缺省因子和参考碳库的不确定性相结合。对于方法2，国家特定信息被纳入清单分析中，以减少偏差。评价各因子、参考碳库或土地利用及管理活动数据间的依赖性是一种更好的办法。尤其是土地利用和管理活动数据一般有很强的依赖性，因为管理做法在时间和空间上相互关联。可以采用诸如简单误差传播公式或蒙特卡罗程序等方法，结合种群变化/排放因子、参考碳库和活动数据中的不确定性，以估算生物量碳库变化的平均值和标准偏差。

方法3模型更为复杂，简单误差传播公式可能无法有效量化估值相关的不确定性。蒙特卡罗分析是可行的，但是如果模型参数过多（部分模式可能含数百个参数），此种分析可能很难实现，因为必须创建量化方差和参数间协方差的联合概率分布函数。其他方法也可行，如基于经验的方法等，该方法采用来自监测网络的测量结果，以统计方法评价测量结果与建模结果间的关联。与建模方式相反，基于测量的方法3清单中的不确定性估算，可以直接通过样本方差、估计的测量误差和其他相关不确定性源。

5.3.1.5 死有机物质

本节包含两种类型（枯木和枯枝落叶）的死有机物质池提供与死有机物质池相关的碳库变化的估算方法。

枯木是一个多样化的池，难以实地测量，转为枯枝落叶、土壤或排放到大气层中的速率存在不确定性。枯木的数量取决于最后扰动的时间、扰动时投入的量（死亡）、自然死亡率、衰减率和管理。

枯枝落叶的累积可衡量枯枝落叶年度脱落量（包括所有的树叶、细枝条及小树枝、果实、花和树皮）减去这些投入物的年分解率。枯枝落叶的质量还受最后扰乱的时间和扰乱类型的影响。管理做法也会改变枯枝落叶特性，但很少有研究能清晰记录管理对枯枝落叶碳所产生的效应。

5.3.1.5.1 方法的选择

估算死有机物质碳库的变化需要估计枯木库变化和枯枝落叶库变化。枯木池和枯枝落叶池分开处理，但估算每个池中变化的方法是相同的。

（1）方法 1

方法 1 假设枯木和枯枝落叶库处于平衡状态，因而不需要估算这些池中碳储量的变化。因此没有提供关于仍为草地的草地中死有机物质的工作表。对于农田类型、扰乱或管理状态发生明显变化的国家，鼓励按方法 2 或方法 3 建立国内数据，以量化此影响进行报告。

（2）方法 2 和方法 3

方法 2 和方法 3 可计算由管理方法引起的枯木和枯枝落叶的碳变化。建议采用两种方法估算死有机物质中的碳库变化。

增加—损失方法，此方法涉及估算草地管理类别的面积和年平均进出枯木及枯枝落叶池的转移量。这需要：①根据不同气候或生态带或草地类型、扰乱状况、管理制度，或其他明显影响枯木和枯枝落叶碳汇的因素，估算仍为草地的草地的面积；②转为枯木和枯枝落叶库的生物量的数量；③依据不同的草地类型，每公顷从枯木和枯枝落叶中转移出的生物量。

库—差别方法，此方法涉及估算草地的面积和两个时间期（t_1 和 t_2）的枯木和枯枝落叶库量。将库变化量除以两次测量间的时间段（年数），得到清查年枯木和枯枝落叶库的变化。库—差别方法对于进行草地定期清查的国家是可行的。此方法对气候变化显著的地区可能并非十分适合，除非每年都可以进行清查，否则可能给出错误的结果，此方法更适合采用方法 3 的国家。当国家存在国家特定排放因子和大量国家数据时，采用方法 3。国家界定的方法可能基于草地永久样地和（或）模式的详细清单。

5.3.1.5.2 排放/清除因子选择

碳比例：枯木和枯枝落叶的碳比例是变化的，取决于分解的阶段。木材的变化比枯枝落叶小得多，因此可以采用值为 0.5 t 碳/t 干物质的碳比例。草地中枯枝落叶的碳比例值为 0.05～0.5。如果不能获得国家特定或生态系统特定的数据，建议使用值为 0.4 的碳比例。

（1）方法 1

不需要排放/清除因子的估值，因为方法 1 中假设仍为草地的草地中的死有机物质碳库处于稳定状态。

（2）方法 2

对于部分草地类别，如果不能获得国家特定或区域值，结合缺省值采用关于不同草地类别生物量碳库的国家级数据。从被采伐的活体树和草转移到采伐剩余物的碳的国家特定值，以及分解率（增加—损失方法的情况下）或死有机物质池中的净变化（在库—差别方法的情况下），可以从国内扩展系数中获得，该系数考虑了草地类型、生物量利用率、采伐做法和采伐活动中损坏的植被量。应当通过科学研究求出关于扰乱状况的国家特定值。

（3）方法 3

对于方法 3，国家应该制定自身的估算死有机物质中的变化所需的方法学和排放因子。这些方法可能来自上文详述的方法，或者可能建立在其他方法的基础上。所采用的方法需要明确记录。

国家一级分解的死有机物质碳估值应该确定为国家草地清单，国家一级模式的组成部分，或者来自专项温室气体清单项目，遵循原则进行定期抽样。清单数据可以结合模式研究以捕捉所有草地碳汇的动态。

方法 3 提供的估值比低层级方法更为准确，并且更加突出了各个碳汇之间的联系。一些国家已经建立了扰乱矩阵，可为每种类型的扰乱提供不同池中碳重新分配的方式。模拟死有机物质碳动态平衡的其他重要参数是衰减率（可能随木材的类型和小气候条件而变化）以及现场准备程序（如控制的散烧或堆积燃烧）。

5.3.1.5.3　活动数据的选择

活动数据包括仍为草地的草地的面积、草地类型、管理做法和扰乱状况。如果这种信息能与国家土壤及气候数据、植被清单和其他生物物理数据结合使用，将极大地促进对生物量变化的评估。

5.3.2　土壤碳

本部分论述草地管理对土壤有机碳库的影响，主要通过影响净初级生产量、根部周转和根茎间碳的分配进而影响土壤碳投入及土壤碳储量。草地中的土壤碳库受到以下因素的影响，即火烧、放牧强度、肥料管理、石灰施用、灌溉、高或低产量草种的再播种以及固氮豆类的混播。此外，有机土壤上排水进行的草地管理会引起土壤有机碳的损失。

为了计算仍为草地的草地相关的土壤碳库变化，各国至少需要对清单期开始和结束时草地面积进行估计。如果土地利用和管理活动数据有限，可以使用如粮农组织关于草地的统计数据作为起点，同时可以使用国家专用的关于土地管理系统大概分布（如退化的、名义的和改良的草地/放牧体系）。必须根据气候区域和主要土壤类型将草地管理分类进行分层，这可以根据缺省或国家特定分类。

5.3.2.1　方法的选择

可采用方法 1、方法 2 或方法 3 建立清单，每一连续层需要获得比前一层更为详细的资源。各国还可以采用不同的层级编制各个土壤碳子类别的估值（矿质土壤和有机土壤中土壤有机碳库变化，以及与土壤无机碳汇相关的库变化）。

5.3.2.2　库变化和排放因子的选择

5.3.2.2.1　矿质土壤

（1）方法 1

对于方法 1，选择缺省库变化因子，包括关于土地利用因子（F_{LU}）、投入因子（F_I）和管理因子（F_{MG}）的值。草地中缺省库变化因子的时间依赖（D）为 20 年，代表了管理对 30 cm 深处的影响。参考库估值为土壤顶层 30 cm 处的库值，与缺省库变化因子的深度增量保持一致。

（2）方法 2

国家特定库变化因子的估算，对于提高方法 2 中建立的清单来说是一种重要的改进投入因子（F_I）和管理因子（F_{MG}）的求导分别基于名义管理草地与中等投入的试验性比较，因为它们被认为是 IPCC 管理系统缺省分类计划的名义做法。如果基于经验分析，更加细分的类别间库变化因子有显著的差别，优良做法是求出管理、气候和土壤类型的更详细分类计划的值。在方法 2 中，也可以从国家特定数据中求出参考碳库。

（3）方法 3

恒定库变化率因子本身的估算不太可能优于多变速率，更可能得到更为准确反映土地利用和管理影响的可变化率。

5.3.2.2.2　有机土壤

（1）方法 1

对于方法 1，选择排放因子，估算与有机土壤排水相关的碳损失的。

（2）方法 2

方法 2 的排放因子是从国家特定实验数据中得出的。对于有机土壤和（或）更细气候区域分类，假设新类别反映碳损失率中的明显差别，推导排放因子是一种更好的方法。

（3）方法 3

恒定库变化率因子本身的估算不太可能优于多变速率，更可能得到更为准确的反映土地利用和管理影响的可变化率。

5.3.2.3 不确定性评估

土壤碳清单中存在三大类不确定性来源：①土地利用及管理活动和环境数据中的不确定性；②如果采用方法 1 或方法 2（仅矿质土壤）时参考土壤碳库中的不确定性；③有关方法 1 或方法 2 库变化/排放因子中的不确定性，方法 3 基于模型方式的模式结构/参数误差，或者与方法 3 基于测量清单相关的测量误差/抽样变率。一般来说，清单的精确性随着三大类估算值抽样数的增加而提高（而置信区间变小）。此外，建立纳入国家特定信息的高层级清单很可能会减少偏差（提高准确性）。

5.3.3 来自生物量燃烧的非 CO_2 温室气体排放

仍为草地的草地中生物量燃烧产生的非 CO_2 排放主要来自"稀树草原"的燃烧，主要发生在热带和亚热带地区。然而，世界上其他地方的草地和木本群落也会遭受火烧，这主要是管理做法的结果，因此产生的非 CO_2 排放也应报告。

5.3.3.1 方法的选择

（1）方法 1

方法 1 是基于高度汇总的数据以及缺省燃烧和排放因子。如果用于燃烧的燃料质量（M_B）的数据不能获得，各国应使用关于消耗燃料质量的缺省数据。

（2）方法 2

方法 2 是方法 1 的延伸，纳入了分解更细的面积估值（按植被类型、亚类）以及用于每一层的国家特定的燃烧和排放因子估值。经过完善的抽样设计分析，有足够的时空分辨率来估计燃烧面积。如果燃烧发生在一年中的某个特定时期（可延续数月），在热带地区定期获取数据尤为重要。估算燃烧面积时，重要的是要捕捉燃烧面积逐月的变化。

（3）方法 3

方法 3 应以具有算法的模型为基础，利用中等来源和中等空间分辨率的卫星数据生成燃烧面积的区域比例尺地图。应用实地观测扩充的高空间分辨率的数据验证有关结果，并根据验证结果和操作用户反馈的信息完善结果。设计一种产生燃烧面积估值的抽样方式。各国应尽可能地将仍为草地的草地面积以及相应的燃烧和排放因子进行分层。方法 3 应提供生物量燃烧对所有池（包括地下部生物量）影响的估值（流量）。

5.3.3.2　排放因子选择

（1）方法 1

尽管方法 1 的数据通常被高度汇总，各国应根据受生物量燃烧所影响的草地面积按植被类型（灌木地、稀树草原林地、稀树草原草地）以及根据燃烧的时期（旱季初期或旱季中期/晚期）进行分层。如果草地按植被类型和亚类（如稀树草原公共用地、稀树草原林地）进行分层，各国可利用生物量燃烧缺省值，这些值提供了可获燃料和生物量实际燃烧比例之积的估值。

（2）方法 2

各国利用方法 2 应使用为每种草地类型（灌木地、稀疏草原林地、稀疏草原草地）和子类别（如果适用）所制定的国家特定燃烧和排放因子。

（3）方法 3

各国利用方法 3 应建立估算燃烧面积的算法，用实地观测的数据验证结果并与产品用户协商。

5.3.3.3　活动数据的选择

（1）方法 1

对于方法 1，仅需的活动数据为仍为草地的草地中生物量燃烧所影响的面积。如果不能获得关于燃烧面积的国家数据，可使用来自全球火烧地图的数据。可是，需要注意的是，由于作为全球地图数据来源的卫星遥感器的固有限制，全球火烧数据仅代表在时空内发生的全部火烧的一部分。另外，各国也可以将领土内草地的面积乘以估算的年度燃烧草地的比例，并将估算的面积在仍为草地的草地和转化为其他土地利用的草地间进行分配。

（2）方法 2

此方法是方法 1 的延伸，纳入了关于受生物量燃烧影响分解更细的面积数据。应根据不同草地植被类型（如灌木地、稀疏草原草地、稀树草原林地等）和亚类将草地面积进行分层。应确定国家对燃烧面积的估值。如果不存在可靠的国家数据，各国可依赖于全球火烧地图，但应努力评估火烧地图依据的特定抽样，更重要的是，要评估观测的特定抽样是否受任一系统或非系统偏差的影响。应使用一般利用不同抽样策略的不同数据来源估算总燃烧面积。另外，应用验证数据集对燃烧面积进行比较。

（3）方法 3

方法 3 需要在国家以下级分解到精细格网尺度的高分辨率活动数据。与方法 2 相似，应按将在模式中使用的特定植被类型和亚类对草地面积进行分类。如果可能则利用空间明晰的面积估值，以确保草地的完整覆盖并确保面积不被高估或低估。而且，空间显式的面积估值可以与当地相关排放和燃烧率相关联，以提高估值的准确性。如果用实地测量验证了结果，过程模式的使用应提供更准确的燃烧面积估值。验证需要足够的代表性测量。

5.3.3.4 不确定性评估

仍为草地的草地中生物量燃烧产生的非 CO_2 排放估算有几种不确定性来源。例如，稀疏草原包括禾草、灌木、多刺高灌丛和疏林地的不均匀镶嵌。这些类别间的火烧特性有着极大差异，因此植被群落的分类将导致更高的不确定性。

生物量燃烧中实际燃烧的燃料比例（燃烧因子）在生态系统间，不同的火烧活动之间，不同年份之间，以及不同文化背景之间均存在着极大差异，这可以用来衡量耕作方法的差异。对于某个特定的火烧活动、年份和（或）文化背景的测量结果，在没有可靠依据的情况下，无法将其可信地外推到其他区域、年份或生物群落范围。

估算生物量燃烧对微量气体排放的贡献会产生不确定性，主要原因在于燃烧面积的范围、火烧的强度以及扩散的速率，特别在热带生态系统中。准确性的估值差别很大，基本上取决于燃烧面积、现有氧化燃料的比例和可用的生物量燃料估值的准确性。燃烧面积的估值的不确定性变化明显取决于所采用的方法学，如当采用极高分辨率的遥感方法时，不确定性可能为20%左右，而利用全球火烧地图可能导致高达2倍的不确定性。估算较大区域火烧产生的温室气体排放的不确定性，即便使用可靠的国家特定数据，都可能至少为50%，当仅使用缺省数据时至少为2倍。

5.3.4 完整性、时间序列、质量保证/质量控制和报告

5.3.4.1 完整性

（1）方法1

对于方法1而言，完整的草地清单包括3个要素：①已经估算了清查期内所有转化为草地的土地和仍为草地的草地上生物量燃烧引起的碳库变化和非 CO_2（CH_4、CO、N_2O、NO_x）的排放；②库存分析解决方法1说明的所有管理做法的影响；③分析考虑了影响排放和清除的气候和土壤变化（如为方法1所述）。

后两种要素要求将管理系统分配到草地面积中，并按气候区域和土壤类型分层。各国对生物质和土壤库使用相同的面积分类是一种良好做法（如在这些源类别需要分类的情况下）。这将确保一致性和透明性，能够有效地利用土地调查和

其他数据收集工具，并能够明确说明生物量和土壤池中碳库变化以及生物量燃烧产生的非 CO_2 排放之间的联系。

对于生物量和土壤碳库的估算，草地清查应该考虑土地利用变化（转化为草地的土地）和管理的影响。然而在某些情况下，活动数据或专家知识可能不足以估算诸如林牧管理程度和类型、肥料管理、灌溉、放牧强度等管理做法产生的影响。在这种情况下，各国可进行仅涉及土地利用的清查，但是结果是不完整的，为了保持透明性，在报告文件中必须明确标明遗漏的管理做法。如果有遗漏，优良做法是收集关于未来库存管理的额外活动数据，特别是如果生物量或土壤碳是关键源类别时。

如果认为某些温室气体排放和清除不重要或在一段时间内保持不变，可以不计算某些草地面积的碳库变化，如没有管理或土地利用变化的非木本作物草地。在这种情况下，优良做法是各国就这些遗漏的原因提供证明文件并做出解释。

对于生物质燃烧，应报告管理草地上所有受控燃烧和野火产生的非 CO_2 温室气体。这包括林地到草地转化，其中可供燃烧的燃料量相比于其他土地利用类别更多；死有机物质燃烧和清除的树木生物量产生的排放应包括在估值中。稀树草原燃烧是来自生物量燃烧的非 CO_2 排放的一大来源。如果在清查报告期中发生野火的未管理土地转变成了管理土地，应报告生物质燃烧情况。

实际燃烧面积的估算对于非 CO_2 温室气体排放的可靠计算至为关键。需要用地面数据严格检测来自遥感的燃烧面积估值，以确保燃烧面积被准确估算。对于估算具体国家的燃烧面积而言，区域平均统计资料的使用可能是非常不可靠的。

草地中如果火烧管理正好打破草与木本植被间的平衡，在短期内将等量的碳重新固定到生物质可能无法平衡火烧中排放的 CO_2。在这种情况下，还应报告燃烧引起的 CO_2 的净排放。

（2）方法 2

完整的方法 2 清单与方法 1 有相同的要素，但是纳入了国家特定数据，以估算碳储量变化因素、参考土壤碳库、生物量密度估值（燃料载量）以及燃烧和排放因子；以建立气候说明和土壤类别；以及改进管理系统分类。此外，对于方法 2 清单适合纳入每一组分的国家特定数据。如果国家特定数据与方法 1 缺省值相结合，清单仍然被视为是完整的。

（3）方法 3

除了考虑方法 1 和方法 2，方法 3 清单的完整性将取决于国家特定评估系统的组成部分。实际上，方法 3 清单可能更可以充分说明来自草地的排放和清除，应使用更为精细的气候、土壤、生物量燃烧和管理系统的数据。

5.3.4.2　制定一致的时间序列

（1）方法 1

对于评估排放和清除趋势而言，一致的时间序列至关重要。为了保持一致性，编制者应该在整个清查时期中选用相同的分类和因子，包括气候、土壤类型、管理系统分类，碳库变化因子、参考土壤碳库、生物量密度估值（燃料载量）、燃烧因子和非 CO_2 排放因子。所有这些组分都有缺省值，所以一致性应该不成问题。此外，土地基础也应该长期保持一致，除了转化为草地的土地或转化为其他土地利用的草地。

在整个报告时间和时期中，各国应尽可能采用一致的数据来源，以涉及土地利用、管理和生物量燃烧的活动数据。抽样方法如果被使用，应该在清查期中保持以确保一致的方法。如果创建了子类别，各国应透明地记录对它们如何定义，并在整个清单中一致应用这些子类别。

在部分情况下，随着新信息的获得，活动数据来源、定义或方法可能会随时间而改变。清单编制者应确定数据或方法变化对趋势的影响。

对于碳库变化，生成一致时间序列的一个重要要素是，确保先前报告时期中估算的转化为草地的土地的碳库与当前报告时期中仍为草地的土地所报告的库状态之间的一致性。例如，如果在先前报告时期中从林地转化为草地的土地上 10 t 地上部活生物量转化为死有机物质池，本阶段的报告必须假设那些土地的死有机物质池中的初始碳库为 10 t。

（2）方法 2

除了方法 1 所讨论的问题，还有与国家特定信息相关的其他考虑。优良做法是在整个清单中应用从国家特定信息中得出的新因子值或分类，并重新计算时间序列。否则，碳库或生物量燃烧产生的排放的正趋势或负趋势，可能部分源于时间序列中某点的清单方法产生的改变，因而不能代表真实的趋势。

如果无法获得整个时间序列的新的国家特定信息。优良做法是证明活动水平改变与更新的国家特定数据或方法所产生的影响。

（3）方法 3

与方法 1 和方法 2 相似，优良做法是在整个时间序列中应用国家特定估算系统；清查机构应该在整个清查期中使用相同的测量程序（如抽样策略、方法等）和（或）模型。

5.3.4.3 质量保证和质量控制

（1）方法 1

对草地清单数据实施质量保证/质量控制的内部评审和外部评审是一种很好的做法。内部评审应该由负责清查的机构进行，而外部评审由没有直接涉足清单编制的其他机构、专家和组织进行。

内部评审应该集中于清单实施过程，以确保：

①已经将活动数据按气候区域和土壤类型进行了合适的分层；

②管理分类/描述已经应用得当；

③已经将活动数据适当地记录到工作表或清单计算软件中；

④已经适当地分配了库变化因子、参考土壤碳库、生物量密度（燃料载量）以及生物量燃烧和排放因子。

质量保证/质量控制措施可包括直观检查以及核查数据输入及结果的订入计划的检查功能。汇总统计资料也会有用，如将工作表中的分层面积相加，以确定它们是否与土地利用统计资料保持一致。总面积在清查期内应该保持不变，而分层面积应该仅随土地利用或管理分类而变化（气候和土壤面积应该保持不变）。

外部评审需要考虑清单方法的可靠性、清单文件的完整性、方法说明和整体透明性。重要的是评估管理草地总面积是否真实，综合考虑领土内草地的总面积。交叉检验不同土地利用类别（林地、农田、草地等）的面积估值也是必要的。最终，各个部门的一国整个土地基础的总和在清查期中的每一年间必须相等

对于生物质燃烧，应特别注意每年燃烧面积的国家特定估值。当估算的燃烧面积来自全球数据集时，重要的是采用实地数据或高分辨率遥感数据验证相关信息。

（2）方法 2

除了方法 1 下的质量保证/质量控制措施，清查机构还应该审查国家特定气候区域、土壤类型、管理系统分类、碳库变化因子、参考碳库、生物量密度（载量燃料）、燃烧因子和（或）生物量燃烧的非 CO_2 排放因子。如果采用基于直接测量的因子，清查机构和外部评审人员应审查测量结果，以确保它们代表环境和土壤管理条件的实际范围，而且是按照公认的标准制定的（IAEA，1992）。如果可行的话，优良做法是将国家特定因子与其他情况可比国家所用的方法 2 库变化、燃烧和排放因子以及 IPCC 缺省值进行比较。

鉴于排放和清查趋势的复杂性，专家参与外部审查，以核查国家特定因子和（或）分类。

（3）方法 3

除了方法 1 和方法 2 所列的，国家特定清单系统将可能需要额外的质量保证/质量控制措施，但这将取决于所建立的系统。优良做法是建立国家高级清单系统的特定质量保证/质量控制程序，将报告存档，并将总合结果纳入报告文件。

5.3.4.4 报告及归档

（1）方法 1

一般来说，优良做法是记录和存档生成国家排放清单估值所需的所有信息。对于方法 1，清单编制者应该记录草地中的活动数据趋势和不确定性。主要活动包括土地利用变化、生物量燃烧、林牧复合方法的使用、放牧强度、矿肥或有机添加物的使用、灌溉方法、石灰施用、与豆科作物混播或栽种产量更高的种类和生物量燃烧（野火和受控火）。

将诸如农业普查数据、燃烧记录和畜牧业统计资料等的真实数据库和产生数据所用的程序（如统计程序）存档是一种很好的方式；分类或汇总活动数据所用的定义；以及将活动数据按气候和土壤类型进行分层所用的程序。应该将为产生结果所制作的输入/输出文件和工作表或清单软件一起存档。

当活动数据不能直接从数据库中获得或组合多种数据集时，应该说明求出活动数据所用的信息、假设和程序。此文件中应该包括数据收集和估算的频率以及不确定性。应记录专家知识的使用情况，其通信应进行存档。

记录和解释生物量和土壤碳库的趋势，以及按土地利用和管理活动分类的生物量燃烧产生的排放。生物量库的变化应该直接与土地利用、林牧复合做法的变化或木本植物侵蚀情况联系起来，而土壤碳库趋势可能源于上文描述的土地利用或关键管理活动的转变。生物量燃烧产生的排放将取决于受控燃烧和野火的程度及频率。应解释各年间排放的重大波动。需要纳入以下相关文件：清单完整性、与时间序列一致性或其缺失相关事项和质量保证/质量控制方式及结果的概要。

（2）方法 2

除了考虑方法1，清单编制者还应记录国家特定碳库变化因子、参考土壤碳库、生物量密度估值（载量燃料）、生物量燃烧的燃烧和排放因子、管理系统分类、气候区域和（或）土壤类型的基础。此外，将估算国家特定值所用信息的元数据和数据来源进行存档。

报告文件应包括新因素（平均值和不确定性），在清单报告中包括国家特定因子与方法1缺省值的差别以及来自报告国家情况相似区域的方法2因子的讨论。如果对不同年份利用不同的排放因子、参数和方法，应解释这些变化的理由并记录归档。此外，清查机构应该说明关于管理、气候和（或）土壤类型的国家特定分类，并且建议将清单估值中基于新分类的改进成文归档。例如，草地条件可能被细分为方法 1 分类（普通、改良、退化和重度退化）外的其他类别，但是只有新类别间的库变化或排放因子有很大不同，进一步的细分才会改善清单估算。

当讨论排放和清除趋势时，应区分每年活动水平变化与方法变化，并记录这些变化的原因。

（3）方法 3

方法 3 需要与较低层级方法相似的关于活动数据和排放/清除趋势的文件，但应包括额外文件以解释国家特定估算系统的基本依据和框架。对于基于测量的清单，将抽样设计、实验程序和数据分析技术记录归档。应将测量数据与数据分析结果一起存档。对于采用模式的方法 3，记录模型版本并提供模型描述，以及所有模型输入文件、源编码和执行程序的永久档案副本。

5.4　湿地

本部分提供了管理湿地中温室气体排放的估算和报告指南。湿地包括全年或一年中部分时间被水覆盖或浸透，且不属于林地、农田、草地类别的任何土地。管理湿地仅限于地下水位经过人为改变（如排水或抽水）的湿地，或人类活动（如拦河筑坝）营建的湿地。未估算未管理湿地中产生的排放。以下为该活动的方法学：

能源、园艺或其他用途进行泥炭开采而清除和排水的泥炭地，包含了园艺泥炭使用产生的排放。

能源生产、灌溉、航行、休闲进行储水或蓄水。当前的评估范围包括所有转变为永久水淹地的土地中产生的 CO_2 排放。水淹地不包括调节的湖泊和河流，除非其水面积出现了显著增加。

湿地中 CO_2 的总排放估算为两种管理湿地类型产生的排放的总和，见式（5-26）：

$$CO_{2\text{-W}} = CO_{2\text{-W 泥炭}} + CO_{2\text{-W 水淹}} \tag{5-26}$$

式中，$CO_{2\text{-W}}$ —— 湿地中的 CO_2 排放，$Gg\ CO_2$/年；

$CO_{2\text{-W 泥炭}}$ —— 泥炭生产管理的泥炭地中的 CO_2 排放，$Gg\ CO_2$/年；

$CO_{2\text{-W 水淹}}$ —— 来自（土地转化为）水淹地中的 CO_2 排放，$GgCO_2$/年。

由于有机土壤、浸透土壤和水覆盖表层的性质，CO_2 估算方法通常依赖于排放因子的制定和灌水之前土地生物量库的信息。部分活动（如植被清除，以及随后在转化为泥炭采掘的土地上进行的燃烧）中产生的排放，可以估计为碳库的变化进行估算。

5.4.1 管理泥炭地

泥炭在湿地中积累时，死有机物质的年生产量超过衰减量。泥炭沉积的格局随着气候和水文的变化而变化，任何地区泥炭地类型的演替都可能很复杂。每年的碳固存可能仅为 $20\sim50\ kg/hm^2$，与作物收获产量相比，这是相当小的。大多数沉积的泥炭已累积了数千年，其中许多泥炭是在 8 000 年前最后一次冰河期冰川退缩之后开始累积的。

泥炭地区的生产周期包括以下 3 个阶段：

①为泥炭开采准备土地转化：转化以建造主要和次要排水沟渠开始，使水从该地区中排出。一旦地下水位开始降低，表层生物量，包括所有树木或灌丛，以及产生泥炭植被的活体层，会被移走和破坏。这一阶段可能持续数年。也可在之前为其他目的而排水的地区建立泥炭开采区。一般来说，这只需要对排水方式进行一些改进或完善。该过程中主要的温室气体流量为生物量清除以及排水泥炭衰减所产生的 CO_2 排放。

②开采：一种类型的开采是每年将泥炭表面"磨细"或打碎成颗粒状，然后在夏季月份中风干。收集风干的泥炭颗粒，并从开采地转运到储藏堆。一种较老的方式是开采是将泥炭沉积的表面切割为小块，以使其变干。不论采用何种开采技术，变干的速度和年泥炭生产量随着干旱天气条件频率而增加。开采过程可能持续 $20\sim50$ 年，才能达到泥炭沉积的经济深度。此阶段中产生的主要温室气体排放来自现场（排水、外露的泥炭）和离场（别处的泥炭采掘和使用）的泥炭衰减所产生的排放。由于正在开采的泥炭地产生的排放与土地转化为泥炭开采产生的排放，在程度和类型上有很大差异，开展泥炭工业的国家应将其管理的泥炭地相应地分开。

③撂荒、恢复或转为其他土地利用：如果从沉积中开采泥炭不再获利时，将停止泥炭开采。一般来说，只要土地未转化成另一种用途，这些土地中继续排放温室气体。由于没有恢复泥炭地中温室气体排放和清除的估算方法，存在大量恢复泥炭地的国家可考虑开发或收集科学信息以支持建立温室气体的评估方法。

5.4.1.1 仍为泥炭地的泥炭地

本部分论述现行泥炭开采过程中泥炭地产生的排放。泥炭的使用范围分布广泛，大约一半的泥炭用于能源；其他的泥炭用于园艺、景观、工业废水处理和其他目的。从沉积中开采泥炭的技术都类似，无论泥炭的最终用途如何，温室气体的所有现场排放源均应报告在此类别中。

5.4.1.1.1 仍为泥炭地的 CO_2 排放

估算进行泥炭开采的土地中产生的 CO_2 排放包含两个基本要素：在开采阶段来自泥炭沉积的现场排放，以及泥炭的园艺（非能源）用途中的离场排放。泥炭开采从植被清除开始，防止进一步的碳固存，因此仅考虑 CO_2 的排放。

5.4.1.1.1.1 泥炭开采过程中泥炭地中产生的 CO_2 排放

$$CO_2\text{-}_{WW\,泥炭}=\left(CO_2\text{-}C_{WW\,泥炭离场}+CO_2\text{-}C_{WW\,泥炭现场}\right)\times\frac{44}{12} \qquad (5\text{-}27)$$

式中，$CO_2\text{-}_{WW\,泥炭}$ —— 进行泥炭开采的土地中产生的 CO_2 排放，$Gg\ CO_2/年$；

$\quad CO_2\text{-}C_{WW\,泥炭离场}$ —— 园艺用途进行的泥炭清除中产生的离场 $CO_2\text{-}C$ 排放，$Gg\ C/年$；

$\quad CO_2\text{-}C_{WW\,泥炭现场}$ —— 排水泥炭沉积中的现场 $CO_2\text{-}C$ 排放，$Gg\ C/年$。

离场 $CO_2\text{--}C$ 排放与开采和清除的泥炭的园艺（非能源）用途相关。用于能源的泥炭中产生的离场排放应报告在能源部门，因此不包括在这里。

无论泥炭的最终用途如何，用于估算现场排放的方法、排放因子和活动数据的选择可相同，只要数据按泥炭类型分类，这与营养水平（富与贫）密切相关。

5.4.1.1.1.2 方法的选择

（1）方法 1

缺省方法包括现场 CO_2 排放（泥炭生产阶段没有区别）和泥炭的园艺用途。

管理泥炭地中的 $CO_2\text{-}C$ 排放

$$CO_2\text{-}C_{WW\,泥炭}=CO_2\text{-}C_{WW\,泥炭离场}+CO_2\text{-}C_{WW\,泥炭现场} \qquad (5\text{-}28)$$

式中，$CO_2\text{-}C_{WW\,泥炭}$ —— 管理泥炭地中的 $CO_2\text{-}C$ 排放，$Gg\ C/年$；

$\quad CO_2\text{-}C_{WW\,泥炭现场}$ —— 泥炭沉积中的现场排放（所有生产阶段），$Gg\ C/年$；

$\quad CO_2\text{-}C_{WW\,泥炭离场}$ —— 园艺用途进行的泥炭清除中产生的离场排放，$Gg\ C/年$。

式（5-28）适用于管理泥炭地的总面积，包括正转化为泥炭地的土地和撂荒的泥炭地，除了撂荒泥炭地已经转为另一种用途，这种情况下排放应属于新的土地利用方式，如农田或林地。

仅考虑生物质清除产生的排放。当管理泥炭地的总面积增加时，会发生向泥炭地的转化。为泥炭开采进行的泥炭地的转化包括对植被的清理和清除。对式（5-28）中的术语 $\Delta C_{WW\,泥炭\,B}$ 中的 ΔC 转化的估算方法进行估算，假设管理泥炭地中活体生物量碳库的其他变化为零。

$$CO_2\text{-}C_{WW泥炭现场}=[(A_{泥炭富}\cdot EF_{CO_2泥炭富})+(A_{泥炭贫}\cdot EF_{CO_2泥炭贫})/1\,000]+$$

$$\Delta C_{WW泥炭B} \tag{5-29}$$

式中，$CO_2\text{-}C_{WW泥炭现场}$ —— 泥炭沉积中的现场CO_2-C排放（所有生产阶段），Gg C/年；

$A_{泥炭富}$ —— 泥炭开采（所有生产阶段）管理的富营养泥炭土壤面积，hm^2；

$A_{泥炭贫}$ —— 泥炭开采（所有生产阶段）管理的贫营养泥炭土壤面积，hm^2；

$EF_{CO_2泥炭富}$ —— 用于为泥炭开采管理或泥炭开采之后进行撂荒的富营养泥炭土壤中的CO_2排放因子，t C/（hm^2·年）；

$EF_{CO_2泥炭贫}$ —— 用于为泥炭开采进行管理或泥炭开采之后进行撂荒的贫营养泥炭土壤中的CO_2排放因子，t C/（hm^2·年）；

$\Delta C_{WW泥炭B}$ —— 植被清邑引起的生物量碳库变化所产生的CO_2–C 排放，Gg C/年。

通过将年泥炭生产量的数据（体积或风干重量）换算为碳的重量求出离场排放估值［式（5-30）与式（5-31）］。假设在开采年释放园艺泥炭中所有的碳。在较高层级方法中，各国可修改此假设。

$$CO_2\text{-}C_{WW泥炭离场}=(Wt_{干泥炭}\cdot C_{比例重量-泥炭})/1\,000 \tag{5-30}$$

$$CO_2\text{-}C_{WW泥炭离场}=(Vol_{干泥炭}\cdot C_{比例材积-泥炭})/1\,000 \tag{5-31}$$

式中，$CO_2\text{-}C_{WW泥炭离场}$ —— 园艺用途进行的泥炭清除中产生的离场CO_2–C排放，Gg C/年；

$Wt_{干\text{-}泥炭}$ —— 开采泥炭的风干质量，t/年；

$Vol_{干\text{-}泥炭}$ —— 开采泥炭的风干体积，m^3/年；

$C_{比例重量\text{-}泥炭}$ —— 泥炭风干重量的碳比例，t C/t风干泥炭；

$C_{比例体积\text{-}泥炭}$ —— 泥炭风干体积的碳比例，t C/m^3风干泥炭。

（2）方法2

采用国家特定排放因子和参数进行计算，按空间分解以反映区域内重要做法和主要生态动态。合适的做法是，依据开采方法（如用来弄干和开采泥炭的技术）、受先前植被覆盖影响的泥炭肥力和组成，以及当地气候下风干泥炭的碳比例，将活动数据和排放因子进一步划分。一般来说，泥炭地的排水导致泥炭压实、沉陷、氧化和除CO_2以外的碳损失。顶层泥炭（上层，泥炭中的耗氧层）易受水汽含量体积的季节性变化影响，特别是当泥炭结构已经改变时。因此，测量泥炭土壤中的碳库变化很困难，而且不可能准确估算这些土壤中产生的CO_2流量，除非这些数据经过了认真校准，否则不建议实际测量。

包括将泥炭开采正转化的泥炭地区分于已开始生产商业性泥炭的泥炭地。应注意避免重复计算生物量清除中产生的 CO_2 排放。

（3）方法 3

方法 3 涉及管理泥炭地上 CO_2 排放和清除动态的全面理解，包括以下因素的效应：场地特征、泥炭类型和深度、开采技术，以及泥炭开采阶段。方法学包括所有已知的 CO_2 现场排放源。公式中的术语 CO_2-$C_{WW 泥炭转化}$ 指土地利用过程中产生的排放，包括生物量碳库和土壤排放的变化。术语 CO_2-$C_{WW 泥炭开采}$ 对应于方法 1 中要报告的现场排放（缺生物量术语，现在包括在 CO_2-$C_{WW 泥炭转化}$ 中）。风干泥炭堆集中产生的排放更为不确定（可变的 CO_2-$C_{WW 泥炭堆集}$）。较高的温度可引起储藏堆比挖掘场地释放更多的 CO_2，但目前数据尚不足以提供相关指南。撂荒泥炭地中产生的 CO_2 排放（CO_2-$C_{WW 泥炭之后}$）的趋势随着恢复技术以及土壤呼吸和植被再生长速度而变化。因此这些排放趋势取决于特定地点。和方法 2 一样，建议不要直接测量土壤碳库的变化。存在大量泥炭开采工业和恢复活动的国家应将 3 种 CO_2 现场排放源分别记录。

管理泥炭地中的现场 CO_2-C 排放（方法 2 和方法 3）计算见式（5-32）：

$$CO_2\text{-}C_{WW 泥炭现场} = (CO_2\text{-}C_{WW 泥炭转化} + CO_2\text{-}C_{WW 泥炭开采} + CO_2\text{-}C_{WW 泥炭堆集} + CO_2\text{-}C_{WW 泥炭之后})$$

$$(5\text{-}32)$$

式中，CO_2-$C_{WW 泥炭现场}$ —— 泥炭沉积中产生的现场 CO_2-C 排放，Gg C/年；

CO_2-$C_{WW 泥炭转化}$ —— 泥炭开采进行转化的土地中产生的现场 CO_2–C 排放，Gg C/年；

CO_2-$C_{WW 泥炭开采}$ —— 泥炭开采区表层中产生的 CO_2-C 排放，Gg C/年；

CO_2-$C_{WW 泥炭堆集}$ —— 离场清除之前泥炭堆集中产生的 CO_2-C 排放，Gg C/年；

CO_2-$C_{WW 泥炭之后}$ —— 已转换撂荒土壤中产生的 CO_2-C 排放，Gg C/年。

5.4.1.1.2 仍为泥炭地的泥炭地中产生的非 CO_2 排放

（1）甲烷

当泥炭地排干准备开采泥炭时，自然产生的 CH_4 大量减少，但不能完全停止，因为产 CH_4 细菌仅在厌氧条件下大量繁殖。方法 1 假设把这些排水泥炭地中产生的 CH_4 排放忽略不计。在较高层级，鼓励各国审查地形较低和排水沟渠中产生的 CH_4 排放模式，这些排放在管理泥炭地产生的温室气体总排放中占很大比例。

（2）氧化亚氮

根据立地肥力，泥炭沉积中可含大量惰性有机氮。排水允许细菌将氮转化成硝酸盐，然后淋溶入地表并还原为 N_2O。在排水泥炭地中，可能释放的 N_2O 的数量取决于泥炭中的氮含量。当碳氮比超过 25 时，可认为 N_2O 排放微不足道。

目前，没有估算方法可以将园艺泥炭在离场使用过程中的有机物质衰减中分离出 N_2O 排放。氮肥通常在使用前添加到园艺泥炭中，可能是 N_2O 排放中的主要来源。为了避免重复计算肥料使用中释放的 N_2O，估算泥炭开采进行管理的土地中产生的 N_2O 排放的缺省方法，不包括园艺泥炭中有机氮衰减产生的排放。

估算排水湿地产生的 N_2O 排放的方法，类似为农业或林业排水有机土壤所介绍的方法，然而排放因子的值通常较低。缺省方法仅考虑富营养泥炭地。

$$N_2O_{WW泥炭开采}=（A_{泥炭富}·EF_{N_2O-N泥炭富}）×44/28×10^{-6} \tag{5-33}$$

式中，$N_2O_{WW泥炭开采}$——泥炭开采管理的泥炭地中产生的直接 N_2O 排放，$Gg\ N_2O$/年；

$A_{泥炭富}$——泥炭开采管理的富营养泥炭的土壤面积，包括仍进行排水的撂荒区域，hm^2；

$EF_{N_2O-N泥炭富}$——排水富营养湿地有机土壤的排放因子，$kg\ N_2O-N/（hm^2·年）$。

5.4.1.1.3　不确定性评估

对于 CO_2 和 N_2O 而言，方法 1 中估算的关键不确定性为缺省排放因子，以及如风干泥炭的水汽含量等其他参数。排放因子和参数仅根据不足 10 个数据点建立，这些数据点在温带和北温带地区，可能无法代表大的面积或气候区。排放因子的标准偏差易超过均值的 100%，但是基础概率函数有可能是非正态的。泥炭比重以及其持水量的可变性是此不确定性的重要组分。依据泥炭特征，各年间降水量的变化可将有机质衰减率改变 25%～100%。泥炭水汽含量和泥炭质量的变化促成风干泥炭碳含量不确定性的 20%。一般来说，鼓励各国使用范围而不是标准偏差。

许多有机土壤已经进行排水并转化为其他利用，如农业或林业生产。这些土壤常常位于更高肥力的土地上，因此排放因子值也较高。除了排水，管理活动还会改变土壤层有机质的分布，因而影响温室气体的排放格局。因此，预期不同，土地管理做法下有机土壤中的 CO_2 的排放模式均不相同。当制定了国家特定因子时，各国应使用足够的样本大小和技术，将标准误差降到最低。理想的是，求出所有国家界定的参数的概率密度函数（提供平均值和方差估值）。

5.4.2　水淹地

水淹地被定义为人类活动导致水覆盖面积发生变化的水体，通常是通过水位调节。需要考虑以下两种情况：

①人类活动改变了现有天然水体的水文学从而改变了水停留时间和（或）沉降率，进而导致温室气体自然通量发生变化的水体；

②通过开挖形成的水体（如运河、沟渠和池塘等）。水淹地包括淹没程度随季节变化的水体，但预计在正常条件下全年会保留一些被淹没的区域。这里不考虑季节性淹没的湿地（如河岸漫滩湿地等）。

水淹地的类型见表5-6。

表5-6　水淹地的类型

水淹地类型	人类活动	温室气体类型
水库（包括开放水域，下降区和除气/下游区）	水力发电，洪水控制、供水、农业、娱乐、航运、水产养殖	CO_2、CH_4
运河	供水、航运	CH_4
沟渠	农业（如灌溉、排水和牲畜浇水等）	CH_4
池塘（淡水或盐水）	农业、水产养殖、休闲	CH_4

水淹地排放大量的CO_2、CH_4和N_2O，这取决于各种特征（如年龄、洪水前的土地利用、气候、上游集水区特征和管理实践等），排放随空间和时间而变化。

5.4.2.1　二氧化碳排放

仍为水淹地的水淹地的CO_2排放主要是水体中土壤有机质和其他有机质分解或从集水区进入水体以及生物群（如细菌、大型无脊椎动物、植物、鱼类和其他水生物种等）。本部分未提供与集水区有机物质分解或生物群呼吸相关的排放的指导，因为它们已考虑在其他估算方法中用于反映水生生物群的短期碳循环。唯一的例外是转化为水淹地的土地。发生在被淹没的有机物分解时的CO_2排放，是人为管理的结果。

5.4.2.2　甲烷排放

水淹地的CH_4排放主要是沉积物中缺氧条件引起的CH_4产生。甲烷可以通过扩散、沸腾和下游排放从小型湖泊或水库排放。下游CH_4排放细分为除气排放和扩散排放，它们发生在水淹地的下游。在有机质负荷高和（或）内部生物量产量高以及含氧量低的水体中，甲烷排放量通常较高。由于排放率高且数量众多，据估计，面积小于$0.1\ hm^2$的小池塘产生了全球开放水域40%的甲烷扩散排放。虽然天然池塘的排放（至少部分）可以被认为是自然排放，但小型人工水体的排放是人类活动的结果。排水沟、为农业建造的池塘、水产养殖业和水淹牧场也可能出现高有机负荷和低氧水平。农业或其他来源的养分负荷高的小型人工水体的 CH_4 排放率可能超过小型天然水体的排放率。通过水产养殖管理，包括混合、通气、定期排水或当水含盐时，可以减少水产养殖池塘的 CH_4 排放。由于建造水体的 CH_4 排放可视为直接水体建设的后果。

5.4.2.3　氧化亚氮排放

水淹地的氧化亚氮排放主要与流域中有机或无机氮的输入有关。来自径流/淋溶/沉积的这些输入主要是由人为活动驱动的，如土地利用变化、废水处理、流域施肥、在水产养殖中施肥或饲料。

5.4.3　水淹地类型

5.4.3.1　水库

水库设计在从几小时到几年的时间范围内储存水。它们可以作为单一用途（如供水）或多种用途，水库运行根据不同的用户需求而有所不同。水电站水库可分为蓄水型、径流式和抽水蓄能型 3 类。这些类别通常描述蓄水量、入流量和水停留时间之间的关系，天然湖泊也可用作水库，通常通过筑坝来扩大其体积和表面积。

水淹地受自然或人为的水位调节，形成水位下降区。单位面积水位下降区的温室气体排放量与水面的排放量相似，因此在估算来自水面的温室气体排放量时包括水淹地。根据《2006 IPCC 清单指南》，当湖泊转变为水库而水面面积或水停留时间没有发生实质性变化时，不被视为管理水淹地。

水库根据被淹没的时间长短分类：

①仍为水淹地的水淹地——包括 20 多年前转变为水淹地的水库；

②转化为水淹地的土地——包括被淹没时间少于或等于 20 年的水库。

5.4.3.2　其他水淹地：人工建造的池塘、运河、沟渠和水淹牧场

池塘是通过开挖和（或）筑墙建造的，用于在景观中蓄水。用途广泛，包括农业蓄水、牲畜用水、娱乐和水产养殖。它们通常接收高有机质和养分负荷，可能含氧量低，并且是厌氧沉积物中大量 CH_4 排放的场所。然而，由于海水抑制了 CH_4 的产生，因此咸水养殖池塘的排放量低于淡水池塘。人工建造的线性水体在农业、森林和居住区也很广泛，也可能是重要的排放源。在某些情况下，对于其他水淹地的 CH_4 排放，没有足够的数据根据水体的年龄等级进行分解。

5.4.3.3　将不受管理的水体和不受管理的湿地转变为受管理的水淹地

对于仍为水淹地的水淹地和转化为水淹地的水淹地，温室气体排放（清除）发生在未管理土地转化为管理土地之前。人为对受管理的水淹地温室气体排放的

影响反映了由于景观转变为水库或其他水淹地而导致的温室气体通量到大气的净变化。除了总排放量，可以选择性地估计水淹地地上温室气体总排放量中人为成分的指示性估计值。对于转化为水淹地的土地，可通过估算转化为管理水淹地的管理土地和其他未管理土地面积的排放量来获得该估算值。转化为水淹地的非管理土地类型包括：①因水坝建设而扩大的非管理湖泊和河流（统称为"非管理水体"）；②未管理的湿地（不包括湖泊和河流）转变为水淹地；③其他未经营土地（包括未经营林地、草地和其他土地）。水文变化导致该地区的特征和生态功能或单位面积排放量和清除量发生重大变化的先前被淹没的土地，可能不会被排除在温室气体排放总量的人为成分指示性估计的计算之外。

　　转化为水淹地的未管理湿地的排放被认为是前20年排放的非人为部分的一部分，之后它们被认为与整个水库的功能相似。这是自然湿地功能遗留的结果，随着累积的有机物被分解或掩埋在水库中，自然湿地功能将逐渐过渡到周围水库的状态。

　　本部分提供的方法以科学为基础，但对编译器应用这些方法进行了实际考虑。优良做法是使用管理土地代理（MLP）估算 AFOLU 部门的温室气体排放，其中管理土地的所有排放都被认为是人为的，并提供所用方法的详细信息。因此，为了透明起见，采用的方法是根据 MLP 估算水淹地的总排放量，而这些区域内人类活动造成的具体排放量则通过计算受管理区域的排放量来估算土地和其他未管理的土地转变为水淹地。对于那些选择对温室气体排放总量的人为成分进行指示性估算的国家，优良做法是报告 MLP 排放量，以及对温室气体排放总量的人为成分的指示性估算。应记录所用方法的详细信息。

5.5　畜牧业

　　牲畜生长会导致肠道发酵中产生的甲烷（CH_4）排放和牲畜粪便管理系统中的 CH_4 及氧化亚氮（N_2O）排放。由于家牛数量很多以及反刍动物消化系统引起的 CH_4 的高排放率，在许多国家家牛是 CH_4 的一个重要排放源。粪便管理中的甲烷排放量往往小于肠道排放，当粪便在基于液体的系统中被处理时，绝大多数排放与被限制的动物管理活动有关。粪便管理中的氧化亚氮排放在两种管理系统间有显著的差异，也可导致系统中其他形式氮损失引起的间接排放。当粪便中可获的碳量用于管理土壤或用作饲料、燃料或建筑目的时，粪便管理系统中的氮损失计算参考土壤的氧化亚氮排放。

　　动物肠道发酵甲烷排放是指动物在正常代谢过程中，通过肠道内的微生物发酵消化饲料时产生的甲烷排放。这种排放仅指从动物口、鼻和直肠排出的甲烷，而不包括粪便中的甲烷排放。动物肠道发酵甲烷排放量受到动物种类、年龄、体重、采食饲料数量及质量、生长及生产水平的影响，其中采食量和饲料质量是影响最大的因素。对于反刍动物来说，它们瘤胃容积大，寄生的微生物种类多能分解纤维素，因此单个动物产生的甲烷排放量较大。而反刍动物是动物肠道发酵甲烷排放的主要源头。不反刍动物的甲烷排放量较小，特别是体重较小的鸡和鸭，它们的肠道发酵甲烷排放可以忽略不计。

5.5.1　肠道发酵的甲烷排放

5.5.1.1　方法的选择

（1）方法 1

缺省因子法的计算方式如下：

$$E_r = \sum_{(P)} EF_{(T,P)} \cdot (N_{(T,P)}/10^6) \qquad (5\text{-}34)$$

式中，E_r —— 牲畜种群 T 肠道发酵产生的甲烷排放；

　　　　$EF_{(T,P)}$ —— 牲畜种群 T 和生产力系统 P 的排放因子；

　　　　$N_{(T,P)}$ —— 牲畜品种/种群 T 在生产力系统 P 的头数；

　　　　T —— 牲畜品种/种群；

　　　　P —— 生产系统，高产量或低产量。

肠内发酵排放因子见表 5-7。

表 5-7　方法 1 肠内发酵排放因子　　　　　单位：kg CH_4/（头·年）

牲畜种类	高产量系统	低产量系统	质量
绵羊	9	5	40 kg-高产量 31 kg-低产量
猪	1.5	1	72 kg-高产量 52 kg-低产量
山羊	9	5	50 kg-高产量 28 kg-低产量
马	18		550 kg
奶牛	96	71	平均产奶量 5 000 kg/（头·年）-高产量 平均产奶量 2 600 kg/（头·年）-低产量

牲畜种类	高产量系统	低产量系统	质量
奶牛	78		平均产奶量 3 200 kg/（头·年）
其他牛	56	43	/
其他牛	54		/

（2）方法 2

依据细分的牲畜种群类别，计算排放因子。主要有以下两个公式。

$$EF= [GE·（Y_m/100）·365] /55.65 \qquad (5\text{-}35)$$

式中，EF —— 排放因子，kg CH_4/（头·年）；

GE —— 总能量摄入，MJ/（头·d）；

Y_m —— 甲烷转换系数，饲料中总能量转化为甲烷的百分比，55.65（MJ/kg CH_4）是甲烷的能量含量。

排放因子计算也可简化为

$$EF=DMI·（MY/1 000）·365 \qquad (5\text{-}36)$$

式中，EF —— 排放因子，kg CH_4/（头·年）；

DMI —— kg DMI/d；

MY —— 甲烷产量，kg CH_4 kg /DMI；

365 —— 每年天数，d；

1 000 —— g CH_4 转换为 kg CH_4 的换算。

饲料能量转化为多少甲烷取决于饲料和动物因子间的相互作用，甲烷转化率用甲烷转化系数（Y_m）表示，其定义为总摄入能量转化为甲烷的百分比。

影响甲烷转化率的因素有很多，由于与品种、遗传库以及饲料和畜群相互作用有关，Y_m 因素可能因区域而异。当牲畜种类不存在甲烷转化因子时，可用相似物种的值代替。

5.5.1.2　不确定性评估

方法 1 中排放因子不是基于国家的特定数据，可能无法准确表示牲畜特性，有较高的不确定性。方法 2 的不确定性取决于牲畜特性的准确性（如牲畜种类的同一性），还取决于组成净能方法的各种关系系数的确定方法在多大程度上与实际情况相符。

奶牛/其他牛甲烷转化因子见表 5-8。山羊和绵羊的甲烷转化因子见表 5-9。

表 5-8　奶牛/其他牛甲烷转化因子（Y_m）

牲畜种类	描述	消化率（DE%）和中性洗涤纤维（NDF，%DMI）	甲烷产量/（g CH_4/kg DMI）	Y_m
奶牛	高产量奶牛［>8500 kg/（头·年）］	DE≥70 NDF≤35	19.0	5.7
	高产量奶牛［>8 500 kg/（头·年）］	DE≥70 NDF≤35	20.0	6.0
	中等产量奶牛［5 000～8 500 kg/（头·年）］	DE 为 63～70 NDF>37	21.0	6.3
	低产量奶牛［<5 000 kg/（头·年）］	DE≤62 NDF>38	21.4	6.5
其他牛	>75%日粮	DE≤62	23.3	7.0
	含有其他谷物的日粮含量低于 15%	DE 为 62～71	21.0	6.3
	0～15%日粮	DE≥72	13.6	4.0
	0～10%日粮	DE>75	10.0	3.0

表 5-9　山羊和绵羊的甲烷转化因子（Y_m）

牲畜种类	Y_m
绵羊	6.7% + 0.9%
山羊	5.5% + 1.0%

5.5.2　粪便管理中的甲烷排放

粪便在储存和处理过程中产生 CH_4，堆积在牧场上的粪便也产生 CH_4。方法 1 按动物类别和粪便储存系统划分的单位挥发性固体（VS）默认排放因子。方法 2 基于对挥发性固体的估计，以及粪便管理系统和动物类别之间的相互作用对排泄和储存期间 CH_4 总排放量的影响，包括沼气生产等粪便处理。

（1）方法 1

$$CH_4 {}_{(mm)} = \sum T, S, P[N_{(T,P)} \cdot VS_{(T,P)} \cdot AWMS_{(T,S,P)} \cdot EF_{(T,S,P)}]/1\ 000 \qquad (5\text{-}37)$$

式中，$CH_4 {}_{(mm)}$ —— 粪肥管理的 CH_4 排放量，kg CH_4/年；

$N_{(T,P)}$ —— 生产力系统 P 牲畜类别 T 的数量；

$VS_{(T,P)}$ —— 生产力系统 P 年均 VS 排泄量，kg VS/（动物·年）；

$\text{AWMS}_{(T,S,P)}$ —— 生产力系统 P，每种牲畜类别 T 每年 VS 占管理系统 S 的比例；

$\text{EF}_{(T,S,P)}$ —— 粪肥管理系统 S，生产力系统 P，牲畜类别 T 直接排放甲烷的排放因子，g CH_4/kg VS；

S —— 粪肥管理系统；

T —— 牲畜种类；

P —— 高产量或低产量系统。

$$\text{VS}_{(T,P)} = \left[\text{VS}_{\text{rate}(T,P)} \cdot (\text{TAM}_{(T,P)}/1\,000)\right] \cdot 365 \qquad (5\text{-}38)$$

式中，$\text{VS}_{(T,P)}$ —— 生产力系统 P，牲畜类别 T 的年均 VS 排泄量，kg VS/（动物·年）；

$\text{VS}_{\text{rate}(T,P)}$ —— 生产力系统 P，牲畜类别 T 的默认排泄率，kg VS/（1 000 kg 动物·d）；

$\text{TAM}_{(T,P)}$ —— 生产力系统 P，牲畜类别 T 的数量，kg/动物。

牲畜的挥发性固体排泄率见表 5-10，甲烷排放因子见表 5-11。

表 5-10 挥发性固体排泄率默认值

单位：kg VS/（1 000 kg 动物·d）

牲畜类别	平均	高产量	低产量
奶牛	9.0	8.1	9.2
其他牛	9.8	6.8	10.8
猪	5.8	4.3	7.1
家禽	11.2	10.6	14.3
绵羊	8.3		
山羊	10.4		
马	7.2		

表 5-11 甲烷排放因子   单位：g CH_4/kg VS

类别	产量	粪便储存系统	温带潮湿	温带干燥
奶牛	高产量	氧化池	117.4	122.2
		液体贮存	59.5	65.9
		固态贮存	6.4	
		自然风干	2.4	

类别	产量	粪便储存系统	温带潮湿	温带干燥
奶牛	高产量	每日施肥	0.8	
		沼气池	3.7	
		燃烧	16.1	
奶牛	低产量	氧化池	63.6	66.2
		液体贮存	32.2	35.7
		固态贮存	3.5	
		自然风干	1.3	
		每日施肥	0.4	
		沼气池	9.5	
		燃烧	8.7	
其他牛	高产量	氧化池	88.0	91.7
		液体贮存	44.6	49.4
		固态贮存	4.8	
		自然风干	1.8	
		每日施肥	0.6	
		沼气池	2.7	
		燃烧	12.1	
	低产量	氧化池	63.6	66.2
		液体贮存	32.2	35.7
		固态贮存	3.5	
		自然风干	1.3	
		每日施肥	0.4	
		沼气池	9.5	
		燃烧	8.7	
猪	高产量	氧化池	230.1	229.1
		液体，舍内时间＞1个月	111.6	123.6
		液体，舍内时间＜1个月	39.2	45.2
		固态贮存	12.1	
		自然风干	4.5	
		每日施肥	1.5	

类别	产量	粪便储存系统	温带潮湿	温带干燥
猪	高产量	沼气池	6.8	
		燃烧	30.2	
	低产量	氧化池	141.8	147.7
		液体，舍内时间>1个月	79.7	114.6
		液体，舍内时间<1个月	29.1	48.6
		固态贮存	7.8	
		自然风干	2.9	
		每日施肥	1.0	
		沼气池	21.1	
		燃烧	19.4	
家禽	高产量	氧化池	190.7	198.6
		液体	96.7	107.1
		固态贮存	10.5	
		自然风干	3.9	
		沼气池	10.5	
		燃烧	2.6	
	低产量	所有系统	2.4	
绵羊	高产量	固态贮存	5.1	
		自然风干	1.9	
	低产量	固态贮存	3.5	
		自然风干	1.3	
山羊	高产量	固态贮存	4.8	
		自然风干	1.8	
	低产量	固态贮存	3.5	
		自然风干	1.3	
马	高产量	固态贮存	8.0	
		自然风干	3.0	
	低产量	固态贮存	7.0	
		自然风干	2.6	

（2）方法 2

当某一特定牲畜类别的排放量在总排放量中占比很大时，宜采用方法 2 估算粪便管理产生的 CH_4 排放量。这种方法需要动物特征和粪便管理做法的详细信息。

当方法 1 中的默认值不符合实际情况时，方法 2 适用。

①粪便管理甲烷的排放因子。

$$EF_{(T)} = (VS_T \cdot 365) \left[B_{0(T)} \cdot 0.67 \cdot \sum S, k \left(MCF_{S,k}/100 \right) \cdot AWMS_{(T,S,k)} \right] \qquad (5-39)$$

式中，$EF_{(T)}$ —— 牲畜种类 T 的每年甲烷排放因子，kg CH_4/（动物·年）；

$VS_{(T)}$ —— 牲畜种类 T 每日排出的挥发性固体，kg 干物质/（动物·年）；

365 —— 每年天数，d；

$B_{0(T)}$ —— 牲畜种类 T 最大甲烷生产能力，m^3 CH_4/kg VS；

0.67 —— m^3 CH_4 转换为 kg CH_4 的换算系数；

$MCF_{(S,k)}$ —— 气候区域 k，粪肥管理系统 S 的甲烷转换因子，%；

$AWMS_{(T,S,k)}$ —— 气候区域 k，牲畜种类 T 用粪便管理系统 S 处理粪便的比例。

②挥发性固体排泄率。

$$VS = \left[GE \cdot (1-DE/100) + (UE \cdot GE) \right] \cdot \left[(1-ASH)/18.45 \right] \qquad (5-40)$$

式中，VS —— 每天挥发性固体排泄量，以干性有机物为准，kg VS/d；

GE —— 总能量摄入量，MJ/d；

DE —— 饲料的消化率；

UE（DE）—— 尿能以 GE 的分数表示；

ASH —— 灰分量以干物质饲料比例计算；

18.45 —— kg MJ 到 kg GE 的换算系数。

牲畜的最大甲烷生产能力见表 5-12，粪肥管理系统的甲烷转化因子见表 5-13。

表 5-12　最大甲烷生产能力　　　　　　单位：m^3 CH_4/kg VS

牲畜类别	高产量	低产量
奶牛	0.24	0.13
其他牛	0.18	0.13
猪	0.45	0.29
蛋鸡	0.39	0.24

牲畜类别	高产量	低产量
肉鸡	0.36	0.24
绵羊	0.19	0.13
山羊	0.18	0.13
马	0.30	0.26

表 5-13　粪肥管理系统的甲烷转化因子

		寒温带潮湿	寒温带干燥	温带湿润	温带干燥
氧化池		60%	67%	73%	76%
液体贮存，舍内	1 个月	6%	8%	13%	15%
	3 个月	12%	16%	24%	28%
	4 个月	15%	19%	29%	32%
	6 个月	21%	26%	37%	41%
	12 个月	31%	42%	55%	64%
垫草垫料	>1 个月	21%	26%	37%	41%
	<1 个月	2.75%		6.5%	
固态贮存		2.00%		4.00%	
自然风干		1.00%		2.00%	
每日施肥		0.10%		0.50%	
堆肥		0.50%			
放牧		0.47%			
好氧处理		0.00%			
燃烧		10.00%			

5.5.3　粪便管理中的氧化亚氮排放

介绍如何估算在肥料用于土地或用于饲料、燃料或建筑用途之前，先了解在肥料的储存和处理过程中直接或间接产生的 N_2O。该方法基于氮排泄，N_2O 排放的排放因子以及挥发和浸出因子。

N_2O 直接排放是通过肥料中氮的联合硝化和反硝化过程发生的。间接排放源于挥发性氮的损失，主要以氨和氮氧化物的形式出现。

（1）粪便管理中 N_2O 直接排放

$$N_2O_{D（mm）} = \left\{ \sum_S \left[\sum_{T,P} \left(N_{(T,P)} \times Nex_{(T,P)} \right) \times AWMS_{(T,S,P)} + N_{cdg(s)} \right] \times EF_{3(S)} \right\} \times 44/28$$

（5-41）

式中，$N_2O_{D（mm）}$ —— 粪便管理中 N_2O 直接排放，kg N_2O/年；

$N_{(T,P)}$ —— 生产力系统 P，牲畜类别 T 的头数；

$Nex_{(T,P)}$ —— 生产力系统 P，牲畜类别 T 年均 N 排放，kg N/（动物·年）；

$N_{cdg(s)}$ —— 厌氧消化系统中的氮输入，kg N/年；

$AWMS_{(T,S,P)}$ —— 粪便管理系统 S 中，年排泄总量的比例占同类别牲畜的比例；

$EF_{3(S)}$ —— 粪便管理系统 S 中，N_2O 直接排放因子，kg N_2O-N/kg N；

S —— 粪便管理系统；

T —— 牲畜类别；

P —— 生产力系统。

（2）粪便管理中 N_2O 间接排放

①粪便管理中挥发的氮损失。

$$N_{volatilization\text{-}MMS} = \sum_S \left\{ \sum_{T,P} \left[\left(N_{(T,P)} \times Nex_{(T,P)} \times AWMS_{(T,S,P)} + N_{cdg(s)} \right) \times Frac_{GasMS(T,S)} \right] \right\}$$

（5-42）

式中，$N_{volatilization\text{-}MMS}$ —— NH_3 和 NO_x 挥发而损失的肥料氮量，kg N/年；

$N_{(T,P)}$ —— 生产力系统 P，牲畜类别 T 的头数；

$Nex_{(T,P)}$ —— 生产力系统 P，牲畜类别 T 年均 N 排放，kg N/（动物·年）；

$N_{cdg(s)}$ —— 厌氧消化系统中的 N 输入，kg N/年；

P —— 生产力系统；

$AWMS_{(T,S,P)}$ —— 粪便管理系统 S 中，年排泄总量的比例占同类别牲畜的比例；

$Frac_{gasMS(T,S)}$ —— 粪便管理系统 S，牲畜类别 T 中挥发为 NH_3 和 NO_x 的粪便氮的比例。

$$N_2O_{G(mm)} = \left(N_{volatilization\text{-}MMS} \times EF_4 \right) \times 44/12 \qquad （5\text{-}43）$$

式中，$N_{volatilization\text{-}MMS}$ —— 粪便管理由于挥发而产生的间接 N_2O 排放量，kg N_2O/年；

EF_4 —— 大气中氮沉积到土壤和水面的 N_2O 排放因子，kg N_2O-N/（kg

NH₃-N+kg NO$_x$-N）挥发。

②粪便管理中淋溶径流的氮损失。

$$N_{\text{leaching-MMS}} = \sum_{S} \left\{ \sum_{T,P} \left[\left(N_{(T,P)} \times \text{Nex}_{(T,P)} \times \text{AWMS}_{(T,S,P)} + N_{\text{cdg}(s)} \right) \text{Frac}_{\text{LeachMS}(T,S)} \right] \right\}$$

（5-44）

式中，$N_{\text{leaching-MMS}}$ —— 淋溶损失的肥料氮量，kg N/年；

  $N_{(T,P)}$ —— 生产力系统 P，牲畜类别 T 的头数；

  $\text{Nex}_{(T,P)}$ —— 生产力系统 P，牲畜类别 T 年均 N 排放，kg N/（动物·年）；

  $N_{\text{cdg}(s)}$ —— 沼气系统中的氮输入，kg N/年；

  P —— 生产力系统；

  $\text{AWMS}_{(T,S,P)}$ —— 粪便管理系统 S 中，年排泄总量的比例占同类别牲畜的比例；

  $\text{Frac}_{\text{LeachMS}(T,S)}$ —— 粪便管理系统 S，牲畜类别 T 中淋溶径流粪便氮的比例。

$$\text{N}_2\text{O}_{\text{L(mm)}} = \left(N_{\text{leaching-MMS}} \times \text{EF}_5 \right) \times 44 / 12 \quad （5\text{-}45）$$

式中，$\text{N}_2\text{O}_{\text{L(mm)}}$ —— 粪便管理由于淋滤和径流而产生的间接 N_2O 排放量，kg N_2O/年；

  $N_{\text{leaching-MMS}}$ —— 由于淋滤而损失的肥料氮量，kg N/年；

  EF_5 —— 淋滤和径流 N_2O 排放因子，kg N_2O-N/kg N 淋溶径流。

③N 年排泄率

方法 1

$$\text{Nex}_{(T,P)} = N_{\text{rate}(T,P)} \times \text{TAM}_{(T,P)} \times 365 / 1\,000 \quad （5\text{-}46）$$

式中，$\text{Nex}_{(T,P)}$ —— 牲畜类别 T，年均氮排泄量，kg N/（动物·年）；

  $N_{\text{rate}(T,P)}$ —— 牲畜类别 T，氮排泄率，kg N/（1 000 kg 动物·d）；

  $\text{TAM}_{(T,P)}$ —— 牲畜类别 T 的动物质量，kg/动物；

  P —— 生产力系统。

方法 2

$$\text{Nex}_{(T)} = \left(N_{\text{intake}(T)} - N_{\text{retention}(T)} \right) \times 365 \quad （5\text{-}47）$$

式中，$\text{Nex}_{(T)}$ —— 年均氮排泄率，kg N/（动物·年）；

  $N_{\text{intake}(T)}$ —— 牲畜类别 T，每头每日氮摄入量，kg/（动物·d）；

  $N_{\text{retention}(T)}$ —— 牲畜类别 T，每头每日摄入量氮保留的部分，kg N/（动物·d）。

牛、绵羊和山羊的氮摄入量

$$N_{\mathrm{intake}(T)} = \mathrm{GE} \times \left[(\mathrm{CP\%}/100)/6.25 \right]/18.45 \tag{5-48}$$

猪和家禽的氮摄入量

$$N_{\mathrm{intake}(T,i)} = \mathrm{DMI}_i \times (\mathrm{CP\%}/100)/6.25$$

式中，$N_{\mathrm{intake}(T,i)}$——牲畜类别 T，每日氮消耗量，kg N/（动物·d·生长阶段）；

GE —— 总能摄入，MJ/（动物·d）；

18.45 —— kg MJ 到 kg GE 的换算系数；

DMI_i —— 特定生长阶段每天干物质摄入量，kg DMI/（动物·d）；

$\mathrm{CP\%}_i$ —— 生长期内干物质粗蛋白质百分比；

6.25 —— kg 日粮蛋白质转换为日粮 kg N。

牲畜的氮排泄率见表 5-14。

表 5-14　氮排泄率默认值　　　　单位：kg N/（1 000 kg 动物·d）

牲畜类别	均值	高产量	低产量
奶牛	0.44	0.55	0.41
其他牛	0.38	0.36	0.38
猪	0.61	0.54	0.67
家禽	1.10	1.00	1.62
母鸡>1 年	1.00	0.89	1.50
母鸡<1 年	0.83	0.60	1.91
肉鸡	1.35	1.31	1.84
鸭	0.83		
绵羊	0.32		
山羊	0.34		
马、骡子、驴	0.46		

5.6　海鲜和其他水产食品

PAS 2050-2：2012，包含评估海产品和其他水产食品相关的生命周期温室气体（GHG）排放的要求。这些要求为 PAS 2050：2011 评估商品和服务的生命周期温室气体排放提供了一种通用方法中规定的要求的补充。

5.6.1　系统边界

5.6.1.1　从摇篮到大门的阶段

对于水产食品边界仅限于生命周期从摇篮到大门的阶段（图 5-6），人类消费是从渔业或养殖场管理到零售或食品服务的入口、动物消费是从渔业或种畜管理到饲料供应商的入口。

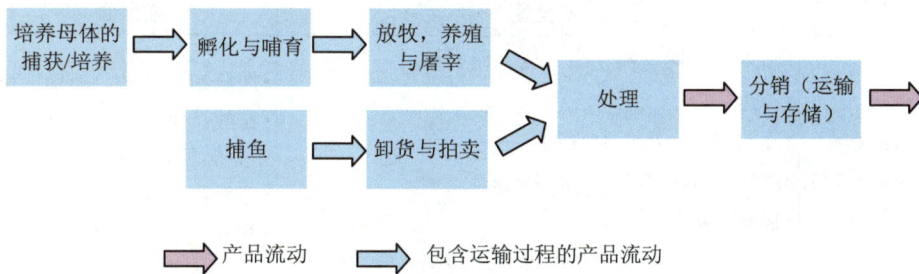

图 5-6　水产食品的系统边界

图片来源：Figure 3 Typical system boundary for cradle-to-gate assessment of aquatic food products，本书仅对图片内容进行翻译。

生命周期从摇篮到大门的评估包括以下活动：①捕捞渔业，包括准备和往返渔场的运输、卸货和拍卖、加工处理、分销（运输和储存，包括包装）。②水产养殖，包括母体的捕获和（或）培养，孵化和哺育，放牧、养殖和屠宰，加工处理，分销（运输与储存，包括包装）。

应确定每一特定水产品实际使用的活动，并决定它们是构成不同单元工艺的分离活动还是综合活动。例如，鱼类、牡蛎和海藻早期生产的孵化和育苗通常是在不同的地点进行的单独活动。然而，在其他一些情况下，如大菱鲆或黄尾无鳔石首鱼，这两个往往是集成在同一设施内进行。这种情况有时也会发生在采贝和海上贻贝养殖中，在这种情况下，应将这些活动作为水产养殖过程的一个组成部分加以评估。此外，在工厂拖网渔船上捕鱼和加工往往被视为一个完整的过程，也可以区分额外的阶段（如批发，即加工后的水产品在批发市场上销售）。

5.6.1.2 产品系统的要素

系统边界应包括对不同阶段的输入端和输出端的识别。在表 5-15 和表 5-16 中，分别确定并更详细地解释了捕捞和养殖应考虑的输入和输出流的例子。但是列出的例子可根据重要性规则（PAS 2050：2011 6.3）来排除。表 5-15 和表 5-16 中的输入类别应不计入水产食品的温室气体排放评估。表 5-17 为应排除在分析之外的输入端清单。

表 5-15　应考虑的捕获渔业投入和产出示例清单

生命周期阶段	输入 （不全面）	输出 （不全面）
捕获 （可能很重要）	•消耗品：网、棒、线、钩、绳索等 •诱饵 •冷却材料：冰、制冷剂 •燃料/能源：海洋特殊馏分油 •包装：鱼箱等 •用于维护的材料：润滑油、防污剂、清洁剂	•捕获物：产品、捕捞上岸 •排放：制冷剂流失到大气中、燃料燃烧排放 •废物：废弃包装 •其他
卸货和拍卖 （可能无关紧要）	•燃料/能源：船用特种馏分油、柴油 •冷却材料：冰、制冷剂 •包装：鱼箱等	•排放：制冷剂流失到大气、燃料燃烧排放 •废物：废弃产品、废弃包装 •其他
处理 （可能不太重要）	•原料：鱼、其他原料、添加剂等 •用于处理的材料：木材等 •冷却材料：冰、制冷剂 •燃料/能源：电、柴油、天然气 •包装：鱼箱、消费品包装（主要和次要）等 •用于维护的材料：润滑油、清洗剂	•产品 •副产品：鱼肉沫、内脏、贝壳等 •排放：制冷剂流失到大气中、燃料燃烧排放 •废物：鱼废料部分、废弃物包装等 •排出物：废水处理
分销 （需要关注，特殊情况下重要性会增加）	•产品 •运输方式：公路、铁路、海运、航空 •运输细节：车辆大小/容量、船舶类型和大小、国内/短/长途航空运输 •从 a 到 b 的运输距离（km） •空箱回程 •产品公司包装的质量（t） •冷却材料：制冷剂	•排放：制冷剂在大气中的损失、燃料燃烧的排放 •废物：产品损失 •其他

表 5-16   应考虑的水产养殖投入和产出示例清单

生命周期阶段	输入 （不全面）	输出 （不全面）
捕获和（或）培养母体 （可能无关紧要）	• 消耗品：网、绳等 • 营养品：饲料、抗生素 • 燃料/能源：电力、船用特种馏分油、柴油	• 中间产品 • 排放：燃料燃烧排放 • 废弃物：废弃设备 • 其他
孵化和哺育 （可能无关紧要）	• 消耗品：网、绳等 • 营养品：饲料、抗生素 • 燃料/能源：电力、船用特种馏分油、柴油	• 中间产品 • 排放：燃料燃烧排放 • 废弃物：废弃设备 • 其他
放牧、养殖和屠宰 （可能很重要）	• 消耗品：网、绳索等 • 营养品：饲料、抗生素 • 冷却材料：冰、制冷剂 • 燃料/能源：电力、海洋特殊馏分油、柴油 • 包装：鱼箱等 • 用于维护的材料：润滑油、防污剂、清洗剂	• 产品 • 排放：制冷剂流失到大气、燃料燃烧排放 • 废弃物：废弃设备、废弃包装等
处理 （可能不太重要）	• 原料：鱼、其他原料、添加剂等 • 用于处理的材料：木材等 • 冷却材料：冰、制冷剂 • 燃料/能源：电、柴油、天然气 • 包装：鱼箱、消费者包装（一级和二级）等 • 用于维护的材料：润滑油、清洗剂	• 产品 • 副产品：鱼肉沫、内脏、贝壳等 • 排放：制冷剂流失到大气中、燃料燃烧排放 • 废弃物：鱼废料部分、废弃包装等 • 排出物：废水处理
运输和分销 （需要关注，特殊情况下重要性会增加）	• 产品 • 运输方式：公路、铁路、海运、航空 • 运输细节：车辆大小/容量、船舶类型和大小、国内/短/长途航空运输 • 从 a 到 b 的运输距离（km） • 空箱回程 • 产品公司包装的质量（t） • 冷却材料：制冷剂	• 排放：制冷剂在大气中的损失、燃料燃烧的排放 • 废物：产品损失等

表 5-17 应排除在分析之外的输入端清单（资本货物和建筑物）

输入类别 （如产品/物料/能源）	子组（数据采集级别）	关于贡献和未来发展的附注
用于捕获和水产养殖的生产设备的运行和维护	• 建筑物 • 船舶 • 牵引车、叉车 • 机器 • 设备等	这一类别可能对温室气体排放有重大贡献，特别是对贻贝等低碳水产养殖产品而言。但是，由于船只和设备的复杂性以及缺乏数据，不宜列入这一类别
运输用车辆和飞机的生产和维修	• 车辆 • 飞机 • 表 5-16 中提到的消耗品除外	这些产品对水产食品的温室气体排放的贡献率很低
港口、建筑物、道路、人行道和其他地面覆盖物的生产和维修		

5.6.2 数据

数据收集应在一段足以对与渔业、水产养殖和加工的投入和产出相关的温室气体排放进行平均评估的时间内，以抵消季节差异造成的波动。就捕捞渔业而言，评估期应为 3 年，以抵消与此期间鱼类可得性和生长条件波动有关的产量差异（如由于天气变化）。如无法取得 3 年的数据，即由于业务新开展，可在较短的时间内进行评估，但评估的稳定运行期不得少于 1 年。对于水产养殖，评估期应为 3 年。

渔业部门是一个受到高度管制的部门，是由渔业管理制度所规定的框架决定的（总可用配额和配额分配政策、特定渔业开放的地点和时间的地理方面、与装备适配相关的技术法规和最小尺寸规则等）。

注：捕捞渔业不得在 1 年的所有 12 个月里进行捕捞，也不得在 1 年的所有 12 个月里捕捞同一物种。数据收集期间仍应为 3 年（历年），因此可能涉及不到 36 个月的业务。

如果水产产品来自大量产地（如船只、养鱼场、批发商等），则可使用具有代表性的样本来代表该群体。样本大小取决于目标、可接受的不确定性或误差、预期的方差分布，以及是否可以确定子组。抽样方式有不分组抽样和分组抽样两种。

5.6.2.1　不分组抽样

如果有大量的来源，而且这些来源在性质上非常相似，应该从这些来源的随机样本中收集数据。最小样本容量可以通过统计方法确定。其中一种方法在"2010年英国乳制品碳足迹指南"中得到了应用和解释。表5-18给出了当置信区间为0.95时所需的来源总数的参考值。

表 5-18　不分组抽样

来源总数/条	随机样本大小/条	抽样率/%
5	5	100
10	9	90
20	17	85
30	23	77
40	28	70
50	33	66
70	31	59
100	49	49
150	59	39
200	65	33
300	73	24
400	78	20
500	81	16

5.6.2.2　分组抽样

如果有大量的来源，并且这些来源显示出温室气体排放量的变化，则需要使用分组抽样的方法来进行细分和选择。通过收集来自所有来源的初步数据，可以根据它们之间的相关差异进行分组。分组的目的是将所有来源划分为预计具有类似温室气体排放评估结果的几组。分组时可以考虑以下几个因素：①地理位置，如到渔场的距离、气候条件以及这些对产量潜在的影响；②技术类型、年龄、经营状况/操作管理，如耕作方式、渔具类型；③经营规模，如养殖场规模、船舶规格。

分组后，可以采用随机抽样的方法确定每组的最小样本量。分组减少了每组的标准差，从而减少了必须采样的来源总数，以达到可接受的误差范围。

表 5-19 提供了分组的原产地总数范围的值。抽样大小由这些原点的数量的平方根决定。10 个及以下来源不宜采用分组法，采用随机抽样法，不进行分组。对于 10 个以上和 100 个以下的原产地，应至少抽取 10 个原产地。

表 5-19　分组抽样

总来源数/条	随机样本大小/条	抽样率/%
5	5	100
10	9	90
20	10	50
30	10	33
40	10	25
50	10	20
70	10	14
100	10	10
150	12	8
200	14	7
300	17	6
400	20	5
500	22	4

5.6.3　排放量分配

将排放量分配给捕获、养殖和加工过程的副产品方法应按照优先顺序进行。如果不可行，则该过程产生的温室气体排放和清除量应按其质量的比例在副产物之间分配。无论采用何种分配方法，都应记录基本的计算、假设和应用数据。

弃置物、排放物和废物不被视为副产品，不应分配任何温室气体排放。由于冷库的体积一般决定了产品可储存的最大数量，运输活动中对副产品的排放基于质量进行分配，储存过程中对副产品的排放基于体积进行分配。

5.6.3.1　捕捞、水产养殖和加工过程中的副产品分配

应按照优先顺序对排放量进行分配，具体如下：①应首先考虑通过划分待分配的单元过程或扩展产品系统避免排放量的分配。②如果上述方法不可行，

则应将该过程中产生的温室气体排放量和清除量按其质量比例在联产品之间进行分配。

无论采用何种分配方法，均应记录基础计算、假设和应用数据。

注1：水产食品系统中的分配最有可能但不限于在处理以下情况时出现：捕捞渔业中的副渔获物；副产品饲料成分在水产养殖饲料中的应用养鱼场的多种产出；以及副产品的产生。

注2：抛弃物、逃逸物和废物不被视为副产品，不应分配任何温室气体排放量。

5.6.3.2　在运输过程中分配给副产品

将排放量分配给运输活动的副产品的方法应以质量为基础。

注：有证据表明，对于产品的运输，质量通常决定了车辆的最大载荷。

5.6.3.3　存储期间分配给复合产品（批发阶段）

将排放量分配给储存过程的副产品的方法应以体积为基础。

注：有证据表明，对于产品的冷藏，冷藏室的大小（体积）通常决定了可储存产品的最大数量。

5.6.4　产品温室气体排放计算

负责水产食品从摇篮到大门的温室气体排放评估的实体，应以一种不被误解为从摇篮到坟墓的完整的温室气体排放评估的方式记录结果和支持信息。如果从摇篮到坟墓的评估结果要告知其他各方，如供应链的后续阶段，还应提供所有相关的支持性资料。对于水产食品，应同评估结果一并提供下列补充资料：①确认从摇篮到大门的温室气体排放评估中的"门"是什么（如从摇篮到渔场的门、从摇篮到着陆的门、从摇篮到零售商或食品服务的门）。②在"大门"确定和报告与 1 kg 产品（包括包装）相关的温室气体排放和去除。③计算后续生命周期各阶段的排放和清除所需的信息。④关于 100 年评估期间产品中任何潜在碳储量的信息，包括计算碳储量数量的数据来源。

5.6.5　评论不同生命周期输入和输出的潜在意义

表 5-20 和表 5-21 列出了捕捞渔业和水产养殖的投入和产出清单，分别按它们对温室气体评估结果的潜在重要性进行了排序，并对其重要性进行了评论。

表 5-20　捕获渔业

以下生命周期的输入和输出总是会对温室气体评估结果产生重大影响		
能源	•船用特种馏分油 •柴油 •燃气 •电力	与能源使用相关的排放可能对摇篮温室气体排放评估至关重要
共同产品（如存在）	•登陆副渔获物 •鱼肉 •内脏 •贝壳等	共同产品可以由各种过程产生。如果确定了副产品，则应始终将所有上游过程的影响份额分配给这些副产品
以下生命周期的输入有可能对温室气体评估结果产生重大影响。但是，这些因素根据情况而变化，因此对评估结果的影响很小。因此，应始终考虑这些因素		
用于的材料冷冻	•冰冻 •制冷剂（包括大气的输入和损失）	在许多情况下，与制冷剂有关的排放对摇篮门评估的重要性可能很低。然而，当制冷剂用于冷却容器时，这些容器的影响可能是很重要的（特别是如果容器的年龄较大）
加工用的材料	•木材 •添加剂 •其他成分	根据加工水平的不同，与加工材料生产相关的排放量对于从摇篮到大门的温室气体排放评估的重要性可以从低到高不等
运输	在从摇篮到门评估的生命周期过程内或材料和产品之间的运输	运输的重要性可能因行驶距离、运输方式、使用的负载效率和使用的制冷剂类型而有所不同
以下生命周期的输入和输出预计对温室气体评估结果的影响较小		
用于捕获捕鱼作业的材料	•网杆 •线 •钩绳等	所涉及的数量和与消耗品生产有关的排放，对于从摇篮到大门的温室气体排放评估可能不那么重要
用于捕捞渔业作业的诱饵	•诱饵	并不是所有的捕捞渔场都使用诱饵。在使用诱饵时，与诱饵生产相关的排放对从摇篮到大门的温室气体排放评估的重要性可能较低。甲壳类捕集渔业是一个例外，在那里与诱饵生产相关的排放可能很重要
包装材料	•用于运输的工业包装（鱼箱、散装手提袋等） •消费者包装（初级包装和次要包装）	在许多情况下，包装的影响可能很小，但可能会有所不同。在供应链中使用的包装中，由于产品与包装比率，消费者包装可能有更大的影响
垃圾填埋	不同的工艺会产生不同的固体废物流	废物的重要性可能因废物的类型和它所经历的处理而有所不同

以下生命周期输入对温室气体评估结果的影响不显著		
用于维护产品的消耗品	•运输设备和机械中的非燃油使用 •防污剂 •清洁剂	一般来说，用于维护的产品的消耗量可能是最小的

表 5-21　水产养殖

以下生命周期的输入和输出总是会对温室气体评估结果产生重大影响		
能源	•船用特种馏分油 •柴油 •燃气 •木材 •电力	与能源使用有关的排放很可能对从摇篮到大门的温室气体排放评估具有高度重要意义。特别是对于陆基水产养殖系统，由于需要维持水质和氧气水平，能源消耗很高
水产养殖作业用的饲料、肥料和药品	•饲料 •肥料 •药物/疫苗	与水产养殖生产用饲料相关的排放可能对从摇篮到大门的温室气体排放评估至关重要
副产品	•鱼肉沫 •内脏 •贝壳等	共同产品可以由各种过程产生。如果确定了副产品，则应始终将所有上游过程的影响份额分配给这些副产品
以下生命周期的输入有可能对温室气体评估结果产生重大影响。但是，这些因素根据情况而变化，因此对评估结果的影响很小。因此，应该始终考虑这些因素		
加工用材料	•木材 •添加剂	根据加工水平的不同，与加工材料生产相关的排放量对于从摇篮到大门的温室气体排放评估的重要性可以从低到高不等
运输	在摇篮到大门评估的生命周期过程内或材料和产品之间的运输	运输的重要性可能因行驶距离、运输方式、使用的负载效率和使用的制冷剂类型而有所不同
以下生命周期的输入和输出预计对温室气体评估结果的影响较小		
水产养殖作业用材料	消耗品，如过滤器等	与水产养殖设备生产相关的排放对于从摇篮到大门的温室气体排放评估的重要性往往很低
冷冻用的材料	•冰冻 •制冷剂	制冷剂的释放量通常相对较少，因此重要性较低
包装材料	•用于运输的工业包装（鱼箱、散装手提袋等） •消费者包装（初级包装和次要包装）	在许多情况下，包装的影响可能很小，但可能会有所不同。在供应链中使用的包装中，由于产品与包装比，消费者包装可能有最大的影响

垃圾填埋	不同的工艺会产生不同的固体废物流	废物的重要性可能因废物的类型和它所经历的处理而有所不同
以下生命周期输入对温室气体评估结果的影响不显著		
用于维护产品的消耗品	• 运输设备和机械中的非燃油使用 • 防污剂 • 清洁剂	一般来说，用于维护的产品的消耗量可能是最小的

5.7 药品

5.7.1 介绍

《GHG Protocol-医药产品和医疗器械温室气体标准》对药品的温室气体清单进行一致的量化，适用于以下定义的所有药品和医疗器械，并适用于在任何地区生产和管理的产品。

药品的生命周期包括材料/资源的提取、活性药物成分（API）的生产、原料药与其他材料（包括输送机制和包装）的组合、形成最终产品、将产品分发给患者、包装和产品临终管理。

可合理排除在评估之外的生命周期阶段和过程的细节（基于现有的不重大证据，或意义重大的专家共识）；

关于库存计算过程的挑战性方面的具体指导，如有机原料药合成的多个加工阶段，以及多用途医疗器械的使用阶段；

• 对用户提出的关于主要/次要数据需求、来源和数据质量评估的要求、建议和指导；以及关于报告和保证的具体附加要求和建议。

5.7.1.1 范围限制

由 GHG Protocol 标准产生的限制是，在整个产品生命周期中，可能会错过环境影响之间的潜在权衡。因此，温室气体足迹试验的结果不应被单独用于传达产品的整体环境性能。在根据温室气体足迹评估的结果做出减少温室气体排放的决定时，还应考虑在产品生命周期中发生的非温室气体环境影响。对药品和医疗设备可能产生重大非温室气体影响的例子包括资源枯竭和对空气/水/陆地生态系统的更广泛污染。

5.7.1.2　数据类型

根据本产品标准进行产品温室气体库存计算所需的数据可分为以下类别：

①直接排放数据：指一个过程中直接排放的温室气体（如连续测量一个化学过程中的温室气体排放）。

②活动数据：可进一步分为工艺活动数据和财务活动数据，如下：

工艺活动数据：指物理输入和输出的数量（如材料、能源、气体排放、固体/液体废物、副产品等）。通常描述为特定年份的生产单位。还包括任何材料的运输、废物或最终产品的分布（如运输距离、使用的车辆等）。工艺活动数据包括原材料数据和过程数据，原材料数据包括直接包含在产品中的化学品和材料，通常通过材料清单进行描述。

过程数据，包括额外的输入/输出，如能源、溶剂、直接排放和废物。财务活动数据：是衡量导致温室气体排放的过程或流量的货币指标。这些数据可以与金融排放因子（如环境扩展的输入—输出[EEIO]排放因子）相结合。直接排放数据和活动数据都可以是主要数据或次要数据。主要数据是在本部分中定义为来自所研究产品生命周期中的特定过程的数据。这是第一手的信息，特定于相关的活动（如在单个站点的过程消耗的能量，或跨站点的平均值），从内部或从价值链中收集。主要数据可以被测量、计算或建模，只要其结果是特定于产品生命周期中的一个过程的。次要数据是非来自所研究产品生命周期中特定过程的数据，可能采用来自发表的研究或其他来源的有关活动的一般或典型信息（如能量需求和冷藏时的制冷剂损失）的形式。

③排放因子：将生产或消费活动量（国际描述）转化为温室气体排放的值——基于与生产和加工、材料/燃料/能源、运营运输工具、处理废物等相关的温室气体排放。这些通常以"$kgCO_2e$"为单位表示（如每升柴油、每千米运输或每千克垃圾填埋的惰性废物）。排放因素通常来自次要来源，并不要求它们来自主要来源。

5.7.1.3　选择主要数据或次要数据

如果收集过程中不受企业计算温室气体清单（如采购的商品原材料的生产）的控制，那可以在企业的价值链中收集可用且质量足够的初级数据。

当收集到的原始数据质量不足时，则可以使用次要数据。这是因为原始数据通常更能代表正在调查的过程，并可以提高温室气体清单的准确性。次要数据通常不太准确，因为它们只与实际发生的过程类似的流程相关，或与该过程的行业平均水平相关。从价值链中的重要活动中收集主要数据被视为一个重要的考虑因素，即建议企业请求来自其组织外部的数据（如在包括固体剂量形式的辅料等商品产品时）。只要在使用主要数据或次要数据之间做出选择，就必须考虑数据质量，并且企业应寻求使用可用的最高质量数据。这意味着，在主要数据质量较差的情况下，可以选择高质量的次要数据。

5.7.1.4 数据质量原则

在数据收集过程中，企业应通过使用数据质量指标来评估活动数据、排放因素和（或）直接排放数据的数据质量。产品温室气体清单结果的准确性或质量最终取决于用于计算它的数据的质量。必须考虑所使用的主要数据和次要数据的质量，并证明它们适当地代表了被评估的产品。

产品标准中定义了用于评估数据质量的 5 个数据质量指标：①技术代表性，数据反映在此过程中使用的实际技术的程度。②地理代表性，数据反映在清单边界内（如国家或地点）的过程的实际地理位置的程度。③时间代表性，数据反映过程的实际时间（如年份）。④完整性，数据在统计上代表过程地点的程度。⑤可靠性，用于获取数据的来源、数据收集方法和验证程序的可靠程度。

数据质量评估以及任何伴随的假设应与产品温室气体库存计算一起报告。应通过评估其对温室气体清单的贡献来确定。所有贡献超过选定的临界值总温室气体库存百分比（如占温室气体总库存的 10%）的过程都应被视为重要过程。对于每一个过程，都应提供详细信息（包括数据源、数据质量评分），或者对主要数据和次要数据的描述。收集数据和评估其质量是提高产品库存整体数据质量的一个迭代过程。如果一个重要过程的数据源被认为低质量，企业应该瞄准重新收集这些流程的数据。应将重大过程确定为温室气体清单评估的一部分。注重提高重大过程的数据质量，将提高温室气体库存计算的总体质量以及可以得出的结论质量。

5.7.1.5 收集主要数据

（1）在企业的组织边界内

确定明确的需求，并以相关的方式与企业内部的数据所有者进行沟通，是成功收集数据的关键。

①确定负责数据收集的内部部门和将保存数据的部门/站点。

②建立一种数据管理的方法，包括数据收集过程和质量评估。

③为所有参与数据收集过程的人提供一次培训或信息会议。

④评估数据质量并与内部部门跟进，以解决数据问题，并确定未来改进数据收集的方法。

（2）在企业的组织边界外

让供应商参与温室气体清单过程，将有助于收集价值链的特定主要数据，从而更好地了解排放源。这样做还可以鼓励在未来，寻找切实可行的机会，以减少产品的生命周期温室气体排放。

①与供应商工作前的内部计划：确定相关的内部部门；选择供应商并识别供应商信息；聘请采购人员，以确保确定了正确的供应商；制定一种管理供应商数据的方法，包括数据收集过程和质量评估。

②与供应商合作，收集温室气体数据：在开发和发送任何调查表格/数据收集模板之前，联系供应商并讨论其流程；如有需要，提供培训或信息课程；定期向相关供应商报告进展情况；确定那些选择不回应的供应商的后果；评估数据质量，并与供应商进行跟进，以解决数据问题。

通常，从供应商那里收集数据的最佳方法是准备供应商调查表单或数据收集模板，指定推荐的数据，以及评估数据质量的所有必要信息。最好的数据收集模板是根据特定的产品或流程进行定制的，但是如果不可能进行调整（如由于缺乏信息），通用模板仍然是一个有价值的工具。

（3）评估主要数据质量

不同的情况下可采用不同的初级数据质量评估方法。

①半定量评估。建议采用半定量的方法以支持外部披露，并帮助保持一致性和透明度。半定量的方法也可能增加内部评估的价值，随着时间的推移，可能允许更大的可比性和一致性。数据质量评估的半定量方法的好处是分数可以生成和求和，以使支持产品温室气体清单的数据质量进行总体估计。虽然这只是一个估计，但它提供了一个清晰而简单的指示，表明评估结果。在适用的情况下，也可以设置最低分数。国际参考生命周期数据系统（ILCD）手册（附件A）和欧盟委员会计算产品环境足迹的协调方法都描述了可使用的数据质量评估的半定量方法。

②定性评估。对于内部评估（如确定价值链中的热点），可能不需要正式的评估/记录，但重要的是要确保数据质量的差异不会过度影响调查结果和结论。定性评估应考虑 5 项数据质量指标，将它们评估为非常好、好、合理或差，以及相关评论。表 5-22 为评分程序的示例。

表 5-22　定性数据质量评估实例

评分	技术	时间	区域	完整性	可靠性
非常好	使用相同的技术生成的数据	数据年限不足 3 年	来自同一区域的数据	所有相关工艺现场的数据在足够的时间内，以平衡正常波动	基于测量值的验证数据
好	使用相似但不同的技术生成的数据	数据年限为 3~6 年	来自类似区域的数据	超过 50% 的现场有足够时间内的数据	部分基于假设的验证数据或基于测量的未验证数据
合理	使用不同的技术生成的数据	数据年限为 6~10 年	来自不同区域的数据	少于 50% 的现场在足够的时间内平衡正常波动或超过 50% 的站点，但时间较短	未经验证的数据部分基于假设或合格的估计（如部门专家）
差	技术未知的数据	数据年限大于 10 年	来自一个未知区域的数据	来自不到 50% 的现场的较短时间或代表性的数据是未知的	不合格估计

（4）次级数据源

温室气体协议网站（http://www.ghgprotocol.org/Third-Party-Databases）上提供了一个生命周期清单数据库的列表。这些数据可用于获取特定的库存数据（如二次活动数据或直接排放数据）或计算排放因子。

一般来说，建议使用辅助数据来源的以下层次结构：

①由行业平均数据产生的排放因素，并包含在生命周期清单数据库、行业协会报告、政府工作报告和符合 ISO 生命周期评估标准并经过严格审查的排放因素。

②如果无法获取，应使用已发表生命周期研究或专有软件包的其他现有同行评审生命周期数据。

③如果一个特定材料输入或工艺的排放因子不可用，则可以使用替代数据（如用类似的制造工艺替代材料）。

如果使用的是汇总的次级数据/排放因素，则需要注意它们是否符合用途。例如，主题产品的系统边界是否与相关的《产品标准》和《GHG Protocol-医药产品和医疗器械温室气体标准》中的边界要求相一致？如果没有，在使用前可能需要修正排放因子。

（5）评估次级数据质量

次要数据（无论是用于活动数据还是作为排放因子）也应使用关键标准的分数进行评估。在这种情况下，数据质量评估的目的是确保所使用的次要数据是最合适的，并确定任何不确定的领域。次要数据应根据正在使用的数据的具体过程进行评估。特别建议对被认为对温室气体清单有重要意义的过程进行数据质量评估。

对于初级数据质量的评分，ILCD 手册和 EC 方法草案中产品碳足迹的方法中提供半定量评分系统和定性评分系统的细节。建议采用半定量的方法来支持外部披露，因为这将有助于确保以一致和透明的方式评估数据。对于内部评估（如确定价值链中的热点地区），可能不需要进行正式的评估/记录，但重要的是要确保数据质量的差异不会过度影响调查结果和结论。

建议对内部评估进行定性评估。这应考虑 5 项数据质量指标，将它们评估为非常好、好、合格或差，以及相关的评论。

（6）计算产品温室气体清单结果

根据 IPCC 第四次评估报告（2007 年）或这些因素的最新发布版本，在计算药品库存结果时，应使用温室气体排放的 100 年全球变暖潜在因素（GWP）因素。最新的 GWP 值表可以在温室气体协议网站（网址：ghgprotocol.org）上找到。

对于每个模块，结果应报告为每个参考流量的二氧化碳当量质量（如 $kgCO_2e/kg$ 产品）。模块可以组合成一个完整的生命周期轮廓。

在计算模块的清单结果时，建议将一些结果单独报告，并作为清单结果的一部分进行汇总，如评估中计算的任何生物衍生的二氧化碳去除/排放；以及直接土地利用变化造成的任何温室气体排放。

评估所涵盖的期限应明确界定并予以报告。在研究产品的生命周期中可归属过程发生的时间，从自然中提取材料到在生命结束时返回自然（如焚烧）或离开研究产品的生命周期（如回收）。

5.7.2 药品

药品是一种用于医学目的的物质，旨在用于医学诊断、治疗、治疗或疾病预防。

经修订的第 2001/83/EC 指令第 1 条对药品的定义为：任何具有治疗或预防人类疾病特性的任何物质或物质组合；可用于人体的药理、免疫或代谢作用或医学诊断以恢复、纠正或修改生理功能的任何物质或物质组合。

5.7.2.1 药品类型和生产过程

药品的生产大致可分为原料药的生产和采用合适的给药机制进行给药两个主要阶段。每一个模块都包含在单独的指导模块中，并根据以下内容进行分解。

活性药物成分（API）的制造，包括：①从市售商品和特种化学品开始的合成有机化学批量工艺；②利用微生物或细胞培养物进行发酵；③以鸡蛋为基础的疫苗孵化培养方法；④结合疫苗的生产；⑤加工用化学品的植物性提取；⑥从动物和人类来源的来源中提取材料。

交付机制包括：①固体剂量形式，如药片或干粉；②用于摄入或用于其他输送机制的液体剂量形式和悬浮液；③用于将 API 转移到皮肤上的乳膏和软膏；④通过皮肤给药的农药贴剂；⑤吸入用气体；⑥使用计量吸入器（MDI）、干粉吸入器、自动注射器和喷雾器；⑦包装（如瓶、安瓿壶等），包装保护和储存产品的使用。

还有其他类别的药品（如放射性药品）在该行业中所占比例较小。但这些产品类别目前可能不包括在本部分中；药品以模块化的格式，通过包括不同的 API 和交付机制构建产品生命周期的温室气体清单；在这样做时，应考虑到下列步骤；①制定待评估产品的总体流程图；②确定哪些模块（生产过程和步骤）是否相关；③使用确定的模块指导，根据分析单位计算库存结果和报告；④汇总模块，基于开发的流程图（包括沿途的运输和存储步骤，并考虑任何浪费）建立库存结果；⑤考虑其他生命周期阶段（如分配、使用和处置）；⑥根据产品计算的温室气体清单；⑦评估不确定性和数据质量；⑧考虑保证和报告需求。

5.7.2.2 模块导向结构

以下概述了药品生产途径中的每个模块。

模块一：描述，提供了描述该模块的一般概述，包括实例。

模块二：边界设置：

①可归属性的流程：成为产品、制造产品并承载产品的生命周期。可归属过程可能包括化学原料和溶剂的制造、废物处理和处理过程中使用的能源。

②非属性化的流程：工艺和服务、材料和能量流与被研究的产品不是直接相关，因为它们不是产品、不制造产品，或直接将产品贯穿生命周期。非可归属过程可能包括在清洁、消毒使用化学品的碳温室气体排放和操作人员使用的防护装备中化学品的温室气体排放。

模块三：分析单位，由模块定义。

模块四：主要数据和分配，提供了关于主要数据的要求和收集的指导，还有相关的分配问题。

模块五：二次数据，如果需要辅助数据，需提供有关适当来源的指导。

实质性取舍规则：为了减少所需的数据量，可以从评估中排除非实质性的输入。非物质输入被定义为对产品未包装质量的贡献小于 1%的任何材料。

然而，这个"取舍规则"也有一些限制：①被排除的总输入不应大于 5%。②已知具有高温室气体影响或作为制造产品的主要目的的输入应始终包括在材料清单中。③所有使用的API都应被纳入评估，无论其对最终产品质量的重要性如何。

应进行筛选评估，以确定任何意义重大的材料，并确定根据截至规则应考虑的适用材料。筛查评估和重要性测试为了解产品的温室气体排放提供了有价值的见解，并将使数据收集的优先排序和有效利用时间和资源。

5.7.2.3 普通制药

（1）边界设定

在确定药品的从摇篮到大门的影响时，药品的生命周期包括材料/资源的提取；活性药物成分（API）的生产；原料药与其他材料（包括输送机制和包装）的组合；最终产品生成；产品分发给患者；包装和产品临终管理。医疗器械的生命周期可包括研发、材料/资源提取、材料生产、预加工、组装、消毒和包装、使用点分配、使用（包括能源和材料消耗、多用途物品的消毒）、包装和产品临终管理。例如主动、被动、可植入的仪器。并可用于疾病的预防、诊断或治疗等应用。分销和交付阶段、药品或医疗器械使用阶段和产品寿命终止阶段的指导相结合，影响药品的从摇篮到坟墓的阶段。

（2）分析单元

用于构建产品生命周期的每个模块都将有一个推荐的参考流程。为了完成一个产品的整个生命周期，这些参考流应该被组合成该产品的一个功能单元。一些药品可能需要医疗设备来进行管理和使用。

例如，对扑热息痛进行从摇篮到坟墓的评估。简单的参考流程可指一片扑热息痛片剂的温室气体清单。对产品的描述很少，几乎没有提供有关剂量或如何/在哪里的信息。如果内部评估调查不同的设施、地理位置，不同数量的API等需要进一步定义。包括描述这些附加注意事项的信息，一个功能单位可能是购买和摄入一片扑热息痛片剂，含500 mg API，由客户在家中的特定地理位置使用。

（3）主要数据和分配

在进行评估的企业的直接控制下的过程需要原始数据，并且在大多数情况下是首选的。主要数据包括原材料数据和工艺制造数据。原材料数据是指在产品制造过程中所包括和消耗的材料和化学品，通常可以被描述为材料清单数据。工艺数据是指在制造过程中发生的所有其他输入和输出。这些可能包括加工化学品（如溶剂）、过程消耗的能量、排放和废物以及废弃产品。在量化生产过程的输入和输出时，考虑生产效率（如返工）是很重要的。

（4）原材料数据

所有生产的原料药的原料和化学输入很可能对评估具有重要意义。因此，准确记录输入原料是进行稳健评估的关键。收集主要材料数据的潜在方法：为工艺图中确定为包含物的作业收集材料和化学原料输入的数据。材料和化学数据可以从许多来源和方法中收集，包括：①原料药制造的操作和批量制造说明（工艺指南）通常包含工艺所需的材料输入和输出的详细信息，是一个有用的信息来源；②物料清单数据可用于确定原料药的原料输入、数量和损耗率；③用于采购和供应监测的财务系统可以提供有关采购材料、供应商地点和消耗数量的有用信息；④应始终进行过程和化学方程式的质量平衡，以确保考虑到过程中的损失和废物。

在记录化学输入时，应清楚地报告来源和浓度，包括评论化学品在中间过程链中的位置。

（5）过程数据

根据可用于描述直接操作的数据级别，过程数据可能存在许多可能的数据收集方法，包括（按首选方法的顺序）：

1）直接测量过程

基于直接测量的方法收集过程数据是首选的方法。通过直接测量来收集数据的方法的例子包括：运行中使用的机械的分计量；使用流量计或测量值来记录消耗品输入物的质量或量。

如果在流程图中确定的操作是孤立的，并且不需要副产品分配，那么这种方法是可能的。

2）分配站点级数据

如果无法确定每个单独产品或副产品所需的能源或消耗品和排放，则个别操作或整个站点可以生产多种产品。然后建议分配温室气体排放的过程。在实践中，来自同一工艺的多个 API 产品很可能具有相似的市场价值，因此，应该使用基于产品质量的分配。

①单一 API 制造。如果生产单一 API，应收集数据，描述场地、子站点或过程的输入，并除以年产量。

②市场价值相近的多种原料药生产。如果从同一流程生产多个 API 或副产品，且数据不能分解，则应收集一年内的总流程输入。如果该过程中的所有 API 和副产品在市场上具有相似的价值，那么应使用数据收集期间所有产品和副产品的总质量来分配每个产品/副产品的温室气体排放。

③具有不同市场价值的多种原料药生产。如果多个 API 或副产品由同一工艺生产，且它们具有明显不同的市场价值，则应在经济基础上进行分配（如果副产品具有名义价值，以大量产量为基础进行分配并不是分配工艺温室气体排放的准

确方法）。应收集每年的工艺数据，并确定所有的产品和副产品。应计算所有产品和副产品的总价值，并用年度工艺数据除以该价值。

3）理论计算

原料药制造的操作说明（工艺指南）描述了关于直接操作的消耗品、溶剂使用和加热/能源要求的详细信息。对于能耗，理论要求可以根据每个工艺阶段的热力学方程来计算。当存在多个阶段且不能分离时，热力学反应的理论能量需求可以被聚合。

基于理论方法计算能源消耗排除了通过机械中的能量转换或环境损失造成的实际效率损失。应考虑这些工艺损失，并在理论计算中应用一个具有代表性的比例因子。如果使用理论计算，应报告所应用的比例因子。比例因子的目的是尝试考虑与建筑物能源消耗相关的过程，如供暖、通风和空调（HVAC）。一个缩放因子可以基于专家对工艺效率的判断。

5.7.2.4 活性药物成分（API）——合成有机化学物质

（1）描述

有机合成包括通过涉及溶剂的反应来构建有机化合物。来自不同来源的化学原料通常会经过转化，然后进行纯化，制成API。一项表明了用于合成制造原料药的化学转化类型的调查已经发表，包括烷基化、酰化、脱保护和官能团相互转化。

通过有机合成制造的原料药的例子可能包括对乙酰氨基酚（如扑热息痛）、阿司匹林（如乙酰水杨酸）、枸橼酸西地那非、各种营养补充剂。

（2）边界设定

通过化学合成制造原料药可能需要许多中间化学转化（在某些情况下是大于25）。任何这些中间阶段都可以外包，API制造商可以在此过程中的任何阶段购买中间产品。例如，原料药制造商的一般化学转化可以外包。因此，整个有机合成链可能不受原料药制造商的直接控制。

在进行原料药生产的库存计算时，应制定类似的流程图。它应该明确地识别产品链中的所有核心过程，以及在进行评估的公司的直接控制下的所有过程。

下面概述了有机合成中需要考虑的典型过程。

可归属的过程包括：材料和化学输入；材料和化学运输；能源/燃料的产生和消耗；废弃物处理；溶剂的制造、使用和处理；催化剂的制造、使用和处置；溶剂回收和焚烧；合成过程排放。

不可归属的流程包括：用于清洁的化学品；消毒，灭菌；与产品制造相关的制冷剂泄漏。

综合工艺排放排除的可归因和非可归因过程包括：材料和化学输入物的包装；处理输入包装（如 IBC、桶、托盘等）；消耗品的生产和处理（如手套、防护衣、过滤器、墨盒等）。

（3）分析单元

对于以固体形式生产的原料药，输出参考流量应按质量报告，即每千克原料药。对于以液体形式交付的原料药，参考流量仍应以大量原料药为基础提供，但也应报告原料药的浓度。

（4）初始级数据和分配

在制定的流程图中确定，在进行评估的企业直接控制下的流程需要原始数据。

（5）次级数据源

在流程图中标识的进程超出了企业，主要数据收集仍然是首选。然而，合适的次级数据源可以用来表示这些输入和模块，当质量次级数据的质量优于主数据的质量时。

（6）化学原料

购买一种化学物质作为原料来开始有机合成过程。企业只能直接进行一些中间工艺，但无论企业开始加工的哪个阶段，都始终确定使用的初始基本原料。对于简单的化学品，应努力尽可能地收集价值链上的初级数据。

为了近似地从次级数据源购买化学品，应使用以下层次结构：①一个精确的匹配；②类似的化学物质；③合成用组成化学品的组合（如使用丙烯酸和乙醇数据的化学计量计算来近似丙烯酸乙酯）；④化学来源类别（如有机物质和无机化学物质等）。

化学原料次级数据的潜在来源包括：①Ecoinvent；②US LCI；③ILCD；④LCA 国际期刊。

如果无法通过这些相关化学品数据或其他生命周期清单数据库获得，苏黎世联邦理工学院开发了一种名为菲尼赫姆的软件工具，可用于估算化学品生产的温室气体排放。为了有效地使用菲尼赫姆软件工具，储备化学和化学结构的知识是有益的。

精细化技术是一种自由分布的软件工具，从其分子结构近似于石化原料的排放因子。当没有主要数据和次要数据时，可以使用精细化技术来接近相关原料的温室气体，而不需要接近制造过程。该模型应仅用于基础原料，而不用于制造原料药的任何化学转化。使用精细化技术近似被认为比使用生命周期清单数据集的数据质量更低，这应该反映在数据质量报告中。

比较例子：采用精细化学法，对经基苯乙酮的排放因子为 5.0 kgCO₂e/kg。基于苯酚和乙酸酐的公共 LCI 数据集的近似值，计算出的排放因子约为 7.0 kgCO₂e/kg。

（7）中间化学转化（中间产物）

一种原料药的制造可能包含许多中间化学转化，而一个企业可以在整个原料药生产过程中承担任意数量的这些中间过程。企业可以从承包商处购买部分制造的原料药，但无法收集上游中间工艺的主要数据。为了接近这些在企业直接控制之外的中间过程，可以采取以下方法。

如果没有在公司控制之外的中间过程的初级数据，则应使用两种方法中的一种估计中间过程。方法 1 是首选的方法。使用任何一种方法都应被认为数据质量得分较低，这应该反映在数据质量评估中。

1）方法 1

理论近似法比较例子：首先应确定初始的化学原料，然后是原料药在生产过程中所经历的化学过程，这些数据应通过公司研发活动或详细的操作说明获得。基于热力学和化学方程的理论计算可以计算中间过程的每个阶段。中间工艺阶段可以与化学原料相结合，为纳入公司直接运营的中间产品开发一个排放因子。

2）方法 2

如果中间过程阶段不知道，或者无法计算理论过程的温室气体排放，则可以采用比例系统。初始的化学原料仍应被确定和估计。一旦确定了中间化学转化的数量，每个化学转化都可以应用一个比例因子来产生原料药的估计值。这应该被给予一个较低的数据质量分数，并根据指导内容进行报告。

由英国制药工业协会（The Association of the British Pharmacentical Industry，ABPI）整理的一些合成原料药的研究表明，合成原料药的中位数排放因子为 1 500 kgCO₂e/kgAPI，范围为 100～10 000+kgCO₂e/kgAPI。

在所有情况下，都应在工艺图中确定并报告在企业直接操作以外进行的初始原料化学品和中间工艺。

（8）溶剂制造和处理

溶剂的使用在有机合成过程中具有重要意义。需要考虑它们的制造和重要的处理。

1）制造

许多溶剂被视为商品材料，因此，应考虑使用溶剂制造中一致的排放因子计算不同原料药时溶剂制造。Ecoinvent 数据集包含大约 50 种溶剂，这些溶剂在

Ecoinvent 文档中有详细描述另一份文件列出了排放情况这些溶剂的因素基于 Ecoinvent 数据。

这些排放因子代表了特定地理位置和时间段的平均处理过程。应该考虑修改这些数据集，以更具体地针对所使用的溶剂。

2）处理

使用溶剂可以遵循许多处理途径，包括：回收非药物级溶剂（如油漆稀释剂）；通过焚烧法进行处理（有无能量回收）。

首选初级数据，并应尽可能多地收集。如果没有初级数据，则可以基于来自平均数据集的次级数据源对处理过程进行建模。一个有用的例子是由苏黎世联邦理工学院开发的生态溶剂工具。生态溶剂是一种 LCA 工具，允许对用户定义的废溶剂混合物的各种废溶剂处理方法进行评估。该模型可应用于蒸馏、焚烧和废水处理技术，以估计废物溶剂的排放因子，并可在此过程中考虑预处理的影响。

溶剂处理的副产品（如能量回收、溶剂回收或销售以供进一步使用的废溶剂）可参考《GHG Protocol-医药产品和医疗器械温室气体标准》第 4.3 节中的副产品分配指导进行考虑。如果能源是从溶剂焚烧中回收的，则应在企业能源消耗的直接运营中计入，或被视为场外销售的副产品。

5.7.2.5　细胞培养

（1）描述

通过细胞培养过程（或生物制药过程）制造原料药涉及从细胞系中生成原料药。这一类包括细胞系的发展，一个发酵阶段，允许细胞在小规模或大规模的增殖，然后提取单克隆抗体、酶、抗癌药物、疫苗或其他药物物质。生产原料药的其他过程可能包括各种粗分离和细分离步骤、过滤和离心以提取相关产品。

（2）边界设定

细胞培养可以在小规模或大规模的过程中进行。通常，细胞系是通过研发操作在内部培养的。然后，这些细胞系被转移到含有生长介质的血管中。这些血管在取决于细胞类型的最佳生长条件的温度下不断搅拌，直到达到活细胞计数。得到的材料经过过滤和纯化步骤，提取 API 供使用。发酵通常以分批处理方式进行。然而，连续发酵是目前的一个发展领域。

在进行通过细胞培养生产原料药的清单计算时，应制定类似的工艺图。它可以明确地识别产品链中的所有核心过程，以及在进行评估的企业的直接控制下的所有过程。以下为中间流程的示例：

可归因的过程包括：①细胞系的储存；②生长介质；③发酵热量和能量；

④提取和过滤能量；⑤生长介质的处理；⑥材料和化学运输；⑦能源/燃料的产生和消耗；⑧废弃物处理。

不可归因的流程包括：①用于清洁的化学品；②发酵容器（不包括批次）；③血管灭菌；④过滤材料的制造和处理；⑤与产品制造相关的制冷剂泄漏。

综合工艺排放排除的可归因和不可归因的过程包括：①材料和化学输入物的包装；②处理输入包装（如 IBC、桶、托盘等）；③发酵批次容器；④消耗品的生产和处理（如手套、防护衣、过滤器、墨盒等）。

（3）分析单元

对于从细胞培养过程中生产的固体原料药，应报告每千克原料药。对于以液体形式交付的原料药，参考流量仍应以大量原料药为基础提供，但也应报告原料药的浓度。

（4）初级数据和分配

在进行评估的企业的直接控制下的过程需要原始数据，并且在大多数情况下是首选的。

（5）发酵

应收集在发酵过程中使用的材料和能量的初级数据。在发酵过程中，经常需要加热和搅拌。应根据直接测量或理论计算的指导收集和报告能量。发酵过程中的排放量特别相关，在收集初级数据时应加以考虑。根据生长介质的组成和生物源性碳的含量，应分别报告化石温室气体和生物源性温室气体的释放情况。如果不可能测量发酵释放的排放，则从理论计算中确定排放，并根据生长介质的生物含量按比例计算是一种可接受的方法。

废物生长介质的处置应根据测量的废物生长介质的数量进行计算。

（6）灭菌

通过发酵容器灭菌消耗的能量和化学品可能对细胞培养原料药制造的结果有重要贡献。应根据通过容器灭菌而消耗的能量、水和化学品的参考流量收集和分配数据。

（7）增长媒介

所使用的生长介质是一个可归因的过程，应报告材料的类型和来源。生长介质中的生物碳将需要根据产品标准的要求进行处理。如果增长介质是由该公司制造的，则应收集该过程的制造数据，包括材料输入、能源、排放和废物。应进行测量，以了解产生预期产量所需的生长介质的数量，这些数据应与生长介质的初级数据或次级数据排放因子相结合。

废物生长介质的处理同样重要，应在评估中予以考虑，同时可能存在许多处理途径。

（8）次级数据源

对于确定的在企业直接控制之外的流程，仍然优先。但是，当次级数据的质量优于初级数据的质量时，可以使用合适的次级数据源来表示这些输入和模块。

5.7.2.6　蛋基栽培

（1）描述

通过以鸡蛋为基础的培养过程生产的 API 通常使用鸡蛋作为细胞培养的生长容器。通过研发活动开发的细胞系被注射到专门培养的卵子中，并培养直到细胞充分生长。这些细胞被提取出来并进行进一步的处理，卵子则被丢弃。流感疫苗是通过鸡蛋培养过程生产的原料药的一个例子。

（2）边界设定

该过程需要在无菌环境中生产鸡蛋，然后转移到鸡蛋中作为孵化容器使用。与生产鸡蛋有关的温室气体排放被认为是在原料药生产的范围内。在注射细胞系之前也被考虑。一旦这些细胞被注射到卵子中，这些细胞就会被孵化。孵化步骤需要热量和能量。一旦生长，细胞就被提取出来进行进一步处理。多种疫苗可以在一个卵容器中生长。建议进行分配。废鸡蛋可以煮熟以去除任何残留的疫苗，并通过适当的途径进行处理。

可归因的过程包括：①养鸡和鸡蛋生产；②注射和孵育；③提取；④进一步的合成过程；⑤烹饪及适当处理废鸡蛋；⑥材料和化学运输；⑦能源/燃料的产生和消耗；⑧提取后储存。

不可归因的过程包括：①用于清洁的化学品；②养殖动物处置；③灭菌；④病毒分离；⑤与产品制造相关的制冷剂泄漏。

综合工艺排放排除的可归因和不可归因的过程包括：①材料和化学输入物的包装；②处理输入包装（如 IBC、桶、托盘等）；③发酵批次容器；④消耗品的生产和处理（如手套、防护衣、过滤器、墨盒等）。

（3）分析单元

对于由鸡蛋疫苗工艺生产的固体原料药，输出参考流量应按质量报告，即每千克原料药。对于以液体形式交付的原料药，参考流量仍应以大量原料药为基础提供，但也应报告原料药的浓度。

（4）初级数据和分配

在企业的直接控制下的所有流程都需要初级数据。有些生产过程（如鸡蛋生产），可能会外包给承包商。在这种情况下，初级数据是首选，但可以使用鸡蛋生产的次级数据。

额外的注射、孵育、提取和蒸煮/处理阶段还需要收集初级数据。这应根据合成化学有机品章节中关于直接测量的指导方针进行。应尽可能地通过测量的方式报告能源、工艺输入、排放和废物。如果这不可取，应报告现场数据并适当分配。

在生产过程中，蛋料的处理以受损种蛋的形式发生，并且在疫苗培养后使用鸡蛋。在确定产蛋温室气体排放量时，受损鸡蛋也应考虑在内。应根据建议对卵孕育过程中的鸡蛋处理进行说明。

1）孵化的主要数据

一旦收到鸡蛋，通常会取出一部分壳，并将细胞系注射到鸡蛋中进行培养孵化需要一个无菌的环境、热量和能量。数据应通过直接测量、现场数据或每个鸡蛋的理论计算来进行收集：①孵化所需的热量和能量；②设备消毒所需的能源、化学品和水。

每个鸡蛋的疫苗产量对于确定每生产大量疫苗所需的鸡蛋数量非常重要，如果在一个鸡蛋中培养了多种疫苗，则建议进行分配。

2）鸡蛋疫苗分配

如果疫苗具有类似的市场价值，则应进行大规模的分配。如果疫苗的市场价值有显著不同，则建议进行经济分配。

（5）次级数据

生产用于疫苗生长的鸡蛋和处理废物鸡蛋很可能不受生产该原料药的公司的直接控制。无法获得初级数据的过程应使用辅助数据。

对于公司直接控制下的工艺阶段（如孵化），可以使用能源产生和燃烧、化学制造和其他工艺输入的二次数据。

产蛋的次级数据：如果饲养不受企业直接控制，可以使用次级数据。与产蛋量有关的影响有多种来源。一个例子是 Defra 研究，它确定了每个鸡蛋产生的温室气体排放量（Defra，确定农业和园艺商品生产中的环境负担和资源使用）。进一步的信息可在相关的报告和模型中获得。然而作为指导，每 2 万个鸡蛋提供 5.5 t 二氧化碳。

应考虑产蛋过程的地理位置、时间段和技术，并应尽可能地修改二级数据集，来反映这一点。

二级值应报告为在每个鸡蛋的质量和"每个鸡蛋"的基础上，用于孵化两者的质量不同，因为鸡蛋的数量和需要记录鸡蛋被处理的数量。

预计专门为疫苗种植而生产鸡蛋需要环境控制措施，超过通常生产鸡蛋的措施。应考虑是否适用于为食品生产的鸡蛋的温室气体排放。

5.7.2.7 结合疫苗

（1）描述

结合疫苗是通过将抗原或类毒素与一种可被接受者识别和接受的微生物连接起来而产生的。将抗原与载体蛋白结合，可以将细菌性疾病的风险降至最低。通过结合过程生产疫苗的例子包括各种脑膜炎球菌结合疫苗。

（2）边界设定

结合疫苗包括生产蛋白质，以及培养抗原和类毒素来结合产生结合物。这些蛋白质和抗原通过衍生化产生反应，并结合生产疫苗。然后进行净化和过滤，以生产最终产品。

目前存在其他生产疫苗的方法，在与正在评估的疫苗生产过程有关时，应参考为其他模块（如细胞培养、基于鸡蛋的培养和合成有机化学品）提供的指导。

在对任何原料药生产进行库存计算时，应制定流程图。流程图应明确识别产品链中的所有核心流程，以及在进行评估的公司的直接控制下的所有流程。

在报告中概述了应列入评估的关键可归因和不可归因的过程。

可归因的过程包括：①蛋白质的产生；②抗原或类毒素的产生；③衍生化的化学品和能量；④接合；⑤化学品和能源过滤和净化；⑥进一步的合成过程；⑦能源/燃料的产生和消耗；⑧材料和化学运输；⑨废弃物处理；⑩储藏。

不可归因的过程包括：①用于清洁的化学品；②灭菌；③与产品制造相关的制冷剂泄漏。

综合工艺排放排除这些可归因和不可归因的过程：①材料和化学输入物的包装；②处理输入包装（如 IBC、桶、托盘等）；③消耗品的生产和处理（如手套、防护衣、过滤器、墨盒等）。

（3）分析单元

对于作为结合疫苗生产的固体原料药，输出参考流量应按质量报告，即每千克原料药。对于以液体形式交付的原料药，参考流量仍应以大量原料药为基础提供，但也应报告原料药的浓度。

（4）初级数据和分配

结合疫苗生产的数据要求应遵循上述生命周期阶段。第 5.2.7.3 节普通制药章节中所述的初级数据收集过程可用于建立结合疫苗产品的温室气体清单。收集的数据应考虑为每个过程使用化学品和能源。应特别考虑使用溶剂和膜来过滤和纯化疫苗。

（5）次级数据源

对于流程图中标示的流程，这些流程不在企业，初级数据收集仍然是首选。然而，合适的次级数据源可以用来表示这些输入和模块，当次级数据的质量优于初级数据的质量时。

5.7.2.8　植物提取

（1）描述

通过植物提取生产原料药包括从植物来源中提取物质进行进一步加工。通常种植植物，对其碾碎以提取氨基酸和糖，进行化学提取并进一步提炼以生产原料药。

通过植物提取生产的原料药的例子包括：①罂粟碱；②紫杉针的紫杉醇；③来自洋地黄的地高辛。

（2）边界设定

在对任何原料药生产进行库存计算时，应制定流程图。它应明确识别产品链中的所有核心流程，以及在进行评估的公司的直接控制下的所有流程。

可归因的过程包括：①植物栽培；②化肥和杀虫剂；③机械加工（如提取）；④化学提取人工栽培；⑤人工栽培的影响（如收获）；⑥干燥能源温室。

不可归因的过程包括：①用于清洁的化学品；②栽培废弃物的处置；③土地利用改变；④与产品制造相关的制冷剂泄漏；⑤收获和干燥能量；⑥能源/燃料的产生和消耗；⑦材料和化学运输；⑧废弃物处理。

综合工艺排放排除这些可归因和不可归因的过程：①材料和化学输入物的包装；②处理输入包装（如 IBC、桶、托盘等）；③消耗品的生产和处理（如手套、防护衣、过滤器、墨盒等）。

应特别考虑植物栽培和提取过程的方法。植物的种植应纳入评估。然而，如果植物是自然生长的，并且在生长过程中不需要人为输入，则可以排除这个阶段，因为它们的生长默认为是不受干扰的。如果需要任何材料或能量来帮助植物生长，这些因素也应考虑在内。采集紫杉针叶而不是在商业上种植紫杉树可以被认为是天然的植物生长。还应在相关和计算时考虑与土地使用变化相关的影响。

化学萃取后的进一步精炼概述的有机合成途径，酶法工艺通常可用于下游通过植物性提取技术生产 API。

（3）分析单元

对于基于植物的提取工艺生产的固体原料药，输出参考流量应按每千克原料药报告。对于以液体形式提供的原料药，仍应以大量原料药为基础提供参考流量，报告原料药的浓度。

（4）初级数据和分配

在进行评估的企业的直接控制下的过程需要初级数据，并且在大多数情况下初级数据是首选。

如果企业拥有或经营农场来种植植物进行化学提取，建议使用初级数据来描述种植过程。此外，如果提取过程受到企业的直接控制，则需要初级数据。

1）收集植物栽培数据

在需要初级栽培数据的情况下，在 PAS 2050-1 园艺补充要求中就数据需求和分配程序提供了有用的指导。应参考本文件，并包括以下相关流程的数据：①种子或幼植物生产；②幼嫩植物材料的储存；③作物栽培；④作物储存交通运输；⑤废物管理；⑥土地利用变化影响。

建议捕获栽培阶段的典型数据包括：①随着时间变化的作物产量；②种植期间的车辆油耗化肥、农药、除草剂的消耗；③灌洗工程能耗。

农业过程的抽样如果在价值链中有多个种植者，则可以取样，以限制所需的数据收集的范围。如果农业供应商的数量大于 10 个，应考虑抽样。

抽样指南应遵循《园艺产品生命周期温室气体排放评估》（PAS 2050：2012）第 7.3 节中提供的描述和示例。

有加工厂时，可能会出现一些副产品。下面将讨论将栽培温室气体排放量分配给副产品的过程。

2）工厂副产品分配

许多有用的产品和副产品可以从植物性材料中采购。通常，当提取化学品提炼成原料药时，会产生副产物。最常见的副产品是废工厂的材料，可以作为饲料或发电燃料出售。

在分配给辅助产品时，建议使用以下层次结构：①扩展产品系统，尽可能避免需要分配的情况；②如果副产品具有相似的特性、功能或市场价值，则应进行大规模分配；③如果副产品没有相似的特性、功能或市场价值，则应在经济基础上进行分配。

在实践中，不同的栽培副产品可能在市场价值上存在显著差异，因此，基于经济的分配将是首选的方法。关于副产品分配的进一步指导可以参考 PAS 2050 园艺补充要求。

特殊情况是，提取的剩余植物材料可以燃烧产生热量和能量，而不是继续出售。如果热量和能源在内部使用，燃烧过程应包括燃烧过程产生的排放，植物材料的使用将反映在外部能源消耗的减少上。如果现场产生热量和能量并出口，系统应扩大，包括通过使用植物材料避免的能源消耗。

3）土地使用变化的核算

如果在过去 20 年的使用期间发生了土地使用的变化，则应考虑土地使用变化的影响。

4）收集化学物质的提取数据

植物栽培后，从化学物质中提取出来进一步精炼。溶剂经常用于提取（如从器粟中提取生物碱）。

化学品提取的典型数据包括：溶剂消耗量；溶剂回收和处理；能源消耗排放和废物处理。

如果无法测量工艺投入，则可以从 API 操作说明中计算工艺投入，包括溶剂使用、能源消耗和排放。无论收集初级数据的方法是什么，提取的实际产率是正确分配温室气体排放的关健。

（5）次级数据源

对于确定在公司直接控制之外的流程，仍然优先选择初级数据。但是，当次数据的质量优于初级数据的质量时，可以使用合适的次数据源来表示这些输入和模块。

植物栽培次级数据：①植物栽培的次要数据的潜在来源可能包括：PAS 2050 园艺产品补充要求（www.bsigroup.com/pas2050）；②NNFCC 英国国家生物能源、燃料和材料中心（http://www.nnfcc.co.uk/）；③联合国粮食及农业组织（http://faostat.fao.org/site/567/default.aspx#ancor）。

5.7.2.9　动物和人类衍生的产品

（1）描述

动物来源的原料药是指从动物来源中提取成分，无论是人工养殖的还是自然饲养的。成分可以从活的动物中提取，也可以要求屠宰该动物。饲养动物可产生副产品。

人源性 API 是指将人的血浆进一步加工成疫苗。白蛋白通常通过离心步骤和随后的分离过程从血液中提取，并将这些蛋白质用于疫苗培养。分离可以采用多种方法进行，如乙醇分馏。通过这些工艺生产的 API 的示例包括：①人血浆中的凝血因子；②猪肠中的肝素。

（2）边界设定

对于动物衍生原料药，原料药生产的动物饲养应包括在清单计算中。如果饲养和屠宰动物以提取所需的材料，则可以从动物身上生产出副产品（如肉等）。

对于人类来源的 API，血浆通常来源于献血者，白蛋白通过离心步骤进行分离，并随后进行分离或纯化过程。白蛋白被用作疫苗培养的基础，并可以进一步地加工生产原料药。进一步的加工可以遵循有机合成指南中描述的类似途径。

下文列出了应列入评估的关键可归因和非可归因过程。对于人类来源的API，与鲜血血浆提取的影响被认为不在评估范围之内。

可归因的过程包括：①动物饲养；②从动物中提取材料；③人白蛋白等离子体分离的能量和废物；④由分解和净化所产生的化学物质和能量；⑤进一步的合成过程；⑥能源/燃料的产生和消耗；⑦材料和化学运输；⑧废弃物处理；⑨储存。

不可归因的过程包括：①用于清洁的化学品；②灭菌；③与产品制造相关的制冷剂泄漏。

排除这些可归因和不可归因的过程：①材料和化学输入物的包装；②通过献血者采血；③处理输入包装（如IBC、桶、托盘等）；④消耗品的生产和处理（如手套、防护衣、过滤器、墨盒等）。

（3）分析单元

对于由动物或人类衍生工艺生产的固体原料药，输出参考流量应按每千克原料药报告。对于以液体形式提供的原料药，参考量仍应以原料药为基础提供参考流量，但也应报告原料药的浓度。

（4）初级数据和分配

对于人类来源的原料药，从捐赠者中提取的血液被排除在血浆来源的产品的边界之外。一旦血液来源，与储存、分离、纯化和分离相关的温室气体排放应包括在相关产品的流程图中。对于这些在公司直接控制下的操作，应根据以下详细介绍的直接测量、现场数据或理论计算的方法收集初级数据。

1）人体血浆的初级数据

一旦血液通过捐赠获得，与白蛋白分离相关的温室气体排放应包括在内。应收集所有确定的分离、分离和净化过程的数据，考虑并报告数据质量。例如：①通过离心分离而产生的能量消耗；②在分密和净化过程中产生的能源消耗；③在整个分馏过程中使用的化学品，包括在分留过程中使用的乙醇；④通过适当的处置途径处理废物和化学品。

在计算温室气体清单结果时，应考虑饲养提取动物。

2）动物饲养

如果原料药来自动物，则应考虑动物饲养。可能与动物饲养有关的数据可以包括：①动物饲料；②动物排放的温室气体（如甲烷）排放量；③通过化肥/杀虫剂和能源使用进行农业排放；④动物屠宰产生的能量和废物。

如果动物来自多个农场，应考虑抽样做法，以限制所需数据收集的范围。考虑与植物产品类似的取样考虑，在超过 10 个农场时应使用抽样。抽样指南应按照《园艺产品生命周期温室气体排放评估》（PAS 2050：2012）第 7.3 节中提供的描述和例子进行调整。

从动物或人类来源提取 API 所需的很多过程可以产生副产物。

3）来自动物或人类衍生过程的产品分配

分离血液作为血浆或饲养动物可以产生其他有价值的副产品。如果有副产品，则建议分配分离的温室气体排放量。如果副产品具有相似的市场价值，则可以使用基于质量的分配。如果副产品在市场价值上有显著差异，或以名义价值出售，则优先选择经济分配。

如果没有副产物，或者副产物不能被识别，分离的温室气体排放可以完全分配给白蛋白。

（5）次级数据源

对于流程图中确定在公司直接控制之外的流程，仍然优先选择初级数据。但是，当次数据的质量优于主数据的质量时，可以使用合适的次数据源来表示这些输入和模块。

5.8　纺织品

PAS 2050：2011 的园艺补充要求，以及另外两种用于评估主要由纺织品生产的任何产品生命周期中的温室气体排放的方法。

这些补充要求的目的是通过提供以下条件，帮助在纺织产品行业一致地应用温室气体排放评估的通用方法：①纺织品在评估方面的重点是补充要求，这些评估结果可能有利于评估结果；②与纺织品的主要排放来源直接相关的规则或评估要求；③明确如何统一地应用特定元素纺织产品工业部门内的评估方法；④增强了不同方法提供的评估结果之间的协同作用。

PAS 2395 与一种特定方法结合使用，将对纺织品整个生命周期的温室气体排放提供可靠的、可重复的评估。PAS 2395 采用了与 PAS 2050：2011 相同的内容序列和结构，在其他条款中，PAS 2395 对在对纺织品进行温室气体排放评估时对特别困难的使用阶段和回收阶段等要素提供了补充要求和指导。由于纺织品贸易的全球性，在任何要评估纺织品排放的地方，最好使用 PAS 2395 中规定的补充要求。因此，在来自世界不同地区的专家的参与下，开发了 PAS 2395，旨在提供一套补充要求，以便在任何生产和使用纺织品的地方有益地应用。

5.8.1 范围

评估大量由纺织品生产的任何产品的整个生命周期中的温室气体排放的补充要求。所提供的补充要求与 PAS 2050：2011 方法相兼容，并被精确地格式化，但实际上并不需要使用 PAS 2050：2011 作为基本方法。PAS 2395 要求用户作为第一步，从预定的国际适用方法列表中确定首选的温室气体评估方法，并在随后的评估过程中统一地应用所选择的方法，并相应地应用 PAS 2395 提供的补充要求。在整个 PAS 2395 中，规定评估纺织品温室气体排放的补充要求的条款格式与相关的 PAS 2050：2011 条款一致，但也提供了替代方法中适当的等效条款的交叉引用。PAS 2395 提供了补充要求，与 PAS 2050：2011 方法一起使用，为评估纺织品中的温室气体排放提供了一个强有力的规范。当与其他指定的方法一起使用时，它还可以提供可信的温室气体排放评估，并针对纺织品和纺织品产品的温室气体评估方法进行优化。

PAS 2395 遵循了 PAS 2050：2011 的先例，没有规定对纺织品生命周期中温室气体排放的量化结果的沟通要求。但是，它确实指出，其他可比方法所提供的交流方法适合在有意图或预期交流评估结果时使用。

可以进行选择的基本方法列表如下：①ISO/TS 14067：2013；②WRI/WBCSD 的温室气体协议产品标准；③PAS 2050：2011。

PAS 2395 解决了全球变暖潜力的单一影响类别。它没有评估提供纺织品所产生的其他潜在的社会、经济和环境影响，如非温室气体排放、酸化、富营养化、毒性、生物多样性或劳动力。

还有与这些产品的生命周期相关的其他社会、经济和环境影响。因此，使用 PAS 2395 结合 PAS 2050：2011、ISO/TS 14067：2013 或 WRI/WBCSD 的温室气体协议产品标准评估纺织产品的温室气体排放，并不能提供这些产品的整体环境影响指标。

5.8.2 原则和实施

5.8.2.1 概述

根据 PAS 2050：2011 提供的评估方法，对纺织品从摇篮到坟墓阶段评估温室气体排放。此外，通过 ISO/TS 14067：2013 或温室气体协议产品标准中的交叉引用条款，也可以使用 PAS 2395 的规定和其中一种规范提供的方法，提供针对纺织品和纺织品产品优化的温室气体排放评估。

产品标识的确定：对于经常用于覆盖的纺织品来说，对被评估产品的适当标识和定义尤为重要。任何排放评估的报告必须明确说明评估仅针对纺织品成分还是包括成品的所有部分。建议在决定是否包括非纺织成分的排放和去除时，由已上市产品的识别和功能来决定。例如，非织物衬垫地毯的评估结果应包括衬垫材料产生的排放，而对于织物覆盖的汽车座椅，评估结果可以是汽车座椅套，其中将只包括织物覆盖的排放和去除。对于一个单独的汽车座椅，需要包括所有部件的排放和去除。

分析单元：确定和统一使用一个适当的功能单元。需要评估产品的特定数量和质量确定作为特定评估范围的一部分，而功能单元，只在与纺织品的使用和预期用途有关的范围内被评估。

评估的完整性：被评估的过程必须包括与被评估纺织品的制造、使用和处置有关的所有活动，包括原材料采购、能源使用、运输和回收或再利用。

纺织品在其整个生命周期中可能产生的潜在温室气体排放量可以仅根据 PAS 2050：2011 的要求进行评估。然而，额外使用 PAS 2395 将使温室气体排放评估能够与纺织产品的特定生命周期特征更加相关。

5.8.2.2 基本评估方法的选择（BAM）

（1）BAM 默认值

纺织品标题下的指示性产品类别见表 5-23。

表 5-23 纺织品标题下的指示性产品类别

衣服、服装	家庭	产业用纺织品和土工织物
• 西装、连衣裙和连衣裙 • 衬衫、T 恤、衬衫、毛衣等 • 裤子、裙子 • 内衣、睡衣、衣衫 • 运动服和泳装 • 手套、围巾、披肩、领带	• 地毯和地板覆盖物 • 床上用品 • 桌布 • 窗帘、百叶窗和装饰织物 • 毯子、地毯等 • 抹布、防尘布、清洁布 • 厨房和浴室毛巾	• 防静电的 • 导电 • 湿度感应 • 绝缘材料 • 水分管理 • 辐射滤波 • 热调节

注：在工业纺织品和土工织物类别下提供的例子包括其在服装和家用产品以外的应用中的功能。然而，这是可以承认的；其中一些功能可以纳入服装或家用产品。

（2）替代 BAM

如果未将 PAS 2050：2011 用作 BAM，则应使用 ISO/TS 14067：2013 或 GHG 协议产品标准中提供的方法作为 BAM，但仅采用所选的替代方案：按照公司的要求进行处理各自的规范；在纺织品生命周期的所有阶段的；在任何给定的评估中都是一致的。

（3）补充材料的使用

PAS 2395 对补充材料进行规定，使 PAS 2050：2011 中提供的评估方法能够应用于纺织品温室气体排放的评估，与单独应用 PAS 2050：2011 相比，应用的确定性更强。

对于使用替代 BAMs 进行温室气体排放评估，每个条款分别交叉引用 ISO/TS 14067：2013 和 GHG 协议产品标准中的相关条款，在整个评估过程中逐条款取代指定的 PAS 2050：2011 条款。

（4）可替代 BAM

1）一般原则

3 种评估方法的应用原则来自同一来源，并广泛地保持一致。第三方机构在进行任何纺织品温室气体排放评估时所工作的原则完全符合所选 BAM 的要求。

2）ISO/TS 14067：2013

如果 ISO/TS 14067：2013 中提供的方法已被选择为 BAM，则第 4 条中纳入的 PAS 2050：2011 原则应被表 5-24 中确定的同等 ISO/TS 14067：2013 条款所取代。

3）温室气体协议产品标准

如果温室气体协议产品标准中提供的方法已被选择为 BAM，则第 4 条中纳入的 PAS 2050：2011 原则应被表 5-24 中确定的同等温室气体协议产品标准章节所取代。

表 5-24　评估原则—BAM 等效性

话题	PAS 2050：2011 条款	ISO/TS 14067：2013 条款	温室气体协议产品标准部分
①一般要求	4.1	5.1	3.3
②原则	4.2	5.2 to 5.14	4.2
③补充要求	4.3	6.2	5.3.2，Appendix A
④记录保存	4.4	7	C.2.7，Appendix C
⑤实施	4.5	63.4.2	7.2

5.8.2.3 系统边界

（1）对纺织品地从摇篮到坟墓的评估应包括以下活动（表 5-25）

①农业，包括直接和间接能源投入、灌溉、作物保护、营养化学品和农药、轧棉、发酵和除胶。

②畜牧业，包括育种、饲养、饲养、废物处理、卫生控制和剪毛。

③开采，包括从基本材料中采矿、钻探和分离获得所需的元素。

④纺织生产和纱线准备工艺，包括聚合物合成和人造纤维生产、梳理、纺丝、纹理、织布、针织、洗涤、漂白、染色和化学精加工工艺，包括水、化学品和直接或间接能源使用。

⑤产品的制造过程，包括切割，装配/化妆、染色、印刷或整理、包装材料、直接和间接能源使用、化学品和用水。

注：不排除纺织品装饰产品（如饰件、纽扣等）的排放。

⑥运输，包括在生命周期之间和在生命周期内阶段。例如从原材料到纺织品生产，在产品完成阶段和批发/零售网点之间，以及从废物收集到回收/废物处理。

⑦使用/再使用阶段：清洗或干洗，修理/重新造型、熨烫/按压、干燥、吸尘和地毯清洁，以及化学整理过程，考虑电力、洗涤剂/化学使用和废水处理。

⑧通过回收利用进行的报废废物管理，包括可生物降解材料的堆肥或处置（如通过填埋或焚烧）。

对于每一项活动，任何能源和材料的输入以及废物和副产品的产出都应考虑包括在任何特定纺织品的系统范围内。

如果纺织品没有标准的系统边界，则应确定任何特定纺织品的活动、投入和产出，并决定它们是否构成不同单元工艺的单独或综合活动。

注：可以认为，对于①、②和③，初级数据可能难以获得，并且在大多数情况下，初级数据将用于这些过程。请注意 PAS 2050：2011 中 7.3 的要求："初级活动数据应从进行评估的组织拥有、运营或控制的过程中收集。"此补充要求不能覆盖或修改该要求。

（2）产品系统的元素

在为任何给定的纺织品设置系统边界时，应考虑纳到每个不同流程的输入和输出流程，并考虑重要性规则。

注释所列项目可在重要性规则（PAS 2050：2011 中的 6.3）下被排除，前提是任何此类排除的性质、范围和原因已明确记录。

表 5-25 纺织品设定系统边界考虑的过程

阶段	源类型	源类别（不排除）	类别子组（不排除）	数据收集的常见单元	贡献
1）原材料采购	a) 农业为植物纤维，或性畜饲料，为动物纤维	工厂输入材料	种子、幼苗	每公顷每千克种子每公顷植物块	中
		氮（N）肥	硝酸铵其他化学氮肥料	每年每公顷使用千克	高
		植物保护用化学品和营养素	除草剂、杀虫剂、杀菌剂、硫酸盐、石灰、磷酸盐	每年每公顷使用千克	低
		有机肥料	肥料、堆肥加工作物修正，如生物炭	每年每公顷施用的总质量	中
		能量载体	来自化石的燃料；来自生物源的燃料；电；热电联产	任何（每年）可明确涉及使用和生产的温室气体排放（如每种纺织品千瓦时）	高
		植保材料	网；栅栏；多隧道；塑料；薄膜覆盖物	每年使用材料的千克（对于寿命超过一年的保护材料，应计算年影响）	低
		土地使用变化	在过去的 20 年里，由于土地使用的变化（特别是森林砍伐）而导致的碳储量的变化；以及与燃烧有关的非 CO_2 损失	每年每公顷地上生物量损失吨（20 年）每公顷每年燃烧的生物量吨千克每公顷土壤碳变化	中

阶段	源类型	源类别（不排除）	类别子组（不排除）	数据收集的常见单元	贡献
1) 原材料采购	b) 牲畜关于饲料料生产过程，见农业 a)	饲料加工	饲料作物干燥、加工及饲料精矿"饲料"生产	加工的千克植物生物量 每年每千克植物材料使用的能源单位	中 低
		繁殖饲养	粪便和尿液在牧场上的直接沉积是直接和间接排放的氮、氨排放	每年每只动物的废物用量为每千克氮	高
			肠道发酵（反刍动物）产生甲烷	每年每只动物，每千克甲烷	高
			氮、氧和碳的直接和间接排放的肥料管理	每年每只动物的每千克氧化亚氮、每年每只动物每千克甲烷	中
	c) 采矿	地下或深矿	为矿山提供空气地能源，例如： 隧道设备； 切割机； 起重机机构； 输送机	任何（每年）的适当能源指标可明确联系使用和生产的温室气体排放（如每煤千瓦时）	高
			甲烷排放和捕获	每年每千克甲烷	高
		表面或露天矿	土地使用变化	每年每公顷地上生物量损失吨（20年）、每公顷每年燃烧的生物量吨千克每公顷、顷土壤碳变化	中
			能源来源： 拖曳绳（拆除覆盖层）； 动力铲； 斗轮式挖掘机； 输送机	任何适当的（每年）的能源措施施都可以明确地与生产使用和生产的温室气体排放联系在一起	高

阶段	源类型	源类别（不排除）	类别子组（不排除）	数据收集的常见单元	贡献
1) 原材料采购	c) 采矿	表面或露天矿	甲烷排放和利捕获	每年每千克甲烷	高
			土地使用变化	每年每公顷地上生物量损失吨（20年） 每公顷每年燃烧的生物量干克每公顷土壤碳变化	中
	d) 石油萃取和精炼	勘探开采 管道施工	用于： 灌装的能源； 井口作业	任何适当地（每年）的能源与使用和生产的温室气体排放联系起来	高
		纺织生产流程的化学输入流	由于石油炼制或生产乙烯（碳、氢、乙烯）而造成的能源使用	任何（每年）的适当能源指标可以明确联系使用和生产精炼产品的温室气体排放（如每伴精炼产品干瓦时）	中
2) 纺织生产	a) 材料用于纺丝/纹理加工的	一清洗液用空气添加剂 一制备剂 一润滑剂 一石蜡 一其他化学品 一水 一包装： • 塑料包装 • 托盘	包括化学品和水，以及用于纱线加工的包装材料	每年每千克材料	低
		燃料 热 生物质 电	包括用于形成纱线的所有能源	任何（每年）的适当能源指标可明确联系使用和生产的温室气体排放（如每种纺织品干瓦时）	高

阶段	源类型	源类别（不排除）	类别子组（不排除）	数据收集的常见单元	贡献
2）纺织生产	c）织造/针织原料	纱线	输入数据来自表5-17相关的原材料使用，注意避免重复计数，这不是额外的输入	千克材料/年或平方米材料/年	高
	d）编织/针织材料	一油和润滑： • 针织油 • 冲洗油 一水 一包装： • 塑料袋 • 扭结扎带	包括化学品和水，以及用于织物形成的包装材料	每年每千克材料	低
	e）能源使用用于编织、毛毡编织等	燃料 热 生物质 电	包括所有用于织物形成的所有能源	任何（每年）的适当能源指标均可明确涉及使用和生产的温室气体排放（如每种纺织品的千瓦时）	高
	f）成品织物的原材料	织物	输入数据来自表5-17相关的原材料使用，注意避免重复计数，这不是额外的输入	每年每千克材料或每年每平方米材料	高
	g）成品织物材料	树脂催化剂柔软剂混合物： • 油 • 蜡 • 聚乙烯 表面活性剂 水 包装： • 袋 • 领带	包括用于编织编织过程后的织物整理过程输入材料数据	每年每千克材料	低

阶段	源类型	源类别（不排除）	类别子组（不排除）	数据收集的常见单元	贡献
	h) 成品织物能源使用	燃料 热 生物质 电		包括用于整理织物的所有能源	任何（每年）的适当能源指标均可明确涉及使用和生产的温室气体排放（如每种纺织品的千瓦时）	高
	i) 原材料漂白法	织物	输入数据来自表5-17相关的原材料使用 注意避免重复计数，这不是额外的输入	每年每千克材料或每年每平方米材料	中
	j) 漂白材料	NaOH用于苛性碱精炼 过氧化氢。 空气 特种稳定剂 其他化学品 包装： ·塑料袋 ·捆结扎带	包括用于漂白过程的化学品和包装材料	每年每千克材料	低
2) 纺织生产	k) 漂白处理水	处理过的水洗涤剂织物 软化剂复合剂水 用于水处理的化学品	记录和使用用于漂白过程的水和化学品的数据	每年每千克材料	低
	l) 用于漂白的能源	燃料 热 生物质 电	包括用于漂白的所有能源	任何（每年）的适当能源指标均可明确涉及使用和生产的温室气体排放（如每种纺织品的千瓦时）	高
	m) 染色原料	织物	输入数据来自表5-17相关的原材料使用 注意避免重复计数，这不是额外的输入	每年每千克材料或每年每平方米材料	中

阶段	源类型	源类别（不排除）	类别子组（不排除）	数据收集的常见单元	贡献
2）纺织生产	n）染色材料	盐 染料 化工专用 包装： ·塑料袋 ·扭结扎带	包括用于染色过程、漂白后处理的化学品和包装材料	每年每千克材料	低
	o）染色处理水	处理过的水 洗涤剂纺织物软化剂 复合剂用于水处理的化学品	记录和使用染色过程中所用的水和化学品的数据	每年每千克材料	低
	p）用于染色的能源	燃料 热 生物质能 电	包括用于染色的所有能源	任何（每年）的适当能源指标均可明确涉及使用和生产的温室气体排放（如每种纺织品的千瓦时）	低
	q）印刷用原材料	织物	输入数据来自表5-17相关的原材料使用注意避免重复计数。这不是额外的输入	每年每千克材料或每年平方米材料	低
	r）印刷材料	一打印： ·墨水 一辅助化学品 一包装： ·塑料袋 ·扭扎带	包括染料、颜料和其他化学品，以及用于印刷过程的包装材料	每年每千克材料	低

阶段	源类型	源类别（不排除）	类别子组（不排除）	数据收集的常见单元	贡献
2）纺织生产	s）用于印刷的能源	燃料 热 生物质 电	包括用于印刷的所有能源	任何（每年）的适当能源指标均可明确涉及使用和生产涉及的温室气体排放（如每种纺织品的千瓦时）	低
3）产品制造业	a）切割/缝制的原材料	漂白、印染后的织物	输入数据来自表5-17相关的原材料使用。注意避免重复计数，这不是额外的输入	每年每千克材料或每年每平方米材料	低
	b）材料切割/缝纫（带包装）	缝合线辅助部件：按钮、拉链、标签、衣领子、袖口、内衬包装：塑料袋、纸张、箱子、盒子	包括用于切割/缝制和包装工艺的化学品和包装材料，作为最终工艺	每年每千克材料	低
	c）能源使用 切割/缝纫（带包装）	燃料 热 生物质 电	包括用于切割/缝纫过程的所有能源	任何（每年）的适当能源指标可明确联系使用和生产的温室气体排放（如每种纺织品的千瓦时）	中
4）使用	a）能源使用	电的用途、清洗、烘干、熨烫、干洗	包括用于洗涤、干洗的所有能源	千瓦时每一次洗涤 千瓦时每一次干燥 千瓦时每一次熨烫 每一次干洗	高
	b）洗涤剂使用	洗涤剂	在一个家庭中使用的洗涤剂的量可以作为参考。根据用户的场景，可以添加织物调节素	千克水每次洗涤 升水每次洗涤	中
	c）用水	水	用于洗衣服的水量可以参考输入数据。注意不同织物的水量不同	千克水每次洗涤 升水每次洗涤	低

阶段	源类型	源类别（不排除）	类别子组（不排除）	数据收集的常见单元	贡献
5）寿命结束/处置	a）再使用	一包装： • 塑料袋、盒子、箱子 一纺织产品	基于实际重用发生的输入可以使用在可以获得发生证据的地方（不应该做出假设）	包装及纺织品每年的复用率 千克的材料每年	低
	b）废物处理	一纺织产品废物 一包装： • 塑料 • 纸张 • 金属	废物处理数据（回收、填埋、焚烧及能源回收），不包括确定可重复使用的材料	每年千克废物处理方式	中
	c）废水处理	水	仅包括废物处理废物产生的废水的处理	千克每年废水或升废水每年	低

表 5-26　输入将被排除在对纺织品的温室气体排放的评估之外

阶段	输入类别 （产品/材料/能源）	类别子组 （在数据采集级别）	贡献值
1）纺织产品制造业	1）生产和维护用于制造树脂，纱线和织物成型以及湿法加工的机器和其他能源利用设备	除了运行和维护这些机器和其他能源使用设备所需的消耗品外	—
	2）建筑物，道路和人行道以及其他表面的生产和维护	—	大多对温室气体排放的贡献较低
2）使用阶段	1）洗涤、干燥、熨烫和干洗机器的生产和维护	除耗材外，要维护这些机器	—
	2）生产和维护 建筑物、道路和其他表面	—	大多对温室气体排放的贡献较低
3）寿命结束/处置	废物处理机器的生产和维护	除耗材外，要维护这些机器	—
4）交通	1）车辆的生产和维护	除消耗品外，还负责维护这些车辆	—
	2）道路、铁路等路面的生产与维护	—	大多对温室气体排放的贡献较低

（3）使用阶段

计算使用阶段温室气体排放的数据应为：

①所评估纺织品的终生清洁周期，基于：

• 由制造商承诺的纺织品：保证期乘以下文中最接近的相应清洁频率；

注：使用阶段中提供的计算规范为评估提供了一个通用的基础，从而允许对类似性质的产品之间的报告结果进行比较。调整因素包含的计算是为了反映一个给定的产品不会的可能性，事实上，仍在使用整个寿命周期中，因此，生命周期清洗周期的数量不会高。对于由制造商担保支持的产品和被归类为"持续使用"的产品，调整因素是不合适的，因此不适用。

• 对于制造商供应商不支持的纺织品，由承担或指导评估的实体选择的估计寿命清洁周期，i）～v）如下：

i）持续使用：假设寿命不超过 12 个月，可能的清洁频率为每个月 4 次，调整系数为 20%＝评估的使用寿命清洁周期：38；

ii）频繁使用：假设寿命不超过 18 个月，可能的清洁频率为每个月 2 次，调整系数为 20%＝评估的使用寿命清洁周期：29；

　　iii）定期使用：假设寿命不超过 30 个月，可能的清洗频率为每个月 1 次，调整系数为 15%的=寿命清洗周期，以供评估：26；

　　iv）偶尔使用：假设寿命不超过 42 个月，可能的清洁频率为每 1 月 0.5 次循环，调整系数为 10%=评估的使用寿命清洁周期：19；

　　v）持续使用：假设寿命不超过 60 个月，可能每 12 个月清洗 1 次=评估的使用寿命清洁周期：5；

　　②每次洗涤的用电量或干洗周期需考虑机器负载，以便分配到各自的产品类型；

　　③待机模式的用电量用于清洗设备；

　　④每次清洗的用水量或干洗周期；

　　⑤每份洗涤剂/清洁化学物质的消耗量单次清洗或干洗周期；

　　⑥平均干燥周期的耗电量；

　　⑦每次熨烫的耗电量。

　　使用阶段温室气体排放计算的选定依据必须记录在案，并结合与被评估纺织品有关的终生温室气体排放评估结果的任何通报予以公布。

　　注：制造商推荐使用的清洗或清洗方法（机器在特定温度下用特定时间使用特定数量的洗涤剂进行（如在指定温度下用特定量的洗涤剂在指定时间内用机器清洗）可作为确定产品使用相温室气体排放的基础。这些信息可以在产品护理标签、维护文件或产品附带的使用说明中找到。如果这些建议包括清洗频率，则可以用来代替所评估纺织品的终生清洁周期中提供的相关频率），以及在任何温室气体评估结果报告中所使用的任何替代频率的来源。已发布的产品类别规则（PCR）中特定产品类型的平均数据也可用于此目的，不同类型纺织品的典型预期寿命可从已发布的来源获得。

5.8.2.4　数据

　　（1）可替代 BAM 法

　　①如果 ISO/TS 14067：2013 中提供的方法被选为 BAM，那么 PAS 2050：2011 条款可选为同等 ISO/TS 14067：2013 条款

　　②如果温室气体协议产品标准中提供的方法已被选为 BAM，则 PAS 2050：2011 条款可被选为的同等温室气体协议产品标准章节取代（表 5-27）。

表 5-27 数据—BAM 等价替换

主题	PAS 2050：2011 条款	ISO/TS 14067 条款	温室气体协议产品标准部分
1）数据	7	6.3.5	8
2）通用规则	7.1	6.3.5	8.2
3）数据质量规则	7.2	6.3.5	8.2，8.3
4）主要活动数据	7.3	6.3.5	8.2，8.3
5）辅助数据	7.4	6.3.5	8.2，8.3
6）一个产品的周期	7.5	6.3.5	14.3 步骤 2
7）排放的可变性，以及与产品生命周期相关的清除	7.6	6.3.5	14.3 步骤 4
8）数据采样	7.7	6.3.5	8.3.3
9）非 CO、排放，关于牲畜和土壤的数据	7.8	6.4.9.7	未特别提及
10）燃料、电和热的排放数据	7.9	6.4.9.3	未特别提及
11）分析有效性	7.10	6.3.6	未特别提及

5.8.2.5 排放分配

在分配方面可实施 PAS 2395 的补充要求

（1）纺织品分配偏好——向副产品分配

对副产品的排放分配方法应按照优先顺序考虑：

①避免：通过"划分要分配的单位流程"或"扩大产品系统"。

②如果联产品具有相似的特征和（或）功能（如重新着色或重新印刷的 T 恤，或具有不同装饰的衣服），则分配应基于质量。

③如果副产品不具有相似的特性和（或）功能，则分配应基于副产品的经济价值（经济分配），并且应在不少于一年的期限内计算。

④一个例外是处于摇篮到农场阶段的动物纤维，并考虑到农场中的混合动物物种。为此，应使用在一年内计算的生物物理因果关系。

> 注：生物物理因果关系的解释：动物的采食量与生产的产品（如肉类、牛奶和纤维等）的数量以及肠道发酵和粪便管理（农场的主要排放源）的温室气体排放水平一致。建议根据生长、羊毛生产、产奶、繁殖和维护等动物生理功能的能量要求进行生物物理分配，以计算产品（包括羊毛和羊绒纤维）的温室气体排放量。IPCC（2006 年）根据纤维的能量含量计算纤维生产所需的能源需求。实际上，纤维生产是由蛋白质需求决定的，应该考虑使用基于蛋白质的生物物理因果关系的未来方法论发展。

（2）废物燃烧和能量回收

温室气体排放和由能量和（或）发热产生的废物燃烧产生的回收应按照 PAS 2050：2011，8.2.2 进行分配。

（3）回收材料的使用与回收

根据 PAS 2050：2011，8.3 的要求，"评估回收或可回收材料产生的排放的方法，如闭环回收。例如，使用回收纺织品作为原材料应参见附件 D"［PAS 2050：2011（闭环近似法或 0-100 输出法）］。开环循环，回收材料的影响见 PAS 2050：2011 回收含量法 D.2（100-0 法），将回收前的排放分配到原产品系统边界。

注：闭环近似方法仅适用于可回收材料输入保持与原始材料输入相同的固有特性时。

（4）与重复使用相关的排放处理

与重复使用相关的排放处理应符合 PAS 2050：2011，8.4。但是，在评估中考虑到重复使用衣物的好处，需要注意对重复使用的衣物的需求可能出现重大波动。

表 5-28　排放分配—BAM 等价替换

主题	PAS 2050：2011 条款	ISO/TS 14067 条款	温室气体协议产品标准部分
1）排放分配	8	6.4.6	9
2）一般要求	8.1	6.4.6	9.1、9.2
3）废物排放	8.2	6.3.8	9.2、9.3.1
4）使用回收材料和回收利用	8.3	6.4.6.3	9.1、9.2
5）与再使用相关的排放物的处理	8.4	未单独说明（见 6.4.6.3）	未单独说明（见 9）
6）使用热电联产法生产能源所产生的排放量	8.5	未特别提及	未特别提及
7）来自运输的排放	8.6	未单独说明（见 6.3.4.3、6.3.8）	9.1

5.8.2.6　纺织品温室气体排放量的计算

如果 ISO/TS 14067：2013 中提供的方法已被选择为 BAM，则 PAS 2050：2011 原则应被表 5-29 中规定的同等 ISO/TS 14067：2013 条款取代。

如果温室气体协议产品标准中提供的方法已被选择为 BAM，则 PAS 2050：2011 原则应被表 5-29 中确定的等效温室气体协议产品标准章节取代。

表 5-29　纺织品温室气体排放量的计算—BAM 等价替换

主题	PAS 2050：2011 条款	ISO/TS 14067 条款	温室气体协议产品标准部分
产品的温室气体排放量的计算	9	6.0	11.0

6 供应链碳标签计算与报告

6.1 目标

企业每个产品生命周期排放总和，外加其他范围三类别（如员工通勤、商务旅行及投资）可近似得出企业的温室气体总排放量（范围一+范围二+范围三）。实际上，在计算范围三排放时，并不要求企业计算每个产品的生命周期清单。

编制范围三清单加强了企业对其价值链的温室气体排放的理解，这是有效管理相关的风险和机遇，以及减少价值链温室气体排放的重要步骤。在核算范围三排放前，企业需要确定目标（表 6-1）。

表 6-1　目标及内容

目标	内容
确定和理解与价值链排放相关的风险和机遇	➢ 确定价值链中与温室气体相关的风险； ➢ 确定新的市场机遇； ➢ 报告投资和采购决策
确定温室气体减排机会，设置减排目标和跟踪排放情况	➢ 确定价值链中的温室气体"热点"并优先减排； ➢ 设定范围三温室气体减排目标； ➢ 长期持续地量化和报告温室气体绩效
吸引价值链伙伴参与温室气体管理	➢ 与价值链中的供应商、客户及其他企业建立伙伴关系，以达到温室气体减排目标； ➢ 在供应链中扩大温室气体的核算责任、透明度和管理； ➢ 增强企业吸引供应商参与透明度； ➢ 降低供应链中的能耗、成本和风险，并避免未来与能源和排放相关的成本； ➢ 通过提高供应链效率和减少材料、资源和能耗来减少成本

目标	内容
通过公开报告，为利益相关方提供信息并增加企业声誉	➢ 通过公开披露增强企业声誉和责任感； ➢ 通过公开披露温室气体排放和减排目标进展的信息，展示企业的环境管理工作，从而满足利益相关方的需求，提供利益相关方的声誉，并改善利益相关方关系； ➢ 参与政府领导的和非政府组织领导的温室气体报告和管理计划，以便披露与温室气体相关的信息

6.2　范围三核算及报告步骤

6.2.1　步骤和要求

编制企业温室气体排放的范围三清单，标准化的方法和原则可以增加范围三清单的一致性和透明度，使其能真实与公允地反映实际情况，图 6-1 是范围三核算及报告步骤，表 6-2 是范围三核算及报告要求。

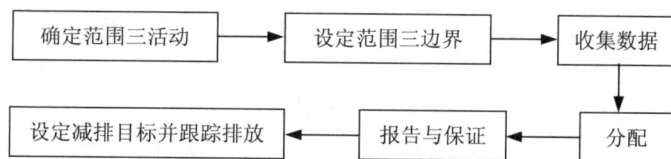

图 6-1　范围三核算及报告步骤

表 6-2　范围三核算及报告要求

步骤	要求
遵循范围三核算原则和报告原则	➢ 相关性：确保温室气体清单能适当地反映企业的温室气体排放状况并满足内部和外部用户的需求。 ➢ 完整性：在清单边界内说明和报告全部温室气体排放源和活动，披露并解释排除项及其理由。 ➢ 一致性：使用一致性的方法，可以保证持续期内对排放的绩效跟踪是有意义的。按时间顺序，对数据、边界、方法等相关因素的变化公开透明地以文件证明。 ➢ 透明度：基于清晰的审计线索，真实、清晰地处理所有相关议题。披露任何相关假设，并给出核算与计算方法以及数据源的参考文献。 ➢ 准确性：在可判断的范围内，温室气体量化尽可能减少不确定性，让使用者在决策时合理地相信所报告信息的统一性

步骤	要求
设定范围三边界	➢ 应核算全部范围三的排放，并披露和解释任何排除项及其理由。 ➢ 根据边界说明其排放所在的范围三类别。 ➢ 应核算二氧化碳、甲烷、氧化亚氮、氟化碳化合物、全氟化碳和六氟化硫的范围三排放（如有）。 ➢ 价值链中的生物源温室气体排放应单独报告
设定减排目标并跟踪排放	➢ 选定基准年，并说明理由。 ➢ 制定基准年排放重新计算方案，并阐明重新计算的原因。 ➢ 在企业结构或清单方法发生明显改变时，应重新计算基准年的排放
报告	➢ 范围一和范围二排放报告。 ➢ 按类别对全部的范围三排放进行报告。 ➢ 对范围三的每个类别，以二氧化碳当量形势报告该类别全部温室气体排放，不包括生物源二氧化碳排放，也独立于任何温室气体交易，如抵消等。 ➢ 列出清单所包括的范围三类别和活动，对于未包括的范围三类别和活动应解释排除理由。 ➢ 基准年确定后，应报告：作为范围三基准年的年份；选择理由；基准年排放重新计算方案；基准年的范围三分类别的排放量；基准年排放重新计算的合理说明。 ➢ 对范围三每个类别，单独报告生物源二氧化碳排放。 ➢ 对范围三每个类别，描述用于计算排放量的数据类型和来源，包括活动数据、排放因子和 GWP，并描述报告中的排放数据的数据质量。 ➢ 对范围三每个类别，说明计算范围三排放使用的方法、分配方法和计算排放量使用的假设。 ➢ 对范围三每个类别，使用从供应商或其他价值链伙伴处获得的数据计算的排放量百分比

6.2.2 确定范围三排放

完整的温室气体清单包括范围一、范围二和范围三，各个范围相互独立。企业范围一、范围二和范围三的排放代表了与企业活动相关的全部温室气体排放，见表 6-3。

6.2.3 组织边界和范围三排放

企业应对范围一、范围二和范围三清单采用一致的合并方法（表 6-4）。合并方法的选择会对企业价值链活动的分类产生影响。被排除在企业组织边界范围一和范围二清单之外的运营或活动的范围三活动包括：①企业组织边界内实体的价值链活动产生的排放；②不包含在企业组织边界内，但由于企业所有或控制的租赁资产，投资和特许经营权产生的排放。

表6-3 范围概述

排放类别	范围	定义	范例
直接排放	范围一	企业拥有或控制的运营产生的排放	拥有或控制的锅炉、熔炉、交通工具等燃烧产生的排放；拥有或控制的工艺设备中化学品的排放等
	范围二	企业消耗的购买或收购的电力、蒸汽、供热或供冷而产生的排放	外购电力、蒸汽、供热等
间接排放	范围三	企业供应链中其他实体（如材料供应商、零售商、雇员和客户等）拥有或控制的排放源（范围二中未包括的），包括上游和下游的排放	外购产品的生产、运输，和产品的使用等

表6-4 合并方法

合并方法	说明
股权比例	根据股权比例方法，企业根据其在运营中的股权比例核算其运营的温室气体排放。股权比例反映经济利益，是企业对运营风险和收益所具有的权利的程度
财务控制	根据财务控制方法，企业对其具有财务控制权的温室气体排放进行100%的核算。对其存在利润收益但无财务控制权的运营活动，不需要进行温室气体排放核算
运营控制	根据运营控制方法，企业对其具有运营控制权的温室气体排放进行100%的核算。对其存在利润收益但无运营控制权的运营活动，不需要进行温室气体排放核算

6.2.4 范围三排放

基于报告企业的财务交易，将范围三排放分为上游排放和下游排放，其中上游排放是指与购买或收购的商品和服务相关的间接温室气体排放，下游排放是指与售出商品和服务相关的间接温室气体排放。

6.2.5 范围三类别

为企业在其供应链内部组织、报告多样性的范围三活动提供系统性的框架，可将范围三排放分成多个不同的类别（表6-5），每个范围三类别是由多个个别产生排放的范围三活动组成的，且相互独立，不存在重复计算的问题。

表 6-5　范围三类别

上游或下游	范围三类别
范围三上游排放	①外购商品和服务； ②资本商品； ③燃料和能源相关活动（未包括在范围一和范围二中的部分）； ④上游运输和配送； ⑤运营中产生的废弃物； ⑥商务旅行； ⑦雇员通勤； ⑧上游租赁资产
范围三下游排放	⑨下游运输和配送； ⑩售出产品的加工； ⑪售出产品的使用； ⑫处理寿命终止的售出产品； ⑬下游租赁资产； ⑭特许经营权； ⑮投资

按范围三类别分别报告范围三排放，任何不包括在范围三类别列表中的范围三活动可单独报告。

（1）范围三类别的最小边界

为标准化范围三类别的边界，确保主要的活动均被包括在范围三清单中，设定了范围三类别的最小边界。企业可以包括各类别内的可选项活动的排放，对包含在各类别的最小边界中的范围三活动进行排除，对排除项进行解释说明。

对某些范围三类别（如外购商品和服务、燃料和能源相关活动），最小边界包括购买产品的所有上游排放，以确保清单覆盖了发生在产品生命周期中的排放。对其他类别（如运输和配送、运营中产生的废弃物、商务旅行、雇员通勤、租赁资产、特许经营权、售出产品的使用等），最小边界包括相关价值链（如运输供应商、废物管理公司、运输载体、雇员、出租方、特许权授予方、消费者等）的范围一和范围二的排放。对这些类别，与范围三类别相关的主要排放来自实体的范围一和范围二的活动，而不是与制造生产资料或基础设施相关联的排放。必要时企业可以核算最小边界以外的额外排放。

（2）范围三类别的时间边界

对某些范围三类别，排放与活动同时发生，所以排放与企业活动发生在同一年。对某些类别，排放可能发生在过去某年。对于其他范围三类别，由于报告年份的活动具有长期的排放效果，因此排放预计在未来发生，对于这些类别，报告的数据不应被解释为已经发生的排放，而是作为报告年内活动的结果而预期将要发生的排放。

6.2.6 范围三类别说明

（1）类别 1：外购商品和服务

本类别包括报告企业在报告年份购买或收购的产品的生产过程的全部上游（从摇篮到大门）排放。产品包括有形产品和无形产品。

本类别包括未包含在上游范围三排放的其他类别（类别 2～类别 8）中的所有外购产品产生的排放。

从摇篮到大门的排放包括发生在外购产品的生命周期内，直到报告企业接收时点的全部排放（不包括报告企业拥有或控制的排放源的排放）。报告企业外购产品的使用排放被核算到范围一或范围二内。

（2）类别 2：资本商品

本类别包括报告企业在报告年份购买或收购的资本商品生产的全部上游排放。报告企业对资本商品的使用排放属于范围一排放或范围二排放。

资本商品属于具有延长生命的最终产品，被企业用来制造产品、提供服务或出售、储存和交付货物。从财务核算角度看，资本商品可以被视作固定资产或厂房、财产和设备。例如，资本商品包括设备、机械、建筑物、设施和车辆。

企业按照其财务核算程序，确定将购买的产品作为类别 2 的资本商品，还是类别 1 的外购产品，不重复核算类别 1 和类别 2 的排放。

（3）类别 3：未包含在范围一或范围二内的燃料和能源相关排放

本类别包括报告企业在报告年份购买和消耗的燃料及能源生产的相关排放，这些排放并未被包含在范围一或范围二内。

类别 3 不包括报告企业消耗的燃料燃烧和电力产生的排放。范围一包括报告企业拥有或控制的排放源的燃料燃烧排放。范围二包括为生产报告企业购买和消耗的电力、蒸汽、供暖和供冷的燃料燃烧排放。类别 3 包括 4 类不同活动的排放，见表 6-6。

表 6-6　类别 3 包含的活动

活动	说明	适用性
外购燃料的上游排放	报告企业消耗燃料的提取、生产和运输，如煤矿开采、汽油精炼、天然气传输和配送，生物燃料生产等	适用于燃料用户
外购电力的上游排放	为生产报告企业消耗的电力、蒸汽、供暖和供冷而消耗的燃料的开采、生产和运输，如煤矿开采、燃料提炼、天然气提取等	适用于电力、蒸汽、供暖和供冷的用户
输配电损耗	在输配电系统中消耗（损失）的电力、蒸汽、供暖和供冷的生产——由最终用户报告	
出售给最终用户的外购电力的生产	报告企业采购并出售给最终用户的电力、蒸汽、供暖和供冷的生产——由公用事业公司或能源零售商报告[*]	适用于公用事业公司和能源零售商

注：*表示这类活动与从独立发电厂购买大规模电力进而再出售给其用户的公用事业公司。

（4）类别 4：上游运输和配送

本类别包括报告企业在报告年份使用非报告企业拥有或运营的车辆或设备，对购买或收购的产品（不包括燃料和能源产品）运输和配送所产生的排放，也包括报告企业在报告年份购买的其他运输和配送服务。

整个价值链中的排放主要产生在航空、铁路、公路、海上运输以及购买的产品在仓库、配送中心和零售设施中的储存等运输和配送活动之中。

报告企业一级供应商所购买产品的上游运输和配送产生的排放被核算为范围三类别 1。表 6-7 给出了运输和配送活动的核算范围及范围三类别。报告企业上游运输和配送的范围三排放包括第三方运输公司的范围一排放和范围二排放。

表 6-7　运输和配送活动产生排放的核算

运输和配送活动	适用范围	类别
报告企业使用其拥有或控制的车辆和设备的运输和配送	范围一或范围二	范围一：燃料使用 范围二：电力
报告企业使用其租赁或运营的车辆和设备的运输和配送（未包含在范围一和范围二中）	范围三	类别 8
报告企业一级供应商的上游，外购产品的运输和配送（如企业二级供应商和一级供应商之间的运输）	范围三	类别 1
报告企业购买或收购的车辆的生产	范围三	类别 2

运输和配送活动	适用范围	类别
报告企业消耗的燃料和能源的运输	范围三	类别3
报告企业购买的产品在企业一级供应商和其自身运营之间的运输和配送	范围三	类别4
报告企业在报告年份购买的运输和配送服务，包括内销物流、外销物流以及在企业自有设施之间的运输和配送		
报告企业售出的产品在报告企业的运营与最终消费者之间的运输和配送，包括零售和存储	范围三	类别9

（5）类别5：运营中产生的废弃物

本类别包括报告企业在报告年份拥有或控制的运营活动产生废弃物的第三方处理和处置排放。本类别包括固体废物处理和污水处理过程中的排放。第三方拥有或运营的设备进行的废弃物处理才包括在范围三中，而报告企业拥有或控制的设备进行的废物处理核算在范围一和范围二中。运营中产生的废弃物的处理被归为上游范围三类别，是因为废弃物管理服务是由报告企业购买的服务。

本类别包括在报告年份产生的废弃物导致的所有未来排放。

废弃物处理活动可能包括填埋处置、采用填埋气能源转换的填埋处置（填埋气燃烧发电）、再循环回收、焚烧、堆肥、废弃物能源转换或废弃物能源提取（城市生活垃圾燃烧发电）、污水处理。

企业可以有选择性地包括废弃物运输产生的排放。

报告企业运营中产生废弃物的范围三排放包括固体废物处理厂和污水处理厂的范围一排放和范围二排放。

（6）类别6：商务旅行

本类别包括雇员从事商务活动时使用第三方拥有或运营车辆的交通排放。

报告企业运营的租赁车辆产生的未包括在范围一排放或范围二排放中，被核算为范围三类别8。雇员上下班交通产生的排放属于范围三类别7。

商务旅行产生的排放主要源于航空、铁路、公交、汽车（使用租赁车辆或雇员自有车辆的商务旅行，而非雇员上下班通勤）及其他方式的商旅。

（7）类别7：雇员通勤

本类别包括雇员在其居住地与其工作地点之间的交通排放。

雇员通勤排放主要来源于汽车、公交、铁路、航空和其他交通。

报告企业雇员通勤产生的范围三排放包括雇员和第三方运输供应商产生的范

围一排放和范围二排放。

企业可选择将雇员远程办公产生的排放包括在本类别中。

（8）类别8：上游租赁资产

本类别包括报告企业在报告年内的租赁资产的运营产生的，且未包含在范围一或范围二清单中的排放。本类别仅适用于运营租赁资产的企业（承租方）。

根据租赁类型和企业用来定义其组织边界的合并方法，租赁资产可以划分到企业范围一或范围二清单中。

企业可选择将制造与建设租赁资产的排放包括在本类别中。

（9）类别9：下游运输和配送

本类别包括报告企业在报告年份售出产品的运输和配送所产生的排放，发生在报告企业的运营和最终用户之间（在非报告企业付费的情况下），使用非报告企业拥有或控制的车辆或设备。本类别包括零售和储存产生的排放。类别9仅包括与运输和配送相关的排放。

下游运输和配送排放包括售出产品在仓库或配送中心的储存、售出产品在零售设施的储存、航空、铁路、公路、海运。

报告企业下游运输和配送的范围三排放包括运输公司、配送公司、零售商和客户的范围一排放和范围二排放。

企业可选择是否将制造车辆、设备或者基础设施的排放包括在本类别中。

（10）类别10：售出产品的加工

本类别包括在报告企业的销售行为以后由第三方对售出的中间产品进行加工而产生的排放。因此，在报告企业售出以后和最终用户使用之前的加工会产生排放。

报告企业售出的中间产品的加工产生的范围三排放包括下游价值链伙伴（如制造商）的范围一排放和范围二排放。

（11）类别11：售出产品的使用

本类别包括报告企业在报告年份售出产品或服务产生的排放。报告企业售出产品的使用所产生的范围三排放包括在最终用户产生的范围一排放和范围二排放中。最终用户包括使用最终产品的消费者和商业客户。

类别11的最小边界包括售出产品直接使用阶段的排放。企业也可以核算售出产品间接使用阶段的排放，而且当间接使用阶段排放预期较为明显时更宜进行核算，见表6-8。

本类别包括贯穿企业产品系列的所有在报告年份内售出的相关产品产生的预期生命周期总排放。

表 6-8　售出产品的使用产生的排放

排放类型	产品类型	范例
直接使用阶段的排放（要求）	使用期间直接消耗能源（燃料或电能）的产品	汽车、飞机、引擎、电动机、电厂、建筑物、器械、电子器件、照明设备、数据中心、互联网性质的软件
	燃料和原料	石油产品、天然气、煤炭、生物燃料和原油
	温室气体，以及本身包含或在其使用期间排放温室气体的产品	CO_2、CH_4、N_2O、HFCs、PFCs、SF_6、制冷和空调设备、工业气体、灭火剂、肥料
间接使用阶段的排放（可选项）	使用期间间接消耗能源（燃料或电能）的产品	服装（需漂洗和染色）、食品需烹饪和冷冻、壶和锅（需加热）、肥皂和洗涤剂（需热水）

企业可以有选择性地包括与售出产品使用中的维护相关的排放。

涉及企业售出产品避免排放的声明必须与企业的范围一、范围二和范围三清单分开报告。

（12）类别 12：处理寿命终止的售出产品

本类别包括报告企业在报告年份对售出产品进行废弃物处置和处理时产生的排放。

本类别包括报告年份售出的所有产品寿命终止的预期总排放。报告企业处理寿命终止的售出产品产生的范围三排放包括废弃物管理公司的范围一排放和范围二排放。

计算类别 12 的排放要求对消费者采用的寿命终止处理方法进行假设。

（13）类别 13：下游租赁资产

本类别包括报告企业在报告年份拥有并出租给其他实体的资产的运营排放，且该排放未包括在范围一或范围二内。本类别适用于出租方。

依据租赁类型和企业用来定义其组织边界的合并方法，租赁资产可能被包括在企业的范围一或范围二清单中。若报告企业只在报告年份的部分时段出租资产，则按照资产出租时段在一年内所占的时间比例来核算排放。

报告企业下游租赁资产的范围三排放包括承租方的范围一排放和范围二排放。

（14）类别 14：特许经营权

本类别包括未包含在范围一或范围二的特许经营权的运营排放。特许经营是依照某种许可运营的商业行为，经营人可以在特定区域内出售或配送其他企业的产品或服务。本类别适用于特许权授予方。特许经营权授予方宜在本类别下核算特许经营权的运营排放（范围一排放和范围二排放）。

在特许权经营方出于合并方法的选择的原因而未将这些排放包括在范围一和范围二中的情况下，宜将其所控制的运营产生的排放划分在本类别内。

（15）类别 15：投资

本类别包括报告企业在报告年份的投资产生的，未包括在范围一或范围二中的范围三排放。本类别适用于投资者和提供金融服务的企业。

类别 15 主要针对私人金融机构，但与公共金融机构和未将投资包括在其范围一和范围二中的其他实体也相关。

使用控制权相关方法的企业仅将其具有控制权的股权投资包含在范围一和范围二中。未包含在企业范围一排放或范围二排放的投资属于范围三排放（类别 15）。报告企业投资产生的范围三排放是投资对象的范围一排放和范围二排放。

表 6-9 提供了包括在本类别最小边界内的投资类型。表 6-10 确定了企业在表 6-9 所提供的类型之外可以选择性报告的投资类型。

表 6-9　投资产生的排放的核算

金融投资/服务	说明	温室气体核算方法（要求）
股权投资	报告企业使用企业的自有资本和资产负债表进行的股权投资，包括： •报告企业对其具有财务控制权的子公司（或集团公司）的股权投资（通常所有权高于 50%）； •报告企业对其具有明显影响但不具财务控制权的联营公司的股权投资（通常所有权 20%～50%）； •在合伙人具有共同的财务控制权的合资企业（不具法人身份的合资/合伙/运营）版权投资	一般来说，金融服务行业的企业宜使用股权比例合并方法核算来自股权投资的范围一排放和范围二排放，以获得具有代表性的范围一和范围二清单。 若股权投资的排放未列入范围一和范围二中，在范围三类别 15 中核算报告年份发生的股权投资成比例的范围一排放和范围二排放
	报告企业对排放实体既不具有财务控制权也没有重大影响（所有权一般低于 20%）时，由报告企业使用企业自有资本或资产负债表进行的股权投资	若未列入报告企业的范围一和范围二清单： 在范围三类别 15 中核算发生在报告年内股权投资的成比例的范围一排放和范围二排放

金融投资/服务	说明	温室气体核算方法（要求）
债权投资（已知收益使用）	报告企业投资组合中持有的企业债权，包括企业债务工具或商业贷款，且已知收益的使用	企业在投资期中每年都宜核算发生在报告年份的范围三类别15（投资）相关项目的成比例的范围一排放和范围二排放。
项目融资	报告企业作为股权投资人或债权投资人进行的项目的长期融资	如果报告企业是项目的最初发起人或债权人，还应核算报告年份相关融资项目的全部预期生命范围一排放和范围二排放，并将这些排放在范围三以外单独报告

表 6-10　投资排放的核算（可选项）

金融投资/服务	说明	温室气体核算方法（可选项）
债权投资（未知收益用途）	在收益用途未确定的报告企业的投资组合中持有的一般企业用债券	企业可将投资对象的范围一排放和范围二排放核算在报告年份发生的范围三类别15
托管投资和客户服务	报告企业代表客户进行投资管理或由报告企业向客户提供的服务，包括： • 投资和资产管理； • 为寻求股权或债权资本的客户进行企业承销和发行； • 为需要帮助的客户（兼并和收购等方面）进行的金融咨询服务	企业可将托管投资和客户服务的排放核算在范围三类别15中
其他投资或金融服务	不包括在上述项目中的其他投资、金融合同或金融服务	企业可将其他投资核算在范围三类别15中

6.3　设定范围三边界

6.3.1　边界要求

　　企业应核算全部范围三排放，并披露和说明排除项。可依据最小边界核算范围三个类别的排放，也可包括每个类别中可选活动的排放。如果价值链中有 CO_2、CH_4、N_2O、HFCs、PFCs、SF_6 的排放，则应核算其范围三排放。企业可以从清单中排除某些范围三活动排放，但要说明任何排除项的理由。

　　报告企业价值链上发生的生物源 CO_2 排放不应包括在各范围中，但应在公开报告中报告并单独说明。任何温室气体移除不应包括在范围三中，但可单独报告。

6.3.2 下游排放核算

下游范围三类别的适用性取决于由报告企业售出的产品是最终产品还是中间产品。对于无法获得售出中间产品后的使用情况，企业可以在报告中在类别 9～类别 12 中对下游排放的排除项进行披露和解释（但不应选择性地排除类别中的某个子类）。

6.3.3 核算生物源排放及其移除

报告企业价值链上发生的生物源 CO_2 排放也要求被包括在公开报告中，但应与范围三分开报告。

单独报告生物源 CO_2 排放的要求只涉及生物介质燃烧或降解产生的 CO_2 排放，不涉及任何其他温室气体排放，也不涉及生物介质非燃烧或降解的生命周期阶段发生的任何温室气体排放。

范围一、范围二和范围三清单仅包括排放，不包括移除。任何移除均可在各范围外分开报告。

6.4 收集数据

6.4.1 将数据收集工作按优先等级排序

对预期有最显著的温室气体排放、提供最重要的温室气体减排机会、与企业的商业目标最为相关的范围三活动的数据收集工作进行优先排序。为优先级较高的活动收集更高质量的数据，使企业将资源集中在价值链最重要的温室气体排放上，从而更有效地设定减排目标，并在持续期内跟踪温室气体减排进程。

企业可结合相关方法和标准来确定优先级较高的活动。针对预计排放量较小或精确数据难以获得的活动，企业可选择使用相对不太准确的数据。收集和评价数据的步骤见图 6-2。

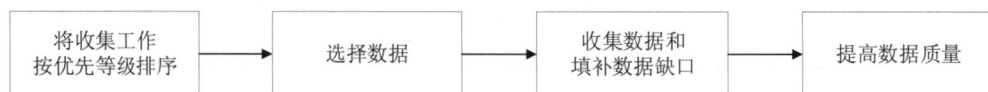

将收集工作按优先等级排序 → 选择数据 → 收集数据和填补数据缺口 → 提高数据质量

图 6-2 收集和评价数据的步骤

（1）基于温室气体排放规模对活动按优先级排序

根据预估的温室气体排放来进行优先等级的排序，应使用初步温室气体筛选方法以估算每个范围三活动的排放，以及根据估算的温室气体排放将所有范围三活动从大到小进行排序，以确定最显著影响的范围三活动。

（2）基于其他标准对活动按优先级排序

企业可优先任何与企业或其利益相关方最具关联性的活动，包括企业对其产生影响的活动、构成企业风险暴露的活动、利益相关方认为重要的活动、被特定部门指南认为是重要的活动、满足企业或行业部门制定的任何其他标准的活动。

为了确定范围三活动的优先顺序，企业也可以评估在外购和售出产品的价值链上是否出现了温室气体集约型或能源集约型的材料或活动。

6.4.2　选择数据

范围三清单的质量取决于计算排放所用数据的质量。企业应收集质量高的数据，以确保清单能合理反映企业的温室气体排放。在对范围三活动按优先等级进行排序后，需要根据企业的目标、范围三活动的相对重要性、初级数据与次级数据的可获得性、可获得的数据质量来选择数据。

企业也可使用初级数据与次级数据的任意组合来计算范围三排放。表 6-11 列出了初级数据与次级数据的优点和缺点。

表 6-11　初级数据与次级数据的优点和缺点

	初级数据（如特定供应商数据）	次级数据（如行业平均数据）
优点	➢ 更好地呈现企业的特定价值链活动； ➢ 通过允许企业跟踪活动的运营变动，使其能够对单个价值链伙伴进行绩效跟踪和基准比对； ➢ 对排放存在直接控制的企业，扩大其整个供应链上的温室气体认识、透明度和管理； ➢ 允许企业更好地跟踪温室气体减排目标的进度	➢ 允许企业在初级数据无法获取或质量不够充分时计算排放； ➢ 对核算小型活动的排放有帮助具有成本效益性且易于收集； ➢ 使企业能够更加容易地了解各种范围三活动的相对水平，确定热点源，并致力于初级数据收集、供应商参与和温室气体减排
缺点	➢ 成本较高； ➢ 难以确定或验证价值链伙伴提供的数据来源和质量	➢ 可能对企业的特定活动不具有代表性； ➢ 不反映价值链伙伴为降低排放进行的运营变动； ➢ 难以量化特定设施或价值链伙伴采取的温室气体减排行动； ➢ 限制跟踪温室气体减排目标进度的能力

一般来说，企业宜为优先性较高的活动收集高质量的初级数据。为了有效地跟踪绩效，应优先采用来自供应商和其他价值链伙伴的初级数据计算温室气体减排的范围三活动。

数据的选择取决于企业的商业目标。若企业的首要目标是设立减排目标，跟踪价值链上具体操作的绩效，或鼓励供应商参与，则宜选择初级数据。若企业的首要目标是了解范围三各种活动的水平和确定热点源，则应选择次级数据。

当出现基于初步估算方法或未被优先其他考虑的活动、初级数据不可用的活动（如价值链伙伴无法提供数据时）、次级数据的质量高于初级数据的活动时，企业应选择次级数据。

（1）数据质量

选择数据源时，企业应根据表 6-12 中的数据质量指标作为指导，获得质量高的数据。数据质量指标描述了数据的代表性以及数据测量的质量。

表 6-12　数据质量指标

指标	说明
技术代表性	数据集在何种程度上反映实际使用的技术
时间代表性	数据集在何种程度上反映活动的实际时间或寿命
地域代表性	数据集在何种程度上反映活动所处的实际的地理位置
完整性	数据在何种程度上对相关活动具有统计上的代表性、完整性，包括对于具体活动而言，数据可用且被使用的地区占总数的比例。完整性还考虑数据的季节性波动和其他正常波动
可靠性	获得数据所使用的数据来源，数据收集方法和验证程序的可靠程度

应优先选择在技术、时间和区域上最具代表性、最完整和最可靠的数据。选择数据和评估数据质量时，应选择最有帮助的数据质量指标应用方法。

为确保数据透明度和避免误读，企业应对报告的排放数据的数据质量进行报告说明。

由于范围三排放是非报告企业拥有或控制的活动产生的排放，相较于报告企业拥有或控制的活动，范围三数据收集的难点在于：①依赖价值链伙伴提供数据；②在数据收集和管理实践中影响度较低；③对数据类型，数据来源和数据质量的认识度较低；④需要大量次级数据；⑤需要大量假设和建模。

数据收集的难点造成了范围三核算的不确定性。如果数据质量足以支撑企业的目标并确保范围三清单的相关性，那么在计算范围三时可接受较高的不确定性。

　　企业应制订数据管理计划，合理记录温室气体清单过程和内部的质量保证和质量控制程序，确保收集的数据的质量，应选择在技术、时间和区域上最具代表性，同时最完整和最可靠的数据。

6.4.3　收集数据和填补数据缺口

6.4.3.1　初级数据的收集

　　原始活动数据可通过仪表读取、采购记录、物业账单、工程模型、直接监控、物料守恒、化学计量等方式获得。

　　企业应优先从供应商或其他价值链伙伴处收集能源或排放数据，以获得关键的范围三类别和活动的特定场地数据。为此，企业应确定获取温室气体数据的相关供应商。

　　企业应首先鼓励相关的一级供应商参与。一级供应商是报告企业与其有商品或服务（如材料、零部件、组件等）采购订单的企业。

　　企业也可能从二级供应商处收集数据。二级供应商是一级供应商与其有商品和服务的采购订单的企业。在特定供应商数据无法收集或不完整时，企业应使用次级数据来计算活动的排放。

　　企业应报告供应商或其他价值链伙伴提供的数据所计算的排放比例。

　　选定相关供应商后，企业应确定向供应商收集的数据类型和级别。

　　（1）数据类型

　　范围三各类别需要收集的数据类型各不相同。例如，企业可发放问卷给各相关供应商或其他价值链伙伴，调查内容可包括产品生命周期温室气体排放数据、范围一和范围二在报告年份的排放数据、量化排放所用的方法学和数据源的说明、供应商分配排放使用的方法或报告企业分配排放所需的信息、数据是否已验证，以及验证的类型、供应商的上游范围三排放和（或）发生在供应商上游的活动类型以及其他相关信息。

　　（2）数据级别

　　收集活动数据和排放数据的具体内容和统计口径可能不同。从价值链伙伴处收集初级数据时，企业应获取具体的特定产品的可用数据。产品层面的数据更为准确，因其与报告企业外购的特定商品或服务相关，且避免了分配。

　　企业应从供应商处收集所购买产品的尽可能具体的活动数据（表6-13）。若产品层面的数据无法获得，供应商应尽量提供活动、加工或生产线层面的数据。

若活动层面的数据无法获得，供应商应尽量提供设施层面的数据，以此类推。

表 6-13　数据的级别（按具体程度排序）

数据类型	说明
产品层面数据	相关产品从摇篮到大门的温室气体排放
活动、加工或生产线层面的数据	活动、加工或生产相关产品的生产线的温室气体排放和（或）活动数据
设施层面的数据	生产相关产品的设施或运营的温室气体排放和（或）活动数据
业务单元层面的数据	生产相关产品的业务单元的温室气体排放和（或）活动数据
企业层面的数据	整个企业的温室气体排放和（或）活动数据

（3）供应商数据质量

供应商的数据质量可能会发生变动且难以确定。报告企业应采用数据质量指标来评估供应商数据的质量。为此，企业应要求供应商提供支持文件，解释所用方法和数据来源及质量。为确保获取的数据的准确性和完整性，建议供应商为其数据进行第一方或第三方保证，从供应商处收集初级数据的难点和指南清单见表 6-14。

表 6-14　从供应商处收集数据的难点和指南

难点	指南
供应商数量多	➢ 根据支出和（或）预计排放影响确定最相关的供应商； ➢ 确定报告企业对其影响程度较高的供应商
供应商缺乏对温室气体清单与核算的知识和经验	➢ 确定在编制温室气体清单方面具有经验的供应商； ➢ 识别企业内有专业知识的专家； ➢ 解释投资温室气体核算和管理的商业价值； ➢ 从供应商处收集到的数据，如能源使用数据，而不是排放数据； ➢ 提供数据要求的详细说明和指南； ➢ 提供培训
供应商缺乏跟踪数据的能力和资源	➢ 简化数据要求； ➢ 使用标准、简洁的数据模板； ➢ 提供所需数据及出处的列表； ➢ 使用自动在线数据采集系统； ➢ 考虑使用第三方数据库收集数据； ➢ 利用供应商交易协会的资源； ➢ 协调温室气体数据要求与其他要求

难点	指南
供应商数据质量缺乏透明度	➤ 要求其提供文档，包括方法学和数据来源、包含项、排除项和假设等； ➤ 索求活动数据以最小化误差并分别计算温室气体排放量； ➤ 第三方保证
供应商对保密性的考虑	➤ 保护供应商的保密信息和专有信息； ➤ 要求供应商取得第三方保证，而不是提供详细活动数据，以避免提供保密性信息
语言障碍	➤ 将相关材料翻译为当地语言

6.4.3.2 收集次级数据和使用替代数据

（1）收集次级数据

使用次级数据库时，企业应优先使用国际认可的、政府提供的，或同行评议的数据库和出版物。

（2）使用替代数据

企业如果缺乏合格的数据，可使用代表数据来代替。替代数据来自与给定活动类似而进行替代的活动。企业可经过外推、按比例扩大或自定义等方法，使替代数据对给定活动更具代表性。

6.4.4 改进数据质量

收集数据、评估数据质量和改进数据质量是一个相互的过程。首先在选择数据来源时应用数据质量指标和评估数据质量，然后使用同样的数据质量评估方法，在收集数据后检查清单中所用数据的质量。在刚刚开始收集范围三数据的几年里，由于数据可得性的限制，企业可能需要使用质量较低的数据。随着时间的推移，企业可在可获得高质量数据的情况下，通过使用高质量数据替代低质量数据，设法改进清单的数据质量。企业应优先改进数据质量相对较低和排放相对较高的活动数据质量。

6.5 分配

6.5.1 概述

企业使用来自供应商或其他价值链伙伴的初级数据计算范围三排放时，可能需要分配排放。同样，企业在向客户提供初级数据以核算其范围三排放时，也可能需要分配排放。

分配是将单个设施或其他系统（如活动、交通工具、生产线等）产生的温室气体排放划分给多种产出的过程。当单个设施或其他系统有多种产出且只从整个设施或系统总体的范围内量化排放的情况下，共同使用的设备或其他系统产生的排放需要分配给多种产出。

6.5.2　尽可能避免或减少分配

使用初级数据计算范围三排放时，应尽可能避免或减少分配。分配增加了排放量估算的不确定性，企业应通过从供应商处获得产品层面的温室气体数据、对能耗和其他活动数据进行辅助计量、使用工程模型分别估算与每种产品的生产相关的排放等方法收集更加具体的数据，以避免或减少分配。因此，分配仅在准确的数据无法获取时采用。

6.5.3　分配方法

若分配不可避免，企业应首先确定设施或系统的总排放，然后确定最合适分配排放量的方法和因子（表 6-15）。

表 6-15　分配方法和因子

分配因子	分配因子及公式的示例
物理分配：根据多种投入/产出和产生的排放量之间的潜在物理关系分配某一活动的排放	
数量	共生产品数量分配的设施排放=（购买产品的数量/生产产品的总量）×总排放
体积	运输货物的体积分配的设施排放=（购买产品的体积/生产产品的总体积）×总排放
能源	热能和电力共生产品的能源含量分配的设施排放=（购买产品的能源含量/生产产品的总能源含量）×总排放
化学制品	化学共生产品的化学组成分配的设施排放=（购买产品的化学含量/生产产品的总化学含量）×总排放
单位数量	运输的单位数量分配的设施排放=（购买的单位数量/生产的单位总量）×总排放
其他因子	食用共生产品的蛋白质含量，产品占地面积 其他公式
经济分配：根据每种产出/产品的市场价值分配某一活动的排放	

分配因子	分配因子及公式的示例
市场价值	共生产品的市场价值分配的设施排放=（购买产品的市场价值/生产产品总的市场价值）×总排放
其他方法：根据特定行业或特定企业的分配方法分配某一活动的排放	
其他因子	其他公式

　　企业可依据图 6-3 来决定是否需要分配及选择分配方法。但给定活动最合适的分配方法取决于各自的情况。企业应选择能反映各产出的生产及其排放间的因果关系、能得到准确和可靠的排放结果，以及能支持有效的决策制定和温室气体减排活动的分配方法。

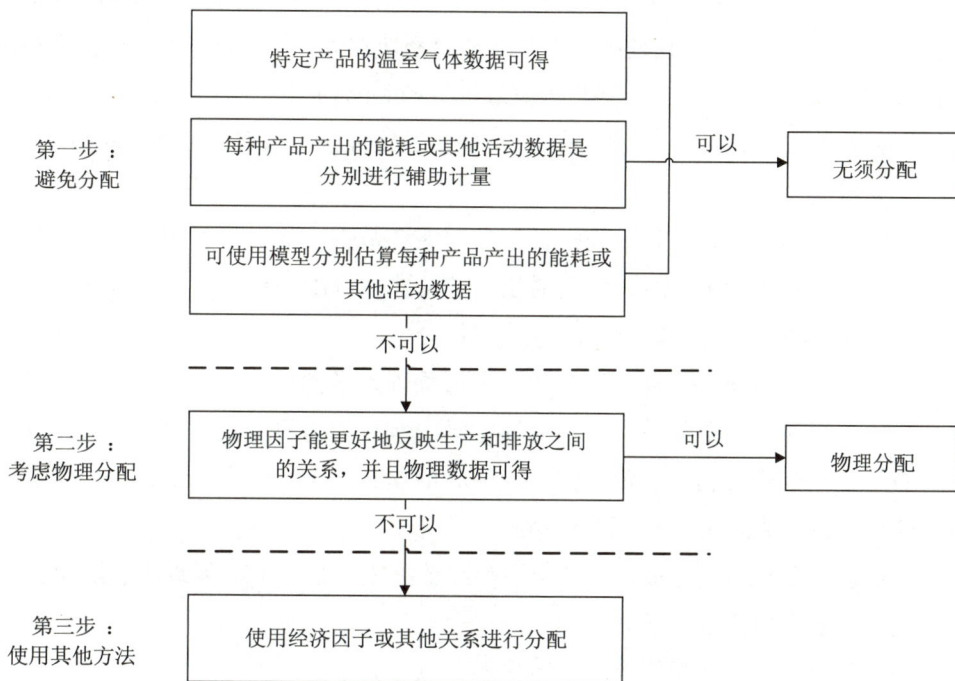

图 6-3　选择分配方法

　　不同的分配方法可能产生不同的结果。在某一给定活动的多种方法可选择的企业，应在选定一种方法前对每一种方法进行评估，再决定可能结果的范围。
　　企业可能使用不同分配方法和分配因子的组合来估算范围三清单中各种活动的排放。对于独立的设施或系统，应采用单一和一致的分配因子来分配排放。一个系统各产出所分配到的排放合计应等于系统排放量的 100%。对单个系统使用多种分配方法可能导致系统总排放量计算值的高估或低估。

企业必须对计算范围三排放使用的分配方法进行报告说明。企业可披露敏感性分析得到的结果范围。

6.5.4　分配指南

对于给定活动，最合适的方法是能更好地反映产品的生产及其排放间的因果关系。企业应对价值链中的多种活动建立一致的分配原则来分配排放量。

6.5.4.1　采用物理分配

在下列情况下，物理分配预期会产生更具代表性的排放估算结果。

（1）制造

当生产设施生产多种产品且每种产品在生产时需要类似的能源和材料投入，但市场价值却明显不同时，物理因子与排放量更密切相关，且能更好地估计生产每种产品的实际排放量。企业宜选择与排放最密切相关的物理因子，包括产量、数量、体积、能量或其他度量单位。企业还可考虑多种物理因子以选择最合适的因子。

（2）运输

如果存在单个交通工具运输多种产品、活动数据（如燃料使用）是在交通工具层面上收集的或者企业通过将交通工具的总排放分配至运输的一个或多个产品来估算排放量的，应对运输产生的排放进行分配。

企业应采用物理分配来分配排放，因为物理因子预期能够更好地反映产品运输及其排放之间的因果关系。由于交通工具的承载能力将受到质量、体积或两者共同的限制，企业应利用质量、体积或两者的组合来进行分配。限制因素来自公路、铁路、航空或海上运输等运输模式。

企业也可以不分配排放，通过使用次级数据来计算排放，例如基于旅行的吨-千米数的行业平均排放因子。

（3）商业建筑（如租赁资产、特许经营权）

商业建筑包括零售设施、仓库、配送中心、拥有或租用的办公楼。如果存在活动数据是在设施或建筑层面收集的，或者企业通过将设备的总排放分配至设备中一个或多个产品来估算产品子集的排放情况，应对商业建筑的排放进行分配。

企业应采用物理分配来分配排放，因为物理因子预期能够更好地反映产品的储存及其排放之间的因果关系。根据设施的承载能力受体积还是面积的限制，以及哪一个与能耗和排放最密切相关，企业可利用体积或面积进行分配。

企业也可以不进行分配，使用次级数据来计算零售设施和仓库的排放，例如以每单位体积或占地空间的排放量表示的行业平均排放因子。

6.5.4.2 使用经济分配

如果存在物理关系无法建立，主要产品或其他有市场价值的共生产品没有市场需求，共生产品被作为另一产品的替代品，投资或经济分配能更好地反映产出的生产及其排放之间的因果关系的其他情形，企业应采用经济分配。

但是，如果出现一段时间内价格变动明显或经常性波动，相同产品不同的价格或者价格未能很好地与潜在的物理性能和温室气体排放相互关联时，应慎重采用经济分配，因为采用经济分配可能会导致误导性的温室气体结果。

6.6 设定减排目标和跟踪排放

在跟踪范围三绩效时，应按照选择基准年并确定基准年排放；设定范围三减排目标；重新计算基准年排放（如果适用）；核算持续期内范围三排放和减排量的顺序开展。

6.6.1 选择基准年和确定基准年排放

当选择跟踪范围三绩效或设定范围三减排目标时，应选择基准年，并详细说明原因，并以此为基础来跟踪绩效。

企业应为范围一、范围二和范围三排放设定唯一的基准年，从而能够全面跟踪贯穿三个范围的企业温室气体总排放。如果企业已设定范围一排放和范围二排放的基准年，可选择范围三排放数据全面且准确的年份作为范围三的基准年。

设定基准年时，企业应制定基准年排放重新计算方案。

选定基准年后，企业应依据标准的要求和指南确定基准年排放。

6.6.2 设定范围三减排目标

有效的温室气体管理的关键是设定温室气体目标。企业应从商业目标的角度考虑是否设定该目标。设定范围三温室气体减排目标时，企业应考虑的以下问题（表6-16）。

（1）目标边界

企业可设定多种范围三减排目标，类型如表6-17所示，每种类型的目标边界都有优点和缺点。但无论设定的减排目标是何种类型，企业应为所有的范围三类别确定单一的基准年。对所有范围三类别统一基准年的做法，简化了范围三排放跟踪，并可将温室气体排放信息更加清晰地呈现给利益相关方。

表 6-16　设定温室气体减排目标时考虑的问题

问题	说明
目标类型	设定绝对目标还是强度目标
目标完成日期	目标持续时间，如短期或长期目标
目标水平	减排目标的数值
抵消或排放额度的使用	是否使用碳抵消或排放额度来满足温室气体减排目标

表 6-17　不同目标边界的优点和缺点

目标边界	优点	缺点
范围一+范围二+范围三总排放的单一目标	➢ 确保全面地管理整个价值链的排放； ➢ 为温室气体减排提供更大的灵活性； ➢ 易于与利益相关者沟通； ➢ 在范围之间移动的活动无须重新计算基准年	➢ 范围三每一类别的透明度较低； ➢ 要求为范围一、范围二和范围三排放设定相同的基准年，但如果范围一和范围二基准年已经建立，则会存在一定困难
范围三总排放的单一目标	➢ 确保更加全面的温室气体管理，并为所有的范围三各类别实现温室气体减排提供更大的灵活性； ➢ 相对易于与利益相关方沟通	➢ 范围三每一类别的透明度较低； ➢ 在范围间转移的活动可能需要重新计算基准年
范围三各类别单独的目标	➢ 允许根据不同情况为不同的范围三类别定制目标； ➢ 增加范围三每一类别的透明度； ➢ 提供绩效跟踪的其他标准； ➢ 对于清单中增加的其他范围三类别无须重新计算基准年； ➢ 更易跟踪指定活动的绩效	➢ 可能会导致价值链温室气体管理不够全面； ➢ 可能只为那些容易达标的类别设定目标问题； ➢ 与利益相关方沟通更加复杂； ➢ 外包或内包可能需要重新计算基准年

（2）目标类型

企业可设定绝对目标、强度目标或两者的结合。绝对目标表示为在一段时间内大气中温室气体排放量的减少，单位是以 t 为单位的二氧化碳当量。强度目标表示为温室气体排放与业务指标，如产量、生产、销售或收入的比例的减少。绝对目标和强度目标的优点和缺点见表 6-18。为了确保透明度，使用强度目标的企业也应报告目标覆盖的排放源的绝对排放。

表 6-18　绝对目标和强度目标的优点和缺点

目标类型	优点	缺点
绝对目标	➤ 实现规定的大气中温室气体排放的减少量； ➤ 对利益相关方更具环境价值和更加可靠，因其限定了减少规定数量的温室气体的责任	➤ 无法比较温室气体强度/效率； ➤ 报告的减排可能由生产/产出减少导致，而非绩效的提高
强度目标	➤ 反映了温室气体绩效的提升，且与业务的增长或下降无关； ➤ 可能增加企业间温室气体排放的可比性	➤ 即使强度下降，绝对排放仍可能上升，因此对利益相关方的环境价值较低且较不可靠。如果使用货币指标，如收入或销售的美元数，产品价格和通货膨胀的变化可能需要重新计算

（3）目标完成日期

目标完成日期决定了目标是短期的还是长期的。一般来说，企业应设定长期目标，因为这样有助于进行长期规划和大型资本投资等带来显著温室气体效益的举措。企业也可以设定短期目标，以便更经常性地衡量进度。

（4）目标级别

目标级别展示了设定减排目标的决心，为了报告目标数值，企业宜检查潜在的温室气体减排机会并评估其对温室气体总排放的影响。企业应设定能够将排放减少到显著低于企业一切如常的范围三排放轨迹的水平的目标。

（5）抵消或排放额度的使用

温室气体目标的实现，可能全部来自目标边界包含的内部排放源的减少，或者来自额外使用温室气体减排项目所产生的抵消，这些减排项目减少了目标边界外部排放源的排放（或增强汇）。企业应通过目标边界内的内部减排来达到全部减排目标。无法通过内部减排达到温室气体目标的企业可以使用目标边界外部源产生的抵消。

企业应详细说明是否使用了抵消。如果是，则需说明使用抵消实现的目标减排量是多少。企业应将内部的排放和用于完成目标的抵消进行单独报告。任何抵消的行为都应单独报告。

任何抵消的使用应基于可靠的核算标准。企业应避免在多个实体或多个温室气体目标中对抵消重复计算。

6.6.3 重新计算基准年排放

企业应在企业结构或清单方法学发生重大变化时重新计算基准年排放，这对于维持清单的一致性和周期内进行有效对比都是必要的。当出现报告组织的结构性变化（如兼并、收购、资产剥离、外包和内包）、计算方法的变化、数据准确性的改进、发现重大错误、范围三清单包含的类别或活动产生变化并对清单有重大影响时，应重新计算基准年排放。

针对温室气体排放的增加或减少，企业应重新计算基准年排放。重大变化不仅来自单一的大的变化，也可能来自若干小的变化的积累。重新设定基准年为邻近的年份，是在重要的结构变化发生时重新计算基准年排放的替代方法。

（1）确定基准年重新计算方案

设定基准年时，企业应制定基准年排放重新计算的方案，并明确阐述重新计算的依据。基准年排放是否重新计算取决于定义数据、清单边界、方法和其他相关因素的显著性变化。企业应当建立和披露引发基准年排放重新计算的显著性门槛。

（2）所有权或控制权的结构变化导致的重新计算

当报告组织发生重大结构性变化时，如兼并、收购或资产剥离，要求企业追溯性地重新计算基准年排放。结构性变化引发重新计算的原因是，它不仅将排放从一家企业转移到另一家，却并不改变释放到大气中的排放量。

（3）外包或内包的重新计算

若企业全面地报告范围一、范围二和范围三，那么所有权或控制权的变动将对在范围间移动的排放活动产生影响。

若企业将内部活动外包给第三方，则活动从范围一或范围二转移到了范围三。反之，若之前由第三方运营的活动转为内部运营，则企业可能会将排放从范围三转移到范围一或范围二。

（4）清单中包括的范围三活动变化的重新计算

企业范围三清单中增加新的活动或改变原有活动，判断是否引起基准年排放的重新计算，取决于企业所建立的基准年和目标，见表6-19。

如果改变的范围三类别或活动的累积效应显著，那么企业应在其基准年清单中收录新的类别或活动，并根据可得的历史活动数据推断基准年数据。

表 6-19   清单中包括的范围三活动变化

	增加整个类别	在类别内增加或改变活动
企业对范围三总排放有单一的基准年和温室气体目标	重新计算	重新计算
企业对范围三各类别有各自的基准年和温室气体目标	无须重新计算	重新计算

（5）计算方法变动或数据精确度提高导致的重新计算

企业可能会报告与往年相同的温室气体排放源，但随时间的推移采取不同的计算方法进行测量或计算。企业应确保清单的变化是由于实际排放量的增加或减少，而并非计算方法的改变而造成的。因此，如果计算方法或数据来源的变化导致排放估算发生的显著不同，企业需采用新的数据来源或方法学重新计算基准年排放。

如果准确的数据没有应用到过去的年份中，或者新的数据点在过去的年份中不可得，那么企业可能需重新整理数据，或数据来源的变化可被直接认可而无须重新计算。这种情况应在报告中声明，以提高透明度和避免误导报告使用者对数据的理解。

6.6.4 核算范围三长期排放和减排量

企业碳排放的减少是通过比较持续期内企业实际排放清单相对于基准年的变化来计算的。清单方法是指通过将企业在持续期内的实际排放清单与基准年相比的变化来核算温室气体减排量，允许企业跟踪其活动在持续期内对全部企业温室气体排放的总体影响。

核算间接排放在大气中的实际减少量比核算直接排放在大气中的减少量复杂。企业范围二或范围三清单在持续期内的变化可能并不总是与排放到大气中的温室气体的变化相对应，因为在报告企业的活动和温室气体排放结果之间并不总是有直接的因果关系。一般来说，只核算范围三排放所识别的是总体上改变全球排放的活动，那么类似上述的疑虑都不应妨碍企业对范围三排放进行报告和跟踪。

除了使用清单方法报告全面的范围三温室气体排放，企业还可以使用项目方法对单个的范围三温室气体减排项目进行实际减排量的更详细的评估（表 6-20），项目方法是通过量化单个温室气体减排项目与基准线情况对比的影响来核算温室气体减排，即在没有项目的条件下排放的假设情景。任何基于项目的减排量必须与企业范围一、范围二和范围三排放分开报告。

表 6-20　范围三减排行动示例

类别	范围三减排行动示例
（1）外购商品和服务	➢ 使用降低温室气体排放的原材料替代高温室气体排放的原材料； ➢ 实施降低温室气体的采购/购买政策； ➢ 鼓励第 1 级供应商与其第 1 级供应商（报告公司的第 2 级供应商）合作，并向客户披露这些范围三排放，以便在整个供应链中宣传温室气体报告
（2）资本商品	➢ 使用降低温室气体排放的资本商品替代高温室气体排放的资本商品
（3）燃料和能源相关活动（未包括在范围一或范围二中）	➢ 减少能源消耗； ➢ 改变能源来源，如转向低排放燃料或能源； ➢ 使用可再生资源就地产能
（4）上游运输和配送	➢ 缩短供应商和客户之间的距离； ➢ 若能使净温室气体减少，可从当地取材； ➢ 优化运输和配送效率； ➢ 使用低排放的运输方式替代高排放的运输方式； ➢ 转向低排放燃料
（5）运营中产生的废弃物	➢ 减少运营中产生的废弃物数量； ➢ 采用使净温室气体减少的回收措施； ➢ 实施低排放的废弃物处理方法
（6）商务旅行	➢ 减少商务旅行的数量； ➢ 鼓励更有效的旅行； ➢ 鼓励低排放的旅行方式
（7）雇员通勤	➢ 缩短通勤距离； ➢ 制造抑制开车通勤的因素，如机动车限行政策； ➢ 提供使用公共交通、自行车、拼车等的激励机制； ➢ 实施电子办公/远程办公方案； ➢ 减少每周工作的天数
（8）上游租赁资产	➢ 增加运营能效； ➢ 转向低排放燃料
（9）下游运输和配送	➢ 缩短供应商和客户之间的距离； ➢ 提高运输和配送的效率； ➢ 使用低排放的运输方式替代高排放的运输方式； ➢ 转向低排放燃料

类别	范围三减排行动示例
（10）售出产品的加工	➢ 提高加工效率； ➢ 重新设计产品以减少必需的加工步骤； ➢ 使用降低温室气体排放的能源
（11）售出产品的使用	➢ 开发新的低排放或零排放产品； ➢ 增加耗能商品的能效或消除能源使用的需要； ➢ 移除包含温室气体或排放温室气体的产品； ➢ 减少产品包含/释放的温室气体的量； ➢ 降低报告企业整个产品组合的使用阶段温室气体强度； ➢ 更改用户说明以促进产品的有效使用
（12）处理寿命终止的售出产品	➢ 若能使净温室气体减少，建议产品是可回收利用的； ➢ 采用能造成净温室气体减少的产品包装措施； ➢ 采用导致净温室气体减少的回收利用措施
（13）下游租赁资产	➢ 增加运营的能效； ➢ 转向低排放的燃料
（14）特许经营权	➢ 增加运营的能效； ➢ 转向低排放的燃料
（15）投资	➢ 投资于低排放的投资、技术和项目

6.7　保证

6.7.1　保证过程中各方的关系

在保证过程中主要涉及寻求保证的报告企业、使用清单报告的利益相关方以及保证方。当报告企业也实施保证职能时，称为第一方保证。当由报告企业以外的一方作出保证时，则称为第三方保证。企业应选择独立，且与范围三清单开发和报告过程不存在利益冲突的保证方。

6.7.2　保证声明

保证声明是保证方对清单结果的结论。根据是第一方还是第三方执行，保证会采取不同的形式，保证声明的内容如表 6-21 所示。

表 6-21　保证声明内容

声明	内容
介绍	➤ 报告企业的描述； ➤ 报告企业在清单报告中的声明的参考文献
过程的描述	➤ 保证方的资质； ➤ 保证过程和工作执行的摘要； ➤ 报告企业和保证方责任的描述； ➤ 保证准则； ➤ 是第一方保证还是第三方保证； ➤ 第一方保证是如何避免任何潜在的利益冲突的
结论段落	➤ 实质性门槛或基准（如有）； ➤ 关于保证方结论的任何其他细节，包括在保证执行中任何值得注意的例外情况或遇到问题的细节

6.8　报告

6.8.1　必要报告信息

企业应公开报告的信息为：①范围一排放和范围二排放。②按范围三各类别分开报告的总的范围三排放。③范围三各类别以二氧化碳当量报告温室气体的总排放量，生物源 CO_2 排放不在其内，且独立于温室气体交易。④列出清单包括的范围三类别和活动。⑤列出清单排除的范围三类别或活动，以及其被排除的理由。⑥确定基准年：选择范围三基准年的年份及基本原因；基准年排放重新计算方案；与基准年排放重新计算方案相一致的基准年分类别的范围三排放；引起基准年排放重新计算的任何重大排放变化的合理背景。⑦对每个范围三类别，生物源 CO_2 排放都要分开报告。⑧对每个范围三类别，描述数据类型和来源，包括用来计算排放的活动数据、排放因子和全球增温潜势值，以及描述所报告的排放数据的数据质量。⑨对每个范围三类别，描述用于计算范围三排放的方法学、分配方法和假设。⑩对每个范围三类别，使用从供应商或其他价值链合作伙伴处获取的数据计算的排放百分比。

6.8.2　可选报告信息

公开的温室气体排放报告，可选择下列附加信息进行报告：

（1）若能增加相关性和透明度，对排放数据进一步细分。

（2）若能增加相关性和透明度，对排放数据在范围三各类别进一步分解。

（3）未列入范围三类别的范围三活动排放进行单独报告。

（4）每种单个气体的温室气体排放以吨数报告。

（5）除《京都议定书》里的 6 种温室气体以外，100 年全球增温潜势值被 IPCC 认定，并在企业价值链排放中排放的温室气体，以及清单内包含的额外温室气体的列表。

（6）已经发生的范围三排放，与未来发生的范围三排放分开报告，两者都是由企业在报告年份的活动引起的。

（7）未量化的排放源的定性信息。

（8）温室气体移除的信息，与范围一排放、范围二排放和范围三排放分开报告。

（9）使用项目方法计算的基于项目的温室气体减排信息与范围一排放、范围二排放和范围三排放分开报告。

（10）避免地排放的信息与范围一排放、范围二排放和范围三排放分开报告。

（11）数据质量的定量评估。

（12）清单不确定性的信息和提高清单质量的适当政策的概述。

（13）执行保证的类型，保证提供方的相关资质和保证提供方签发的意见。

（14）相关绩效指标和强度比。

（15）企业温室气体管理和减排活动信息，包括范围三的减排目标、供应商参与策略、产品温室气体减排的努力等。

（16）供应商或合作伙伴参与和绩效的信息。

（17）产品绩效的信息。

（18）绩效与内部和外部基准对比的描述。

（19）在清单边界以外购买温室气体减排量的信息（如抵消）。

（20）在清单边界内的排放源的减排量，作为抵消销售或转移给第三方的信息。

（21）任何合约约定的温室气体相关风险或义务条款的信息。

（22）排放变化未引起范围三基准年排放重新计算的原因。

（23）范围三基准年和报告年份之间所有年份的温室气体排放数据（如适用）。

（24）为数据提供背景资料的额外解释。

（25）附加信息报告。

6.9　识别碳排放源并减少供应链中的碳排放

一个碳足迹项目总是可以分成一系列的步骤。在进行任何产品碳足迹研究时，范围界定是最重要的一步，其确保在从正确位置获取正确数据时花费适当的精力，以尽可能有效的方式获得可靠的结果。范围界定有四个主要阶段。

6.9.1　范围界定

6.9.1.1　要评估的产品和分析单元

功能单元定义了将要评估的产品功能，以及与所有收集数据相关的产品数量。就其碳足迹而言，要评估的产品从一开始就明确界定，产品必须以功能单元来定义。

6.9.1.2　绘制产品生命周期图

一旦定义了功能单元，下一步就是绘制产品生命周期图。过程映射阶段是一个初步的练习，用于映射所有进出产品系统的材料流和能量流，因为它们用于制造和分销产品。这为系统边界设置了框架。

生命周期图可以是简单的，如果有必要或时间允许也可以是详细的。最好先关注最重要的方面（如最重要的材料流、关键的能量流），以避免不必要的细节。通过涵盖整个生命周期，以确保活动的下游关键考虑因素不会被忽视，例如结束使用时的可回收性，或可能影响使用阶段排放的可能性。

6.9.1.3　确定系统边界

生命周期图完成后，可以用来帮助确定整个系统的哪些部分将被包括在评估中，哪些部分将不被包括在评估中。作为此范围界定阶段的输出，应该清楚地记录系统边界，包括：①所有包括的生命周期阶段的清单（如原材料、生产、使用、寿命终止）；②每个生命周期阶段包含的所有活动和过程的列表；③所有被排除的活动和过程的清单，以及为确定其排除所采取的步骤。

在设置系统边界时考虑以下事项：①应包括哪些温室气体排放量和清除量；②从摇篮到大门（企业对企业）与从摇篮到终端（企业对消费者）的评估；③包

括或排除哪些流程和活动；④时间界限。

（1）包括的过程和活动

评估中需要考虑在规定系统边界内发生的每一个过程和活动。这些过程和活动与产品直接相关，是使产品能够履行其功能所必需的。

以下是可能需要考虑的产品生命周期要素。

①生产材料（如从土壤中提取原材料、作物生产、饲养牲畜、直接改变土地用途）；

②能源（如运行机械所需的电力、用于加热建筑物的燃料）；

③生产过程和服务提供（如驱动过程所需的电力、化学反应产生的直接温室气体排放）；

④经营场所（如零售店照明用电、办公室供暖用燃料、仓库制冷剂泄漏）；

⑤运输（如通过公路、铁路、空运或水路将原材料运输至加工厂，现场内的传送带移动，管道操作）；

⑥储存（如仓库加热、冷却或照明所需能量，使用前用于储存产品的冷冻柜运行所需能量）；

⑦使用阶段（如使用产品时消耗的能量）；

⑧寿命终止（如垃圾填埋场处理的废物，回收到另一种产品中的废物）。

在此基础上排除研究中的流量之前，检查这些部件或材料是否有可能意味着其排放量高于正常排放量。当存在潜在的土地利用变化排放物或当这些排放物在其他低强度材料中包括高强度的材料时，就会发生这种情况。

此类排除的流动可能包括复杂产品的较小组成部分，前提是其影响可能较小（如食品中的调味品或住宅楼的门把手）。清洁化学品和其他次要或辅助化学品的投入也往往可以通过这种方式排除在外，散装原材料的运输包装也是如此。

（2）评估中排除的其他事项

除非补充要求另有规定，与资本货物生产相关的排放物，即使用寿命大于1年的机器或建筑物（但应包括使用寿命小于1年的消耗品）；对加工和（或）预加工的人类能量输入（如人工采摘而不是机械采摘）；运送消费者往返零售点；员工往返正常工作地点的交通。

（3）服务的系统边界

产品系统通常分为一系列相互关联的阶段，这些阶段适用于大多数产品（原材料提取、制造、分销和零售、使用和寿命终止）。然而，以这种方式描述生命周期对于服务来说可能更加困难，因为并非所有生命周期阶段都是相关的，而且有些阶段可能在整个生命周期中出现不止一次。应尝试以与货物相同的方式对服务的生命周期进行分类，必要时结合生命周期阶段（如将生产和使用结合到服务交付阶段）。如果不适合以这种方式对生命周期进行分类，则应根据服务的主要活动对过程和排放进行分类。以维修汽车和提供汽车保险这两个不同的例子为例，前者可分为货物使用的一些典型生命周期阶段（原材料提取、制造、分销和零售、使用和寿命终止），后者则应根据其主要活动进行分类（这可能包括报价的提供、保险期限、理赔和续保）。

（4）时间界限

碳足迹在 100 年的时间范围内进行的评估会影响产品中储存碳的计算。例如，储存在木材或混凝土中的 CO_2 可能会在一栋建筑物、一件家具或另一种长效产品中持续 100 多年。如果是这种情况，最终排放到大气中的二氧化碳将超出范围，并且不包括在产品的碳足迹中。

6.9.1.4 确定数据收集活动的优先顺序

定义了系统边界后，范围界定阶段的下一步是确定数据收集活动的优先级。在任何碳足迹评估中，数据收集通常是时间和资源最密集的步骤，因此，对需要收集的数据进行优先级排序。因为这些阶段对总体碳足迹的影响很小，不应花费大量时间和精力来获取生命周期阶段的精确数据。付出和优先事项也应与研究的预期目的相符。

一个好的初步检查是寻找之前对待研究产品系统（或类似产品系统）进行的任何碳足迹或生命周期评估（LCA）研究。

行业指南（如最佳可用技术参考文件和手册），也可以提供产品系统的高级概述以及技术数据，从中可以确定潜在的热点。

原材料通常是产品碳足迹的热点。通过使用物料清单或流程图，可以进行一些快速的"封底"计算，以确定影响可能较大的区域，因此应优先收集主要数据。

加工能源通常也是排放的主要来源。通过查看流程图，可以确定可能会消耗大量能源的潜在流程。即使已知大致的能源消耗量（如行业指南），也可以进行相同的"封底"计算，以确定在生命周期中可能需要特定信息的位置。

6.9.2 数据收集

6.9.2.1 数据的类型

进行产品碳足迹计算所需的数据分为以下两类：

①活动数据，指一个过程的输入量和输出量（材料、能量、气体排放、固体/

液体废物、副产品等）。通常为特定生产年份的生产单元描述，包括任何来料运输、废物运输或最终产品分销（行驶距离、使用车辆等）的详细信息。

活动数据可以来自主要来源或次要来源。主要来源是从内部或供应链或供应商处收集的有关活动的第一手信息。次要来源是来自发表研究或其他来源的关于一般活动的平均或典型信息。

②排放系数，将活动数据转换为温室气体排放量的值，即基于与生产材料/燃料/能源、运营运输载体、处理废物等相关的具体排放量，通常以"$kgCO_2e$"为单位来表示。

6.9.2.2　在主要数据和次级数据之间进行选择

收集整个供应链中特定活动的主要活动数据可能会很耗时，因此通常会决定碳足迹研究所需的资源量。但使用主要数据通常会提高碳足迹计算的准确性，因为计算中使用的数字与实际生产或提供的产品或服务直接相关。次级数据通常不太准确，因为它们只涉及与实际发生的过程或该过程的行业平均值相似的过程。

主要数据和次级数据之间的选择应遵循范围界定中开展的范围界定/优先化活动，以及以下基本原则：

①相关性——为特定产品选择适当的数据和方法；

②完整性——包括系统边界内产生的所有温室气体排放量和清除量，这些排放量和清除量提供了实质性贡献；

③一致性——在整个评估过程中以相同的方式应用假设、方法和数据；

④准确性——尽可能减少偏差和不确定性；

⑤透明度——在进行外部沟通时，提供足够的信息。

根据相关性和准确性原则，通常首选初级数据。

6.9.2.3　制定数据收集计划

在确定范围时优先考虑数据需求，制定数据收集计划时集中精力并提供可借鉴的参考是一种好的做法。数据收集计划应概述主要数据的首要目标，并突出将寻找次级数据的领域，认识到主要数据收集可能不可行。它不必过于详细或正式，但应涵盖碳足迹评估所需的所有数据。

（1）让供应商收集主要数据

供应商参与碳足迹过程将有助于收集供应链的具体原始数据，从而更好地了解排放源，还可以鼓励未来在寻找切实可行的机会减少碳足迹方面的合作。

应尽可能早地与供应商接洽，最好是将其作为范围界定工作的一部分。这将有助于更清楚地了解所期望的参与程度，并给他们参与的机会。

一些供应商可能对提供数据很敏感，向他们明确解释碳足迹活动的目的，以及为什么他们的生产数据很重要，可以在很大程度上保证如何使用他们的信息。

（2）收集和使用次级数据

次级数据通常用于碳足迹研究，作为以下数据的来源：

①排放系数——将原始活动数据转换为温室气体排放量。

②填补主要活动数据空白的信息，计算下游生命周期阶段影响的信息（如使用和寿命终止，这些阶段不需要原始数据）。

（3）次级数据来源

在描述可用的不同类型的次级数据以及应以不同方式处理这些数据时，"聚合"和"分解"这两个术语非常有用。

①聚合数据包括先前计算的排放系数，通常包含在技术报告和已发布的研究中。该类别还包括供应商响应数据请求可能提供的从摇篮到大门（企业对企业）的碳足迹值。

②分类数据通常出现在生命周期清单（LCI）数据库中，该数据库列出了给定过程的所有输入和输出。这些详细说明了特定原材料/能源载体的消耗量和个人排放量，而不是 CO_2 总排放量的汇总。

（4）汇总数据/排放系数来源

当使用 LCI 数据库时，清单数据在 LCA 软件程序中建模，以提供可用于碳足迹的排放因子（聚合数据）。然而，LCI 数据库中列出的单个排放值可用于估算全球变暖潜力，而无须使用 LCA 软件。以这种方式使用 LCI 数据的提示如下：

①将 LCI 数据复制到电子表格（如 Microsoft Excel）中可能会使查看和查询更容易。

②确定关键温室气体的排放量。至少应确定化石/生物源 CO_2、CH_4 和 N_2O 的排放量，在大多数情况下，这是主要的温室气体。然而，其他关键温室气体（如氟氯化碳和氟氯烃），也可能包括在清单数据中。

③确定的温室气体排放值可乘以其各自的全球变暖潜力，并将结果相加，得出可用于产品碳足迹计算的排放系数。

④理想情况下，应确定所有关键温室气体的数量。实际上，这可能是一项艰巨的任务，可能涉及的排放量很小。在这种情况下，应意识到由此产生的排放系数可能被低估，并应在产品碳足迹计算中明确表明这一点。

6.9.2.4 收集下游活动数据

下游活动是指产品分销、零售、使用和寿命终止期间发生的过程。其中，通常只需要收集用于分发的主要原始活动数据（除非零售是业务活动的一部分）。然而，对于需要能量运行、需要烹饪等的产品，使用阶段可能是最重要的生命周期阶段。

（1）分销

在许多情况下，如果在运营控制下，需要收集产品分销的主要原始数据。配送通常包括向零售市场的运输和在配送中心或仓库的一段储存期。

可以在职能部门内定义此分销步骤是否代表平均地理位置或特定区域。

（2）零售

对于大多数产品而言，零售业务的排放量只占总碳足迹的很小一部分。排放的主要来源将是照明和制冷的能源使用。

若零售设施能源使用的主要原始数据不可用，则可合理假设在环境温度下储存的产品零售排放量与仓库排放量相当。

零售店的冷藏或冷冻储存可能是一个重要的排放源，因此应更详细地加以考虑。

通常需要考虑产品占用的空间量以及在销售点通常存储的时间。

（3）使用

使用概要是对产品消费的典型方式或平均用户需求的描述。例如：①待烹饪产品的使用概况将参考通常需要烹饪的用户比例烘烤、煮沸或微波加热产品以及每种情况下所需的时间。②电器产品的使用模式是指产品使用的典型时间长度或典型设置。

对于某些产品，在这一阶段（使用）所做的选择可能会对足迹产生重大影响，并引入相当大的可变性，因此需要仔细考虑。

在可能的情况下，应参考补充需求文件，以确定产品足迹的使用概况。

如果补充要求文件中未定义使用概况，则应寻求已公布的国际标准、国家指南或行业指南，其中规定了所评估产品的使用阶段（按优先顺序）。

如果上述来源中未定义标准使用配置文件，则应通过调查产品功能及其典型应用来确定产品的使用配置文件。要考虑的关键问题是：

①产品是否需要对其进行任何操作或添加任何内容才能使用？如沐浴露要用水；面食需要水和烹饪才能使用。

②产品在使用过程中是否消耗能源？如灯泡需要用电。

③在最终用户使用之前或使用之间，产品是否需要冷藏或冷冻？如易腐食品和某些药品需要冷藏，这就需要使用能源。

（4）寿命终止

寿命终止概况是对产品及其包装在其使用寿命结束时的典型结局的描述，即处置、填埋、焚烧的比例，或回收的比例。

在可能的情况下，应参考补充要求文件，以确定寿命终止情况。若补充要求文件或支持性参考信息中未定义寿命终止概况，则可根据典型或平均废物管理实践进行估算。任何假设都应在碳足迹计算中明确注明。对于产品和相关包装中的所有材料，需要以下信息：

①使用结束时丢弃的每种材料的质量和类型；

②每种材料在使用寿命结束时采用的废物管理方法。

6.9.2.5 评估和记录数据质量

产品碳足迹结果的准确性或质量最终取决于用于计算碳足迹的数据的质量。重要的是要考虑使用的主要数据和次级数据的质量，并证明它们可以恰当地代表碳足迹产品。

在评估数据质量时，始终牢记前面概述的基本原则，即相关性、完整性、一致性、准确性和透明度。

在评估中应始终寻求最佳质量的数据，但当外部沟通是研究的最终目标时，应在产品碳足迹计算中记录完整的数据质量评估以及任何附带的假设或计算。对于内部评估（如识别价值链中的热点），可能不需要正式评估/记录，但应确保数据质量的差异不会过度影响研究结果。

6.9.3 碳足迹计算

6.9.3.1 一般计算过程

计算过程中有用的第一步是绘制所有发生的流，并计算与每个流相关的数量。制定流程图，可用于绘制每个流程阶段的所有输入、输出、距离和其他有用的活动数据。

活动数据通常以多种不同的格式收集，并与不同的单位有关（如生产的 1 t 原材料或 1 年的产量或 1 hm² 的产量的投入和产出）。下一个重要步骤是平衡中所示的流量流程图，以便所有输入和输出反映范围界定中定义的功能单元/参考流的规定。这可以在流程图本身中完成，也可以在 Excel 电子表格或其他软件工具中完成。

这可能是计算过程中最困难的部分，其中的黄金法则是：①一直将过程中的废料纳入考虑范围内；②使计算尽可能透明，以便可以向后追溯；③记录所有假设和数据问题。

（1）简化假设

通常可以使用简化或估算来简化碳足迹的计算过程，例如：①对所有清洁化学品进行分组，并使用通用"化学品"排放系数，估算惯性数量；②为运输分配一组一般假设。

在进行任何简化假设时，重要的是要做出保守/最坏情况，并确保记录了这些假设，并且能够在需要时对其进行更改。

在碳足迹的计算步骤中，最好检查并确认这些简化的输入或活动对碳足迹的影响不大（如＞5%的碳足迹）。如果是，可能需要返回收集更具体的信息。在评估中应始终寻求最佳质量（和特定）数据，但当外部沟通是研究的最终目标时，对于外部评估和内部评估，最重要的是确保数据质量的差异不会过度影响研究结果。

（2）副产品分配

产品生命周期中的某些过程可能会产生多个有用的输出（副产品）。例如，在橙汁的生命周期中，橙子不仅会产生橙汁，还会产生大量果肉（一种可作为动物饲料的低价值副产品）和少量果皮油（一种可作为香水或家用清洁剂香料的高价值精油）。

在这些情况下，过程（榨汁）的输入流和输出流或排放必须在所研究的产品（果汁）和任何副产品（果肉和果皮油）之间进行分割或分配。

有很多方法可以做到这一点，尽管某些方法可能不可行，这取决于产品系统。

①将过程分为两个或多个子过程，以便分离出只产生所研究产品的活动，一旦分离完成，应使用与该子过程的输入和输出相关的数据。

②如果无法如上所述分离子过程，下一个首选方法是扩展系统边界，以纳入因生产副产品而被取代的产品。只有在已知和特定产品被替换的情况下，才能执行此操作。

③如果上述两种方法均不适用于所研究的产品系统，则应查阅任何适当的补充要求文件，以确定是否有标准方法来分配该系统的副产品。

④如果不存在补充要求或认为适当，则应在经济基础上将工艺的输入/输出/排放分配给副产品。这意味着分配给每个副产品的排放量比例应等于通过销售该产品产生的收入比例。

6.9.3.2 碳足迹特定方面的计算

（1）生物碳核算与碳储存

①除了"零加权"的方法，必须包括整个产品系统的生物碳去除（食品和饲料产品除外）；

②除食品和饲料产品以外，后续的生物碳排放也应包括在内。

③评估的时间框架为 100 年。被吸收但随后未被吸收的生物碳 100 年后释放的碳仍然是系统的负信用（碳储存效益）。

④对于食品和饲料产品，为了简化足迹计算，可以排除大气中的碳去除，以及随后在产品生命周期结束时排放的 CO_2。

如果产品同时包含食品/饲料和纸板包装，则食品/饲料和产品包装元素将采用不同的方法，或者用户可以选择包括整个产品的生物碳吸收和释放。在这两种情况下，产生的足迹应该是相同的，但重要的是非常透明地记录计算方式及过程，因为碳流量和排放/储存很容易与错误、遗漏或添加的元素混淆。

建议在生物碳形成重要成分时，通过系统完全追踪碳流和后续排放。

（2）电力

产品生命周期中最常见的能源形式是电力。电力产生的排放量是构成一个国家电力结构的不同类型发电站使用的所有燃料的生产和燃烧排放量的函数。

需要为不同区域的电力消耗获取特定的电力系数，并且由于所使用的能源/燃料类型的混合，这些因素可能会有一定差异。

1）可再生能源和可再生电力价格

可再生能源只能通过产品系统认证，必须满足以下两个标准以避免重复计算：①必须证明所研究的过程使用了所产生的可再生能源；②所产生的可再生能源不得构成能源生产的全国平均排放系数。

可再生电力的生产和在产品系统中的使用之间必须存在直接和孤立的因果关系，以便在计算产品的碳足迹时将其视为可再生能源。如果不符合上述任一标准，则必须使用平均电量的排放量。

2）现场电力生产

如果现场发电供工艺使用，则必须用于发电的任何燃料的燃烧计算适当的排放系数。

3）热电联产发电和供热（CHP）

根据 PAS 2050 的方法，发电产生的排放量仅分配给有用能源，即工艺使用的能源。在发电的大多数情况下，多余的热能被消散，所有与燃料燃烧有关的排放物都被分配到发电中。然而，在热电联产产生能源的情况下，必须将排放物分配给有用的热能以及产生的有用电能，应按以下两种方式进行分配。

①对于基于锅炉的 CHP 系统（如煤、木材、固体燃料）：1 MJ 电力的排放量和 1 MJ 热量的排放量应按 2.5∶1 的比例分配；

②对于基于涡轮机的热电联产系统（如天然气、填埋气）：1 MJ 电力的排放量和 1 MJ 热量的排放量应按 2∶1 的比例分配。

这些比率适用于产生的 1 MJ 能量。在大多数情况下，一种类型的能量比另一种类型的能量要多，例如，1 MJ 的电力产生 6 MJ 的热量。因此，必须相应地调整排放比率。

一旦计算了电和热的净排放量，这些排放系数可以与任何其他排放系数相同的方式使用将特定能量输入（电/热）转化为 CO_2。如上文所述，现场生产的不同产品的特定能源使用应分配给产品系统。

4）热电联产能源出口

如果现场热电联产产生的部分或全部能源出口，则将其视为副产品。作为副产品，能源无论出口到其他国家还是为了替代已知热源，都要遵循系统扩展分配方法。应使用平均排放系数（如根据 Defra/DECC 报告系数或特定国家的相关数据）计算电/热置换产生地避免排放量。这些排放量可以从碳足迹中减去因为它们代表分配给能源副产品的排放比例。

5）将场外热由联产排放物应用于产品系统

当热电联产在现场生产时，替代能源生产仅包括在热电联产的排放系数中。如果能源是从当地的非现场热电联产供应商处购买的，则热/电的排放系数应按上述方法进行计算，但不应包括任何排放信用。

（3）农业

对于温室气体排放而言，农业是一个复杂的过程，除了直接 CO_2 和间接温室气体排放，还导致许多直接非 CO_2 排放。

1）土地利用变化

当自然或半自然植被被清除，变为其他土地利用（如农业、工业或其他非自然土地利用）时，生物量中储存的碳以 CO_2 的形式释放到大气中。虽然从技术上讲，所有这些排放都发生在 1 年内，但土地利用变化的功能是继续使用该土地（如在该土地上生产农业作物）。因此，土地利用变化产生的排放量在 20 年内平均分配（或对于农业而言，一个作物周期的长度称为收获期，以较长者为准）。

2）何时将土地利用变化产生的排放纳入碳足迹

如果用于生产产品的土地在过去 20 年内由自然或半自然植被（包括永久牧场）转换而成，或在一个收获期内（以较长者为准），则土地使用变化产生的排放必须包含在产品的碳足迹中。如果能够证明土地利用变化发生在评估前 20 年以上，则不应包括土地利用变化排放。

不能证明变化的确切时间在土地使用已经发生的情况下，应假设土地使用变化发生在能够证明土地使用变化已经发生的最早年份的 1 月 1 日（如当前所有者购买的一块土地已经处于转换状态的年份），或者作为最坏情况假设，评税年度的 1 月 1 日。

3）计算土地利用变化的排放量

根据土地位置或产品来源的不同，土地使用变化排放量计算的复杂性会有所不同。来自已知单一来源的产品相对简单，从特定国家进口的产品比较复杂，商品产品将更加复杂，一般计算程序计算土地利用变化排放量的一般程序如下：

①确定土地利用变化产生的排放是否相关；

②确定位置或原产地；

③确定该地点或原产地以前的土地用途；

④相关的土地利用变化排放系数；

⑤将受土地利用变化影响的土地面积百分比乘以排放系数；

⑥将步骤⑤的排放量除以产量。

对于已知位置的土地使用变化，如建立农场或工厂，可以直接遵循这些步骤。

4）确定准确来源位置未知的先前土地使用

如果产品是从已知国家进口的，但不是从特定地区进口的，或者是在商品市场上购买的，则可能不知道其种植的确切位置，因此也不知道以前的土地使用情况。

可以利用卫星图像和土地调查数据等多种信息来源证明先前土地利用的信息。在没有记录的情况下，可以利用当地先前土地使用的信息。

（4）制冷

制冷和气候控制系统通常含有氢氯氟烃（HCFC，如 R-22）和氢氟碳化合物（HFC，如 R-134a）等物质，当排放到大气中时，其全球变暖潜力往往超过 CO_2 的 1 000 倍。这就是为什么即使是极少量的制冷剂泄漏也可能是重要的排放源。

在计算碳足迹时，确定使用的制冷剂类型，并获取维护记录，以显示每年的气体更换水平（系统加满）。这是一个系统输入，但也应假设它反映了该期间从系统泄漏的制冷剂量。对于制冷剂的生产和气体的释放，需要一个排放系数。在这方面，气体排放通常具有更大的意义。

（5）运输排放

运输步骤发生在整个供应链的众多环节，包括生产的上游和下游，因此需要始终在产品碳足迹计算中进行运输计算。

1）冷藏运输

如果运输工具可冷藏，则需要使用更多的燃料驱动运输工具上的制冷设备，导致单位距离的排放量更高。而在缺乏主要数据的情况下，通常采用 14%的提升系数。例如，用 32 t 的冷藏车运输，要比普通 32 t 卡车的每吨千米的排放系数提高 14%（乘以 1.14）。

2）运输大体积/低密度材料

上文提及的冷藏卡车需要乘 1.14 和排放系数假定：运输排放量取决于车辆所能承受的最大质量，且在车辆所运输货物的质量间平均分配。然而，对于某些材料或产品来说，一辆车所能运输的数量可能受到体积而不是质量的限制。例如，聚苯乙烯作为一种轻质但笨重的材料，质量较小，体积却很大，会在车辆中占据很大的空间。

据经验，如果材料或产品的密度小于 0.5 kg/L，其运输量就可能会受到车辆体积的限制。在这种情况下，相关运输方式的平均运行情况必须使用每千米（而不是每吨千米）的排放系数。然后用这些排放量除以该车辆理论上可运输的最大产品的质量，从而计算出将 1 t 产品运输 1 kg 所产生的排放量。

（6）储存排放

在整个供应链中，生产的上游和下游都会出现储存期。它们都必须作为碳足迹计算的一部分加以考虑。

如果与 PAS 2050 兼容的补充要求文件提供了包含储存排放的指南，则应遵循这些指南。否则应使用下面的指南。

对于每个存储步骤，需要找出：所储存产品或材料的质量或体积［如以 kg/(t·L) 为单位］；所储存产品或材料的储存要求（加热、冷却、冷藏或环境温度）；产品或材料储存的大致天数；每种储存要求的排放系数（每天储存每千克的排放量）。

（7）回收利用

材料的回收和再生材料的使用都有可能减少生产所需的原材料数量，对原材料需求的减少与可分配给产品系统的排放量的减少有关。然而，排放的减少必须分配到回收材料的购买或产品寿命结束时对这种材料的回收，且不能两者都分配到。

为了在碳足迹评估中考虑到材料回收，必须计算进入系统的回收/可回收材料的排放系数，以及该材料寿命终结时的排放量。然后便可以按照前面描述的相同方式应用这些回收排放系数。

6.9.4　解释碳足迹结果并推动减排工作

最重要的步骤是解释碳足迹结果和确定碳减排机会。一些评估结果提供了有价值的信息，可用于了解和管理与被评估产品相关的温室气体排放量。对于评估结果可用于影响决策的程度而言，了解结果的不确定性也很重要。

6.9.4.1　碳足迹结果

碳足迹计算的结果将是商定的功能单位的总碳足迹值。这将根据每种材料、工艺和生命周期阶段的贡献进行细分。

这是一个强大的信息，显示了整个生命周期的排放热点。通过以各种方式分解结果，可以确定最值得关注的材料、工艺或生命周期阶段，以便制定有针对性的减排战略。结果的粒度只受所用库存数据的数量和类型的限制。为了确定每个过程或活动的主要贡献者，可以在数据允许的范围内对结果进行深入挖掘。

然后，这项工作的结果应直接用于讨论以下问题：在哪些方面集中努力进行碳减排以及如何实现减排目标。

将所研究产品的碳足迹与外部其他类似产品或内部不同类型产品的碳足迹进行比较或者进行基准测试。在这两种情况下，都需要仔细考虑比较的结果，使用相同级别的数据质量和适应功能单位减排目标的策略。

6.9.4.2　对碳足迹和热点的确定程度如何

一个产品的碳足迹只能被视为一个估计值。使用的标准排放系数、收集的数据、假设填补的知识缺口以及使用的全球变暖潜势值都会不可避免地存在不准确之处。但只要能知道碳足迹能或者不能用于什么目的，这不一定是个问题。相对而言，了解与结果相关的不确定性，以及评估的哪些方面导致了这些不确定性才是重要的。通过了解这些方面，可以建立对结果的信心，从而在做出热点优先级、材料选择、过程选择等决策时可以考虑应用这一过程。

产品碳足迹应当伴随着对数据质量的全面评估。该评估可被视为评估不确定性的第一步，其中明确指出了导致不确定性的领域。单个数据点、数据集或所有数据的分数可用于以半定量方式评估不确定性。例如，若使用的排放系数不能合理地代表所讨论的实际过程，或者在缺乏数据的情况下需要进行估计，则可能会出现不确定度大的低质量数据。

如果需要，也可以采用更为正式的蒙特卡罗分析（Monte Carlo analysis）方法进行统计不确定性分析。蒙特卡罗分析使不确定性得以量化，并将比单独的数据质量评估更深入地理解不确定性。然而，这可能很难获得，因为进行蒙特卡罗分析需要获取关于每个数据点周围可能变化的详细信息。如果可以收集到关于每个数据点周围可变性的足够信息，则应提供生命周期评价软件（如 SimaPro 或 GaBi 等生命周期评估软件），这些软件可进行不确定性分析。在这样一个生命周期评估软件中对结果进行蒙特卡罗分析，在每个数据点的上下限内使用随机选择的值生成许多碳足迹。由此产生的碳足迹表示为所有碳足迹的中位数，带有±%的误差条，显示可能值的范围。

在通过上述任一方法（或两种方法）评估不确定性后，应使用常识法来确定哪些数据不确定性最重要。例如，如果用于模拟一个不重要的过程或活动的数据具有很高的不确定性，那么它就不一定是个问题。但是，若数据不确定并且所讨论的过程或活动是重要的排放源，则应将其标记为此类。在这些情况下，建议进行敏感性分析。

6.9.4.3　记录碳足迹

（1）碳足迹记录

对于从摇篮到大门的碳足迹，产品的使用和报废命运是未知的，这对碳的储存和释放有影响。因此，在碳足迹评估中使用从摇篮到大门的信息向下游公司提供足够的碳清除和碳含量记录尤为重要。

（2）沟通

如果选择传达关于产品的碳足迹或是如何减少产品碳足迹的相关信息，请参考进一步的国际或国家指南、标准和法规的环境声明的沟通，以确保它是清晰、准确、相关且经证实的，如 Defra 的绿色声明指南。报告的关键是尽可能透明，并使语言与受众的理解相匹配。碳足迹的沟通可以采用许多形式，包括：①向利益相关者介绍情况；②新闻发布；③公司责任报告；④碳标签（如包装上、网站上、销售点上）。

（3）碳足迹验证

如果决定进行外部沟通，强烈建议进行保证。通过获得第三方保证，碳足迹声明可以"防弹"，并让利益相关者确信声明是可靠且有根据的。在通常情况下，该保证包括：①审查和测试数据收集和计算程序，以确保这些程序是合理的并且活动数据具有适当的质量；②审查报告的碳足迹声明，以确保这些声明反映了在给定报告期内已开展和交付的工作。

6.9.4.4 如何利用碳足迹来推动减排

碳足迹可以作为减少碳排放和能源使用的基础，同时也可以向不同的利益相关者群体传达积极的信息。通过对产品碳足迹的解释，应该清楚地知道生命周期的哪些领域、哪些材料和哪些工艺应该成为减少碳足迹的目标。

（1）确定的流程中的效率

将减排举措重点放在评估已确定的最受关注的哪些过程上。这些减排举措的性质在很大程度上取决于所评估的产品以及所涉及的生产过程。

这些是用于说明目的的通用措施。应就更具体的碳减排举措寻求贸易机构、顾问或内部资源的建议，以最低成本实现最大可能的节约。例如，碳信托的工业能源效率加速器计划是新兴技术特定行业指南的一个很好的来源。

其他的例如成本效益分析和选项评估工具，可以与产品碳足迹信息一起使用，以确定最合适的减排策略。

（2）帮助设计更加可持续的产品

通过操纵碳足迹模型来改变材料输入、加工要求或使用阶段配置，可以调查不同的设计干预选项，并将其与原始产品生命周期进行比较。还可以进一步开发简单的工具，让设计人员能够使用假设情景，并确定更改特定材料或工艺时对温室气体总排放量的影响。

（3）与供应商和客户合作减少排放

尽管对上游和下游供应链的影响可能很小，但在整个产品生命周期中，更广泛的尝试帮助他们降低成本会带来相当大的好处。毕竟碳足迹结果可能表明，不受直接控制的特定材料、工艺或生命周期阶段反而可能会占总排放量的最大比例。可以采取的行动示例包括：①将碳足迹的结果和见解传达给供应商和客户；②分享从碳足迹评估工作中获得的经验教训；③鼓励供应商进行碳足迹评估，以增加已收集到良好和具体数据的产品生命周期的比例；④与供应商合作，提出减排措施；⑤对供应商进行基准测试，并随着时间的推移衡量改进情况。

除了与上游供应链合作，客户碳减排措施也可以减少产品碳足迹。而且对于某些产品来说，使用阶段可以代表很大比例的排放，因此，对使用它们提出的建议可以大大节省开支。更重要的是，这一建议必须得到足够的研究支持。分享通过碳足迹的研究，分析出排放量相对有减碳的空间，鼓励供应商也进行碳足迹评估。

6.10　用于评估货物和服务生命周期温室气体排放量的样本

应使用长期合作行动技术对产品的温室气体排放量进行评估，评估遵守相关性、完整性、一致性、准确性、透明度等原则。除非另有注明，对产品生命周期温室气体排放量的评估应采用归因方法，即通过描述输入及其相关排放归因于产品功能单元的特定数量的交付。

6.10.1　温室气体排放量和清除量的范围

在评估被评估产品的温室气体总排放量时，应考虑对大气的排放量和来自大气的清除量。对于食品和饲料，可排除成为产品一部分的生物源产生的排放量和清除量。这一排除不适用于：①生产食品和饲料（如在燃烧生物质作为燃料的情况下），生物源碳不成为产品的一部分；②非 CO_2 排放量浪费食物、饲料和肠道发酵；③任何生物成分在材料中，是终端产品的一部分，但不打算被列入（如包装）。

需注意：①这一允许的例外情况避免了需要计算食物和饲料的消耗和消化以及人类和动物的废弃物造成 CO_2 量和清除量的需要。②食品和饲料不太可能持续超过 100 年的评估期；然而，在这种情况下，需要解决碳储存问题。③如果食品和饲料被排除在外，则同时使用食品和非食品的产品进行评估（如植物油）可能会产生不同的结果。因此，某一产品的温室气体排放量可根据该产品的预期或实际用途而有所不同。④在寿命为 20 年或 20 年以上的植物或树木中掺入的碳（如不属于产品本身但属于产品体系一部分的果树，应以与土壤碳相同的方式对待，除非植物和树木是由过去 20 年内发生的直接土地利用变化引起的）。

（1）列入食品和饲料产生的非 CO_2 排放量

食品和饲料产生的非 CO_2 排放量应包括在计算产品生命周期的温室气体排放量中。如果生物源的排放和清除量被排除在外，则源自生物碳来源的非 CO_2 排放的全球升温潜能值系数应进行核正。考虑到产生生物源碳源的 CO_2 的去除，从大气中去除并随后以 CH_4 形式排放的 CO_2 应加以纠正。

（2）对产品生命周期内的温室气体排放量和清除量的评估

排放量和清除量来自以下过程：①能源使用（包括电力等本身使用并与温室气体排放有关的工艺产生的能源）；②燃烧过程；③化学反应；④制冷剂和

其他散逸性温室气体流失到大气中；⑤流程操作；⑥提供和交付服务；⑦土地使用和土地使用的变化；⑧牲畜生产和其他农业过程。

（3）列入温室气体排放量和清除量的时限

对产品生命周期产生的温室气体排放量和清除量的评估应包括在产品形成后100年间确定的温室气体排放量和清除量。

（4）飞机排放量和清除量

不得对航空器产生的排放量和清除量采用系数相乘或其他修正措施。

（5）产品中的碳储存

在100年的评估期内，若部分或全部去除的碳不会排放到大气中，则该期间未排放到大气中的碳应视为储存的碳。

（6）土地使用变化的纳入和处理

土地直接使用变化引起的温室气体排放量和清除量，应评估对来自该土地的产品生命周期的任何投入，并应纳入对该产品温室气体排放量的评估。

应包括在进行评估前不超过20年或1个单一收获期。其间，土地直接使用变化产生的温室气体排放总量和清除量应在该期间每年均等分配的基础上，列入该期间土地产生的产品温室气体排放量的定量计算。

需注意：①若可以证明土地使用变化发生在根据PAS 2050进行评估之前20年以上，则土地使用变化产生的排放量不应列入评估，因为土地用途改变所产生的所有排放量将被假定是在适用考绩制度之前发生的。

②由于土地使用的变化，温室气体排放量很大。作为土地使用变化的直接结果（而不是作为长期管理做法的结果）的清除通常不会发生，尽管人们意识到这在特定情况下可能发生。直接土地使用变化的例子是将用于种植作物的土地转换为工业用途，或将林地转换为作物用地。将包括导致排放量或清除量的所有形式的土地使用变化。间接土地使用变化是指由于其他地方土地使用的变化而导致的土地使用的这种转换。

③虽然温室气体排放量也源于间接土地使用的变化，但计算这些排放量的方法和数据要求尚未得到充分发展。因此，对间接土地使用变化产生的排放量的评估不包括在PAS 2050中。在今后修订PAS 2050时，将考虑列入间接土地使用变化。

（7）产品可追溯性有限

在进行评估（以较长时间为准）之前，在确定土地使用变化所产生的温室气体排放量和清除量时，应采用以下分级：①已知生产地和已知以前的土地使用情况，土地使用变化引起的温室气体排放量和清除量应是该地区土地利用从以前的土地使用变化到目前的土地使用变化引起的温室气体排放量和清除量；②已知生产地，但以前的土地使用情况不详，土地使用变化产生的温室气体排放量应为该地区作物土地使用变化平均排放量的估计数；③在既不知道生产地也不知道以前的土地使用的情况下，土地使用变化产生的温室气体排放量应为该商品在其种植地区的平均土地使用变化排放量的加权平均数。

注：种植作物的地区可通过进口统计数据来确定，并可采用不少于进口质量90%的截止阈值。

（8）对土地用途改变时间的了解有限

在进行评估之前（以较长时间为准），若不能证明土地使用变化的时间超过20年或单一采伐期，则应假定土地使用变化发生在1月1日：①可以证明土地利用发生变化的最早年份；②对于在正在进行温室气体排放和清除量评估的当年的1月1日。

（9）处理现有系统中的土壤碳变化

如果不是由于土地使用变化而产生，那么包括排放量和清除量在内的土壤碳含量变化应排除在本考绩制度之下的温室气体排放量评估之外。

（10）分析产品功能单元

对产品生命周期产生的温室气体排放量的评估应以能够确定产品的每个功能单元的 CO_2 质量。功能单元应记录到两位有效数字。

如果一种产品通常以可变单位尺寸为基础，那么温室气体排放量的计算应与单位尺寸成正比。

6.10.2　系统边界

6.10.2.1　建立系统边界

系统边界应清楚地为每个被评估的产品确定定义，并应包括其所有材料生命周期过程。

6.10.2.2　温室气体排放量和清除量评估

（1）系统边界

被确定为从摇篮到大门的评估系统边界应包括排放量和截至 6.10.1 中所确定并包括产品离开承担评估的组织以转移不是消费者的另一方的点。

（2）温室气体排放评估记录

从摇篮到大门的温室气体排放评估信息应明确标明，以免被误认为是对产品的生命周期温室气体排放的全面评估。

需注意：①应保持评估所有阶段的记录，并在提供从摇篮到大门的评估以支持下游评估的情况下提供所有相关信息，包括单独提及任何报废排放量。②从摇篮到大门的温室气体排放量和清除量评估有助于在产品和服务的供应链中提供一致的温室气体排放信息。这种从摇篮到大门的供应链视角使得在供应的不同阶段逐步增加温室气体评估成为可能，直到向消费者提供产品或服务（评估将包括产品和服务的整个生命周期产生的排放量和清除量）。

6.10.2.3 物质贡献和门槛

根据本考绩制度进行的计算应包括系统边界内可能对产品温室气体排放量评估做出重大贡献的所有排放量和清除量。

对于产品生命周期产生的温室气体排放量和清除量，评估应包括：①所有排放源和清除过程预期对功能单元的生命周期温室气体排放量做出实质性贡献；②至少95%的预期寿命周期温室气体与功能单元有关的排放量和清除量。

若进行初步评估以协助确定被评估产品的系统边界，则应选择二级数据。

注：对产品生命周期温室气体排放源的初步评估可采用二级数据或通过环境扩展输入/输出方法进行。这一初步评估可概述产品生命周期内的主要温室气体排放源，并确定温室气体排放评估的主要贡献者。

6.10.2.4 产品系统的要素

（1）一般的要素

所涵盖的生命周期要素列入系统边界，以评估与所评估产品相关的生命周期温室气体排放量和清除量。

需注意：①虽然系统边界符合要求，但并非所有产品都会有每一类别产生的过程或排放。②产品系统通常被描述为一系列相互关联的生命周期阶段，如原材料、制造、分配/零售、使用以及处理/回收，每个阶段都指定工艺或排放。不是所有的阶段都可能是相关的，因此描述服务的生命周期可能更难。

（2）生产材料

在形成、提取或转化生产所用材料（包括农业、园艺、林业和林业）时使用的所有过程所产生的温室气体排放量和清除量应包括在评估中，包括与形成、提取或转化有关的所有能源消耗或直接温室气体排放量。

生产中使用的材料产生的温室气体排放量和清除量应包括：①发展物质来源（如测量、探矿）；②开采或提取原料（固体、液体和气体，如铁、石油和天然气），包括使用的任何机械的排放量；③采购生产材料时使用的消耗品；④在提取和预处理生产材料的每个阶段产生的废物；⑤肥料（如施用氮肥产生的 N_2O 排放和化肥生产的排放）；⑥直接改变土地用途（如排放泥炭地或清除森林）；⑦能源密集型大气生长条件（如温室）；⑧作物生产（如水稻种植）和牲畜（如牛）的排放量。

（3）能源

产品生命周期内提供和使用能源有关的温室气体排放量和清除量应列入能源供应系统产生的排放量。

能源排放包括能源生命周期所产生的排放。这包括能源消耗点的排放（如燃烧煤和天然气的排放）和提供能源产生的排放，包括电力和热量的产生，以及传输损失、运输燃料的排放；上游排放（如开采和将燃料输送至发电厂或其他燃烧装置）；下游排放（如核能发电器运行产生的废物的处理）；作为燃料使用的生物质的生长和处理。

（4）资本货物

在产品生命周期中使用的资本货物的生产所产生的温室气体排放量和清除量应排除在评估之外。

如果已经为所评估的产品制定了有关资本货物处理的补充要求，则应使用这些要求。

作为补充需求开发过程的一部分，可对资本货物相对于特定产品或产品部门的重要性进行评估（包括参考现有研究）。如果资本货物被认为对这些产品的温室气体排放水平有很大影响，则应提出要求和指导，说明如何将资本货物纳入评估并作为补充要求的一部分。

（5）制造和服务提供

如果一个过程被用于制造新产品的原型，与原型活动相关的排放量应分配给该过程的结果产品和辅助产品。

作为产品生命周期的一部分而发生的制造和服务提供，包括与使用消耗品有关的排放，应包括在产品生命周期温室气体排放的评估中。

（6）房地产运营

经营场所（包括工厂、仓库、中央供应中心、办公楼、零售点等）产生的温室气体排放量和清除量，应纳入对产品生命周期温室气体排放量的评估。

注：操作包括对场所的照明、加热、冷却、通风、湿度控制和其他环境控制。例如，对仓库的运作所产生的排放进行划分的一个适当办法是利用产品所占空间的停留时间和体积作为划分的依据。

（7）运输

构成产品生命周期一部分的公路、空气、水、铁路或其他运输方法产生的温室气体排放量和清除量，应纳入对产品生命周期温室气体排放量的评估。

注：①运输产生的温室气体排放量包括与运输燃料有关的排放量（如因管道、传输网络和其他燃料运输活动而产生的排放）。

②运输产生的温室气体排放量包括与个别工序有关的运输产生的排放量，如在工厂内的投入、产品和共同产品的移动（如通过传送带或其他本地化运输方法）。

③产品被分配到不同的销售点（一个国家内不同的地点），由于不同的运输要求，与运输有关的排放量将因地点而异。如果出现这种情况，各组织应根据产品在每个国家的平均分布情况计算与运输产品有关的温室气体的平均排放量，除非有更多的具体数据。如果同一产品在多个国家以相同的形式销售，则可以使用具体国家所处地的数据，或者平均值可以按每个国家销售的产品数量加权。

（8）产品的储存

储存产生的温室气体排放量和清除量应纳入对产品生命周期温室气体排放量的评估，包括：①在任何情况下的储存投入，包括原材料产品生命周期中的点；②环境控制（如冷却、加热、湿度控制和其他控制）与产品生命周期中任何一点的产品有用于可储存产品的工厂的操作，包括环境控制；③在使用阶段储存产品；④再利用、再循环或处置活动之前的储存。

（9）使用程序的依据

确定产品使用阶段的适用范围时，应按以下优先次序按界限划分：①提出的补充要求，其中包括被评估产品的使用阶段；②公布的国际标准，具体规定被评估产品的使用阶段；③公布的国家准则，具体规定了被评估产品的使用阶段；④公布的行业指南，指定正在评估的产品的使用阶段。

如果没有按照上述①～④确定产品使用阶段的方法，则在确定产品使用阶段所采取的方法应由对产品的温室气体排放量进行评估并予以记录的组织确定。

当使用阶段的能源使用产生排放时，应记录产品使用的每种能源类型的排放系数和排放系数的来源。如果排放系数不是一个国家的年平均排放系数，则排放系数的确定应包括在使用阶段的记录中。

制造商为实现功能单元而推荐的方法（如在特定的温度下用烤箱烹饪特定的时间）可以为确定产品的使用阶段提供基础。然而，实际使用模式可能与推荐的不同，使用配置文件应该寻求表示实际使用模式。

（10）使用阶段温室气体评估的时限

应根据 100 年评估期内产品使用阶段产生的排放量和清除量（在 6.10.1 中提及的范围）。如果某一产品的使用阶段导致随着时间的推移而释放温室气体，预计在 100 年评估期内产生的总排放量应列入该产品温室气体排放量的评估，如同发生在 100 年评估期的开始。

（11）记录产品使用阶段计算的依据

如果使用阶段的排放量和清除量构成根据本考绩制度进行的评估的一部分，则应记录和保留产品使用阶段评估依据的细节。

（12）产品对其他产品使用阶段的影响

如果一种产品的使用或应用导致另一种产品使用阶段产生的温室气体排放量的变化（增加或减少），则这种变化应排除在对被评估产品的生命周期温室气体排放量的评估之外。

（13）最终处置产生的温室气体排放

最终处置产生的温室气体排放量（例如，通过填埋、焚烧、掩埋和废水处置的废物应纳入产品生命周期温室气体排放的评估。

废物处置程序的确定应遵循数据质量规则（在 6.10.3.2），并以下列优先顺序的边界的定义层次为基础：①提出的补充要求，其中包括对被评估产品的废物处理程序；②公布的国际标准，具体规定了被评估产品的废物处置程序；③公布了国家指南，其中具体规定了被评估产品的废物处置程序；④已公布的行业指南，其中指定了一个废物处理程序，为正在评估的产品。

如果根据上述第①～④确定产品的处置概况，在确定废物处置程序方面所采取的方法应由为该产品进行温室气体排放评估的组织确定。

废物中能源使用产生的排放处置时，产品应记录产品处置过程中使用的每种能源类型的排放系数和排放系数的来源。如果排放系数不是一个国家的年平均排放系数，则排放系数应包括在废物处置程序的记录中并保留。

注：如果废物产生于可回收材料，则与该废物有关的排放量列入对回收材料排放量的评估。

（14）最终处置产生的温室气体排放的时间段

在评估材料或产品的温室气体排放量时，若其最终处理环节所导致的温室气体排放量超过预计在 100 年评估期限内可能发生的总排放量，则应将此额外的排放量计入到导致该处理的产品的温室气体排放量中，并视为发生在 100 年评估期的起始时刻。

（15）最终处置过程中随着时间的推移排放的影响

希望查明在处置阶段随时间释放的排放量的影响，用于计算产品使用阶段一年以上所产生的延迟排放的加权平均影响的方法。

（16）最终处置后的活动

将处置的排放物转移到另一个系统（例如，垃圾填埋产生的 CH_4 燃烧、废弃木材纤维的燃烧），评估产生排放的产品的温室气体排放，应重新计算这种转移引起的排放。

6.10.2.5　系统边界排除

产品生命周期的系统边界应排除与以下方面有关的温室气体排放：

①加工和（或）预处理的人力投入（如水果是手工采摘而不是机械采摘）；

②消费者往返零售点、购买点的交通；

③员工往返正常工作地点的交通；

④提供运输服务的动物。

6.10.3　数据

6.10.3.1　一般情况

与某一产品有关的记录数据应包括该产品系统边界内的所有温室气体排放量和清除量。

6.10.3.2　数据质量规则

在确定用于温室气体排放量和消费量评估的主要活动数据和次要数据时，应优先采用下列数据：①与时间有关的覆盖范围（如资料年限及收集数据的最短时间限度），应优先考虑与被评估产品时间相关的数据。②地理特殊性（如收集数据的地理区域，如地区、国家、区域），应优先考虑地理上特定于被评估产品的数据。③对于技术覆盖（如数据是否与特定技术或混合技术相关），应优先考虑与被评估产品技术相关的数据。④信息的准确性（如数据、模型和假设），应优先选择最准确的数据；⑤精确度：衡量每个数据的可变性（如方差）；更精确的数据（具有最低统计方差）应优先考虑。

此外，还应记录以下内容：①完整性（测量的数据的百分比，以及数据代表感兴趣的总体的程度；样本量是否足够大，测量是否有周期性等）。②一致性（定性评估数据的选择是否在分析的各个组成部分中统一进行）。③可重现性（定性评估有关方法和数据值的信息在多大程度上将允许独立的从业者重现研究中报告的结果）。④数据来源（参考数据的主要或次要性质）。

6.10.3.3　主要活动数据

主要活动数据应从根据 PAS 2050 标准实施的组织拥有、操作或控制的过程中收集。主要活动数据要求不适用于下游排放源。

如果根据 PAS 2050 标准实施的组织在将产品或投入提供给另一组织或最终用户之前，对其上游温室气体排放量贡献率未超过 10%，则主要活动数据的收集应适用于由该组织和累积贡献率超过 10%的任何上游供应商拥有、操作或控制的过程所产生的排放，以及产品或投入的上游温室气体排放。10%的贡献率应基于净排放量，不包括在 100 年评估期内可能释放的任何储存的碳。

通过采集未经操控的业务原始数据，企业可以增强下列能力：

企业能够区分其产品的温室气体检测与其他产品，更好地了解其产品的环境影响，并采取必要措施降低温室气体排放。

如果企业对其供应商设定特定条件，例如零售商要求供应产品的质量或包装方式，这些条件可能作为对企业的上游流程进行控制的证据。在此情况下，主要活动数据的要求适用于企业的上游流程。

主要活动数据的实例包括测量过程中的能源或材料使用以及运输中的燃料使用。为具有代表性，主要活动数据应反映出工艺中通常遇到的特定于被评估产品的条件。例如，如果冷藏储存是产品必需的，那么与制冷相关的主要活动数据（如使用的能量和泄漏的制冷剂数量）应反映出制冷的长期运行，而不是与通常较高（如 8 月）或较低（如 1 月）的能量消耗或制冷剂泄漏相关的时期。

牲畜及其粪便和土壤的排放量被视为次要数据。材料输入量被视为原始数据，前提是这些输入经过转换过程（通过零售、批发、进口/出口或重新包装处理的货物数量不符合本要求的原始活动数据）。

6.10.3.4　次要数据

（1）使用 PAS 2050 温室气体评估信息作为辅助数据

符合评估要求的数据（如从供应商那里获得的从摇篮到大门的信息）可用于输入被评估产品的生命周期，应优先使用该数据而不是其他次要数据。

（2）其他次要数据

如果没有符合"6.10.3.4 次要数据"，则应使用数据质量规则来选择最相关的次要数据来源。次要数据来源的确定应承认来自主管来源的次要数据（如国家政府、联合国支持组织的官方出版物和同行评审出版物），优先于其他来源的次要数据。

6.10.3.5 产品生命周期的变化

（1）临时非计划变动

如果产品生命周期的计划外变化导致对温室气体排放量的评估增加了 10%以上，且经历了 3 个月以上，应重新评估与产品相关的生命周期温室气体排放量。

（2）计划变更

如果产品的排放量或清除量计划变更导致评估结果超过3个月的时间增加5%或更高，则应重新评估应进行与产品有关的循环温室气体排放量和清除量。

6.10.3.6 与产品生命周期相关的排放量和清除量的可变性

如果与产品生命周期相关的温室气体排放量或清除量随时间而变化，则应收集一段时间内的数据，以确定与产品生命周期相关的平均温室气体排放量和清除量。

如果连续提供某种产品，对温室气体排放量和清除量的评估应在该产品的长期生产（通常为 1 年）所特有的时期内进行。产品是新的（已生产不到 1 年）或产品按时间区分（如季节性产品），温室气体排放量和清除量的评估应涵盖与所评估产品的生产有关的特定时期。

需注意：①如果有历史数据，平均结果应以历史数据为依据。②能源特别是电力的生命周期温室气体排放量可能随时间而变化。在出现这种情况时，应使用与能源有关的温室气体排放量的最新估计数据。

6.10.3.7 数据抽样

如果对某一个进程的投入来自多个排放源和清除源，则是从用于评估产品温室气体排放量和清除量的具有代表性样本中收集数据，对于产品抽样的使用应符合对数据质量的要求。

请注意，数据的采样可能会采取以下示例形式：①银行可能会采集其各分行中的代表性数据样本，而非所有分行的数据；②面粉厂可能会采集来自谷物供应商的代表性数据样本，而非所有农场的数据；③如果工厂拥有多条生产相同产品的生产线，那么可能会采集来自某条生产线上的代表性数据样本。

6.10.3.8 牲畜和土壤中的非 CO_2 排放数据

对牲畜、其粪肥或土壤产生的非 CO_2 温室气体排放量的估计应采用以下两种方法中的任意一种：①联合国政府间气候变化专门委员会规定的最高级别方法得出最高评估结果国家温室气休清单指南；②在产生排放物的国家所采用的最高层的方法。

如果这种投入的预期排放量没有造成实质性影响，则应采用一级办法，或从产生排放的国家清单中得出的结果。

如果在评估牲畜、其粪肥或土壤产生的温室气体排放时依赖次要数据源，则应确定次要数据源是否包括直接土地使用变化产生的排放量，或是否需要单独计算。

6.10.3.9 燃料、电力和热能的排放数据

（1）厂外发电和供热

在厂外产生电力和（或）热量的情况下，所使用的排放系数应为：①独立供电和供热来源（即不是较大的能量传输系统的一部分），与该源相关的排放系数（如向第三方热电联产购买热量）；②通过更大的能源提供电力和热量传输系统，对产品系统尽可能具体的次要数据（如使用电力的国家的平均电力供应排放系数）。

（2）与可再生发电有关的温室气体排放

可再生能源特有的排放系数应适用于使用可再生能源的过程，只有在下列两者都能被证明的情况下：①使用该能源的过程（使用可再生能源现场产生的能量）或使用相同类型的能量与产生的能量相等（可再生能源的使用通过一个将不同类型的能源发电结合起来的能源传输网络提供），而另一个过程没有使用所产生的能源声称其是可再生的。②这种可再生能源的产生不是使用相同类型能源的任何其他过程或组织的排放系数（如可再生电力），并被排除在国家平均排放系数。

如果不符合条件①或②，应使用国家平均能源排放系数。

根据要求，证明能源来自可再生能源的程序应独立于其他验证或交易机制进行。在很多情况下，可再生能源发电的排放系数会自动归纳到全国平均能源排放系数中。比如，可再生能源电力通常被视作零排放电力来源，这在全国电力排放系数的报告中也是如此。如果某公司声称购买了可再生能源（如通过购买"绿色电价"），那么它的低排放系数也包含在全国报告中，这就可能发生了电力排放效益的重复计算。必须指出的是，在许多国家，报告可再生能源发电对全国电力排放系数产生的影响时，所用的方法并不科学，没有分别计算电网平均电力供应和特定电价电力供应。在可再生能源电力流量得到准确核算的国家，应该允许那些使用可再生能源或通过专用电价购买可再生能源的公司，在计算其过程中产生的排放量时，采用可再生能源的温室气体排放量指标，而不是电网的平均碳强度。

（3）生物质和生物燃料的排放

①若生物燃料利用废物生产，如在烹饪过程中使用过的食用油进行生产，则所产生温室气体的排放量与清除量应计入将废物转化为燃料的环节。

②当生物燃料非由废物生产，如利用油菜或棕榈油制造生物柴油，或者利用

小麦、甜菜、甘蔗或玉米生产乙醇，与生物燃料使用相关的温室气体排放量及清除量需包含所有上游环节的排放量，以及适用条件下直接土地利用变化产生的排放量和其他相关排放量与清除量。

6.10.3.10 分析的有效性

分析所得结果的有效期最长为两年，除非正在评估温室气体排放量的产品的生命周期发生变化（见 6.10.3.5），在这种情况下，有效期停止。

注：在允许的两年期间内，分析有效的时间长短取决于产品生命周期的特性。

6.10.4 排放量的分配

6.10.4.1 分配原则

将排放量和清除量分配给共同产品的优先方针应按优先顺序为：

①将待分配的单元过程划分为两个或两个以上的子过程，并收集与这些子过程相关的输入和输出数据。

②扩展产品系统以包括与复合产品相关的附加功能，其中：i) 可以识别被所考虑的过程的一个或多个副产品取代的产品；ii）与替代产品相关的避免的温室气体排放量代表因提供避免的产品而产生的平均排放量（如果一个过程导致输出到更大的电力传输系统的电力的共同生产，则避免这种联合发电产生的排放量将以电网电力的平均温室气体排放强度为基础）。

如果这两种方法都不可行，可根据以下几种方法：①国际、国家、行业或部门公认的分配原则；②在包容性和共识的基础上，通过与利益相关者进行开放式交流的透明过程来实现发展；③范围限定合理，具备直接适用于特定利益相关者的边界条件和准则；④在考虑了相关的现有产品部门或类别规则、指导或要求后，通过采用、引用或建立这些规则来制定的。如有正当理由不被采纳的，应当在补充要求内明确说明其理由和引用；⑤公开发布，无使用限制，非专有领域使用；⑥维持并保证长期以来的有效性。若要对被评估产品进行与分配相关的处理（如基于物理分配或质量），则应遵循前述原则的补充要求。应用这些方法时，必须统一采用这些方法。

如果①和②中的方法不可行，并且不具备适用的补充要求，则应在联产品之间按其经济价值的比例分配该过程产生的温室气体排放量和清除量。

6.10.4.2 废物产生的排放

造成温室气体排放的废物（如在填埋场中处置的有机物），这些排放量（CO_2 和非 CO_2）应分配给产生废物的产品系统。这一分配办法也适用于未产生有用能量的甲烷燃烧（即火炬燃烧）。

如果燃烧废物或源自废物的燃料以产生有用的电力和（或）热量，则应将温室气体排放分配给能源生产。温室气体清除量也应分配给能源生产系统。

6.10.4.3 处理与再利用有关的排放

当产品被再利用时，每次使用或再利用的温室气体排放量应根据式（6-1）进行评估：

$$温室气体排放量 = \frac{a+f}{b} + c + d + e \tag{6-1}$$

式中，a——产品的整个生命周期温室气体排放量，不包括使用阶段的排放；

b——给定产品的预期重用实例数；

c——翻新产品使用适合再利用而产生的排放（如回收和消毒玻璃瓶）；

d——使用阶段产生的排放量；

e——将产品送回再利用的运输产生的排放量；

f——处置产生的排放量。

6.10.4.4 使用热电联产的能源生产排放量

如果热电联产的能源生产并入更大的系统（如将电力输送至国家电网），则应将由此避免的温室气体排放量按照电网电力的平均温室气体排放强度进行分配。在热电联产产生的热能和电力被多个工艺使用的情况下，应将由此产生的排放量减去计算出的任何避免的排放量，并按每种形式输送的有用能量的比例进行分配，同时乘以与以热和电形式输送的每单位有用能量相关的温室气体排放强度。对于基于锅炉的热电联产系统，每兆焦耳电力的排放量与每兆焦耳热量的排放量的比例为 2.5∶1；而对于基于涡轮机的热电联产系统，每兆焦耳电力的排放量与每兆焦耳热量的排放量的比例则为 2.0∶1。

热电联产产生的热和电的排放分配遵循特定比例，取决于每个系统的热电比特性。拿一个典型的基于锅炉的热电联产系统来说，电力与热量的比率是 1∶6。这意味着每产生 6 单位的热量，就会同时产生 1 单位的电力。然而，这些排放的比例并不是 1∶6，而是大约 2.5 单位的排放对应每 1 单位的电力，每 6 单位的排放对应每 1 单位的热量。需要注意的是，不同的热电联产系统可能会呈现出不同的热电比和排放比例，这些因素都会对环境产生影响。

6.10.4.5 运输产生的排放

若某一运输体系（如货车、船舶、飞机、火车）肩负着运输两种或更多种类的产品，那么在计算该运输体系所生成的排放量时，应依据以下条件来对产品进行排放量的分配：

①当运输体系的载重量达到极限时，应按照各种产品的质量在总质量中所占的比例，对排放量进行相应的分配。

②当运输体系的容积达到极限时，应按照各种产品的体积在总体积中所占的比例，对排放量进行相应的分配。

运输排放涵盖了从源头到交付点并返回的整个交付行程有关的排放，需注意不应将排放量算在产品本身所产生的部分（如公路交付中运输车辆所生成的排放量）。若运输工具在回程过程中承载了其他产品，那么这些行程的排放量应被分配给回程运输的产品。

6.10.5 产品温室气体排放量的计算

在计算温室气体总量时，必须考虑产品生命周期内每个功能单元的温室气体排放量和清除量。应采用以下步骤来计算被评估产品的温室气体排放量：

①必须确定系统边界内的每项活动的排放量和清除量。这些数据作为主要活动数据或次级数据，其中排放量表示为正值，清除量表示为负值。

②通过乘以每项活动的排放系数，可以将主要活动数据和次级数据转换为评估所涉及的产品每功能单位的温室气体排放量和清除量。

③通过将每个温室气体的排放量或清除量数字乘以相关的全球升温潜能值，可以将温室气体排放量和清除量数据转换为 eCO_2。

④对于在 100 年评估期内未全部排放到大气中的部分或全部温室气体，应将未排放到大气的部分作为储存碳处理。并计算与产品相关的碳储存的总体影响，表示为 eCO_2。如果产品生命周期温室气体排放评估包括一些碳储存，应记录计算储存碳量的数据来源以及产品 100 年评估期间的碳储存概况进行记录。

⑤将受评估产品生命周期内发生的 eCO_2 排放量和清除量相加（考虑碳储存的影响），以确定每个功能单元的净 eCO_2 排放量（负值或正值）。结果应以明确的方式表达为从摇篮到大门或从摇篮到坟墓。

7

碳标签评价工具

7.1 数据库

在开展生命周期评价或碳排放核算的过程中，由于数据的可得性的限制，使用背景数据库是不可避免的，数据库的使用可以极大地降低开展生命周期评价或碳排放核算的门槛。在这种情况下，为了提高生命周期评价/产品碳排放核算的准确性和可信度，需要保证背景数据的数据质量。当前在碳排放核算或生命周期评价中，通常选用的有两类数据库，一类是以碳足迹排放因子为主体的碳排放因子数据集合；另一类是以单元过程和 LCI 数据集为主体的 LCA 数据库。LCA 数据库是较为可靠的背景数据来源。而当前应用比较广泛的 LCA 数据库主要为瑞士的 Ecoinvent 数据库、德国的 GaBi 数据库、韩国的 LCI 数据库、Agri-footprint 数据库、CLCD 数据库、CPCD 数据库等。

7.1.1 Ecoinvent

Ecoinvent 数据库是由瑞士 Ecoinvent 中心开发，涵盖了 18 000 余条产品、过程和服务的活动数据集，覆盖多个行业、部门，包括农业和畜牧业、建筑和建筑、化工和塑料、能源、林业和木材、金属、纺织、运输、旅游住宿、废物处理和回收以及供水等工业部门。Ecoinvent 数据库以其高质量、全面的 LCI 数据著称，在环境影响评估模型的选取和结果解释上，提供了较为详尽的方法论和文献引证，使得数据的透明度很高，是国际 LCA 领域使用最广泛的数据库之一。

7.1.2 GaBi

GaBi数据库由德国的Thinkstep公司开发，2022年发布的数据库包括了17 000汇总过程数据集，其数据库覆盖多个行业，如建筑与施工、化学品和材料、消费品、教育、电子与信息通信技术、能源与公用事业、食品与饮料、医疗保健和生命科学、工业产品、金属和采矿、塑料、零售、服务业、纺织品、废物处置15个行业。此外，GaBi的数据集在更新频率上比其他数据库更高，尤其是在针对特定工艺和技术的数据更新方面。

7.1.3 Korea LCI

韩国环境工业与技术协会（KEITI）开发了韩国本地LCA数据库（Korea LCI datebase），包含了341个韩国国内汇总过程数据集，涵盖物质及配件的制造、加工、运输、废弃物处置等过程。

7.1.4 IDEA

IDEA（Inventory Database for Environmental Analysis）数据库由产业技术综合研究所（the National Institute of Advanced Industrial Science and Technology，AIST）、日本产业环境管理协会（Japan Environmental Management Association for Industry，JEMAI）联合开发，其包含了非制造业（农业、林业和渔业、采矿、建筑和土木工程）、制造业（食品和饮料、纺织、化工、陶瓷和建材、金属和机械）以及其他部门（如电力、煤气、水和污水）的LCI数据集，它涵盖了日本标准商品分类范围内的所有产品。2022年发布的IDEA v3.1数据库包括了4 700条数据集。

7.1.5 Agri-footprint

Agri-footprint数据库由Blonk公司开发，2019年发布了最新农业碳足迹数据库Agri-footprint 5.0版本，其原始数据主要来自统计数据和科学文献。该数据库包含近5 000种产品和流程，数据集涵盖的行业有：化肥行业（硝酸铵钙、尿素、磷酸二铵、氮磷钾肥）；植物油和蛋白粉行业（大豆油、椰子油、葵花油、棕榈油）；糖制品（甜菜糖、蔗糖）；淀粉制品（玉米淀粉、面粉、马铃薯淀粉、木薯粉）；乳业（牛奶、奶油、奶粉）；肉类行业（牛肉、肉鸡、猪肉）。

7.1.6 CLCD

中国生命周期基础数据库（Chinese Core Life Cycle Database，CLCD）最初由四川大学创建，之后由亿科环境更新开发。CLCD 数据库包括了国内 600 多个大宗的能源、原材料、运输的清单数据集。

7.1.7 CPCD

《中国产品全生命周期温室气体排放系数库》（China Products Carbon Footprint Factors Database，CPCD）由中国生态环境部环境规划院碳达峰碳中和研究中心联合北京师范大学生态环境治理研究中心、中山大学环境科学与工程学院联合发布。

CPCD 建设是基于公开文献的收集、整理、分析、评估和再计算，共有六大专题，包括建筑和建筑服务（45 条）、金融及有关服务；不动产服务及出租和租赁服务（8 条），金属制品、机械和设备（882 条），矿石和矿物；电、气和水（362 条），农业、林业和水产品（684 条），其他可运输货物、金属制品、机械和设备除外（716 条），社区、社会和个人服务（94 条），食品、饮料和烟草；纺织品、服装和皮革制品（577 条）和碳移除（68 条），共计 3 436 条。

7.2 评价软件

目前常用的生命周期评价软件主要有 GaBi、Simapro、efootprint 等。在国外，GaBi 软件由德国斯图加特大学（University of Stuttgart）IFK 研究所和德国 PE 公司共同研发，该软件拥有完整的数据库，偏重工业应用领域；Simapro 软件由荷兰 PRéConsultants 公司开发。使用 Ecoinvent 数据库，侧重基础理论研究。在国内，亿科环境科技有限公司（IKE）2009 年推出 eBalance 软件，后更名为 efootprint 软件。中国城市温室气体工作组统筹建设的碳足迹建模工具。

7.2.1 碳足迹建模工具

碳足迹建模工具基于中国产品全生命周期温室气体排放系数库（CPCD），覆盖能源、工业、生活、食品、交通、废弃物和碳移除等方面的产品温室气体排放数据，建立贯穿产品原材料获取、使用、交通和回收等各个阶段的产品碳足迹模型。

碳足迹建模流程分别为创建模型框架、收集评价阶段输入输出信息、分阶段建模以及生成报告，工具演示如图 7-1 至图 7-4 所示。

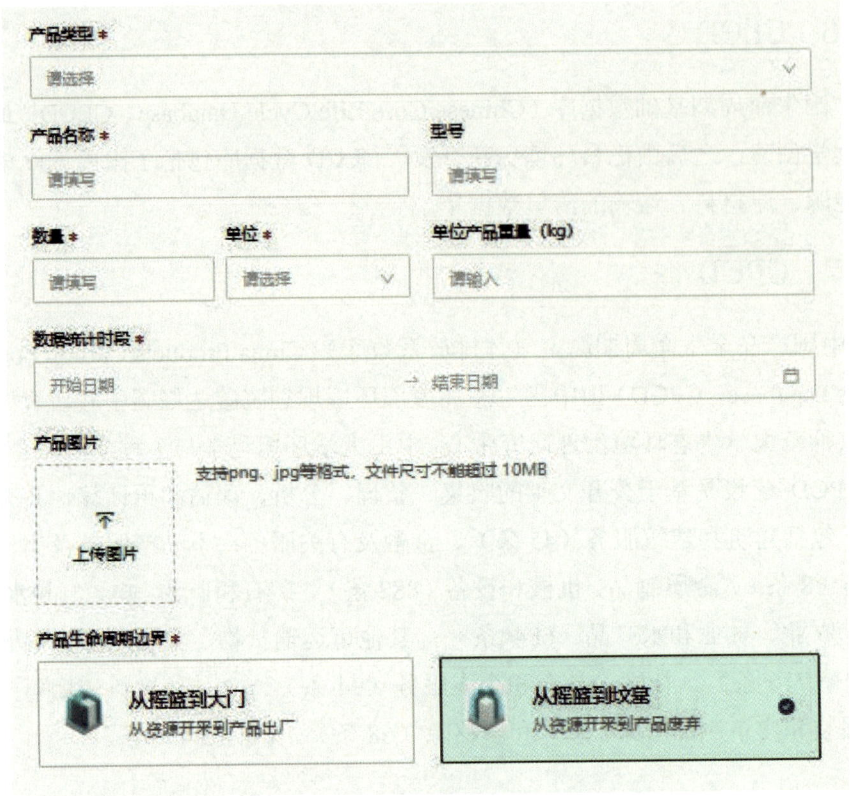

图 7-1　创建模型框架

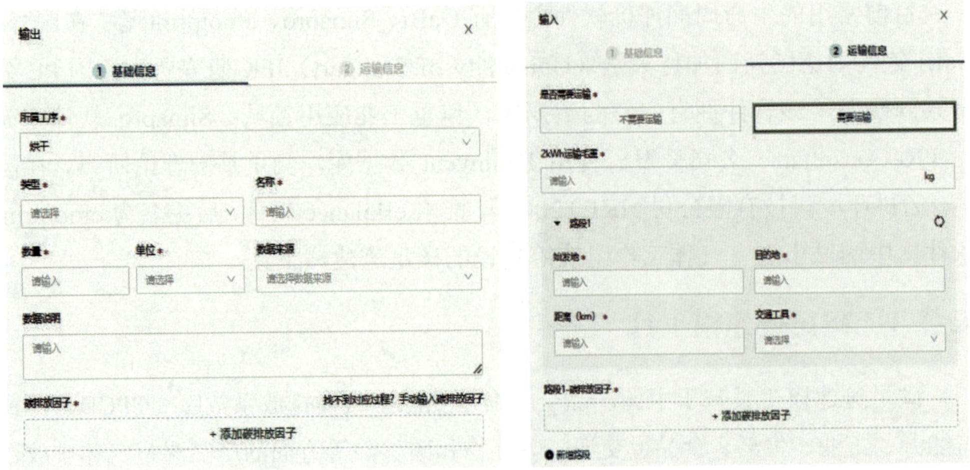

图 7-2　各阶段输入/输出信息填写

图 7-3　原材料、加工生产、包装、分销、使用各阶段建模

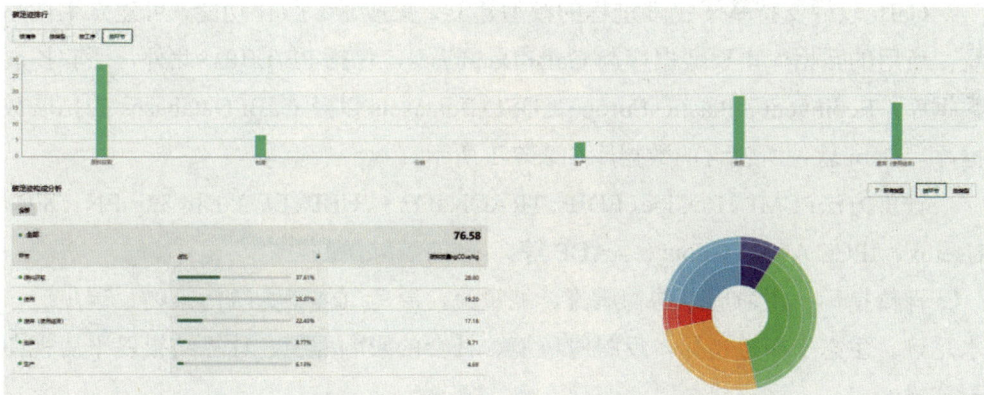

图 7-4　生成报告，给出各环节具体排放数值及占比图

图片来源：http://lca.cityghg.com/。

7.2.2　eFootprint

eFootprint 软件是在 eBalance 软件的基础上升级开发的。软件可基于 Web 完成供应链的数据调查、数据库集成、LCA 建模和分析。软件中的数据库来源包括两个方面：①基础数据库：中国生命周期核心数据库（CLCD）、欧盟官方数据库（ELCD）等；②供应商自主向采购方提供的数据。

评价流程如下：

①确定评价体系和评价标准、贡献因子。

②建立产品或技术生命周期模型，列出输入/输出清单。

③建模方式。手动逐个添加零部件或工艺流程；直接导入 BOM 表，自动生成模型。

④获取数据。获取途径：从数据库中提取；文献来源；行业调研；专家估计；向供应商发送数据申请。

⑤评价结果。eFootPrint 平台会生成评价指标中各贡献因子所占的比例，以此为决策做参考。

7.2.3 GaBi

GaBi 软件由德国斯图加特大学 LKP 研发。GaBi 适用范围广泛，适用于石油化工、金属加工、建筑产业、汽车工业以及能源等多个领域，软件的目标用户为各行业的 LCA 分析师。

GaBi 软件支持基于物理过程的模型建立，集成了参数化功能，可建立柔性系统。所用的数据库主要数据库为 GaBi Databases，包括 PE/LBP。此外，还有扩展数据库：Ecoinvent、PlasticsEurope、USLCIdatasets 以及 GaBi Databases 的拓展数据库。Gabi 软件所包含的数据库如表 7-1 所示。

评价方法：CML、ReCipe、EDIP、TRACI、IO2＋、UBP、EF 2.0 和 3.0、EN15804、Usetox、IPCC AR5、Odour、AADP 等。

评价指标：生命周期的物质流、能量流，温室气体、大气污染物、碳足迹、水足迹、生态平衡等指标，反映对环境、社会的影响程度。计算结果以平衡视图形式显示。

功能特点：①数据库全面、多样，数据库的分类整理完善；②通过方便和柔性的功能模块，如参数化与现实活动映射，建立柔性系统使得研究案例的 LCA 模型可根据实际工艺链高效构建；③流程进行层次化结合，生命周期流向结构清晰。

表 7-1 GaBi 软件所包含的数据库

拓展数据库名称	数据库内容
拓展数据库 Ia	中间有机物：184 个工艺流程，工业合成的基础产品（如甲醇、甲醛）、乙烯（如环氧乙烷）的氧化产物、醇、聚酰胺成分（如己二酸、己内酰胺、六亚甲基二胺）、丙烯的转化产物（如丙烯腈、丙酮、环氧氯丙烷、双酚 A）、芳烃和苯的转化产物（如 BTX、乙苯、苯乙烯、枯烯、环己烷、MSA）、二甲苯的氧化产物（如邻苯二甲酸酐、对苯二甲酸二甲酯）
拓展数据库 Ib	无机中间体：126 个工艺流程，氢、硝酸、氢氰酸、氨等
拓展数据库 II	能源：1 460 个工艺流程，17 个方案，来自不同国家的天然气、电力、硬煤、原油、褐煤混合物，来自多个国家的蒸汽、原油、天然气的热能等
拓展数据库 III	钢铁：33 个工艺流程，包括 22 种常用钢合金
拓展数据库 IV	铝：86 个工艺流程，主锭和副锭、挤压型材、铝板
拓展数据库 V	有色金属：13 个工艺流程。钛、镉、镍、铜、锰、高碳和低碳铬铁等
拓展数据库 VI	贵重金属：28 个工艺流程。银、银混合物、金、铑、铂、钯和其他
拓展数据库 VII	塑料制品：107 个工艺流程。块状塑料（如各种密度的 PE、PP、PS）、乙烯基聚合物（如 PVC、PVAL）、工业塑料（如 ABS、PMMA、PTFE）、聚酰胺（如 PA 6、PA 6.6、PA 6.12）、特殊塑料（如 PPS、PEEK、SMA）
拓展数据库 VIII	涂料层：80 个工艺流程，12 个方案，各种溶剂、粉末和水涂料、浆料透明涂料、汽车和工业涂料建模计划
拓展数据库 IX	寿命终止：520 个工艺流程，47 个方案，制粒机、垃圾填埋场、焚化、动态过程模型
拓展数据库 X	制造过程：68 个工艺流程，10 个方案，机加工、铆接、拉深、研磨、成型、激光切割、镀锌
拓展数据库 XI	电子产品：电子产品：251 个工艺流程，1 个方案，装配线、线圈、二极管、IC、PWB、焊膏、电容器、晶体管、LED SMD、电阻器、环形芯线圈、FR4 基板、热敏电阻等
拓展数据库 XII	可再生材料：157 个工艺流程，2 个方案，化肥和农药、拖拉机和通行证、农业设备、工业中间产品、不同的农作物（如玉米、小麦、大麻、亚麻、油菜、大豆等）

拓展数据库名称	数据库内容
拓展数据库 XIII	Ecoinvent 能源、建筑材料和建筑工艺、化学品、图形文件、洗涤剂原料、运输、处置、农业产品和工艺
拓展数据库 XIV	建筑材料：2 640 个工艺流程。符合 EN 15804 标准并模块化。添加剂、胶水、混凝土、砂浆、灰泥、油漆、轻质骨料混凝土、砖、泡沫砂浆、石灰砂砖、建筑板、木材、绝缘材料、隔热黏结系统、金属、塑料、窗户、照明和管道、暖气和通风设备、电梯等
拓展数据库 XV	纺织品整理：147 个工艺流程，140 个方案，预处理（如烧毛的干法或如退浆、漂白和精炼的湿法），染色和（或）印花（如酸，阳离子、分散和活性染料）、后整理、织物
拓展数据库 XVI	汽车座套：46 个工艺流程，20 个方案。皮革、PET 织物、裁剪和缝纫、合成革、无纺布
拓展数据库 XVII	完整的美国 LCI 数据库 500 多个常用于美国边界条件下的材料、能量供应和运输系统从摇篮到坟墓数据清单，其中包括 Thinkstep 开发的 200 个新数据和基于美国 NREL 自身 LCA 数据库基础上的 200 多个数据集
拓展数据库 XVIII	美国 NREL 自身 LCI 数据库
拓展数据库 XIX	生物塑料
拓展数据库 XX	食品和饲料数据库：包含 434 个工艺流程和 11 个方案，分别代表不同地理区域中最常用的食品和饲料产品： 农作物和动物（如玉米、木薯、油菜籽、牛肉、绵羊）； 食品生产（包括乳制品、淀粉和谷物磨产品、糖、肉、巧克力、动物饲料、植物和动物油等）和副产品的制造； 欧洲主要甜菜、油菜籽、玉米、大豆和小麦等主要商品的生产和进口混合物
拓展数据库 XXI	印度扩展数据库：288 个数据集、36 个印度特定的运输相关数据集、49 种电子产品和一般零件
拓展数据库 XXII	碳复合材料（CF）数据库：包括与碳纤维有关的材料和制造过程，包含基于行业数据的 137 个工艺流程

基于 GaBi 软件建立产品全生命周期评价模型，利用该模型分析产品从原材料获取到报废回收各阶段的能耗和排放，以及进行全生命周期能耗和排放的敏感性分析，如图 7-5 至图 7-13 所示。

图 7-5 GaBi 操作界面

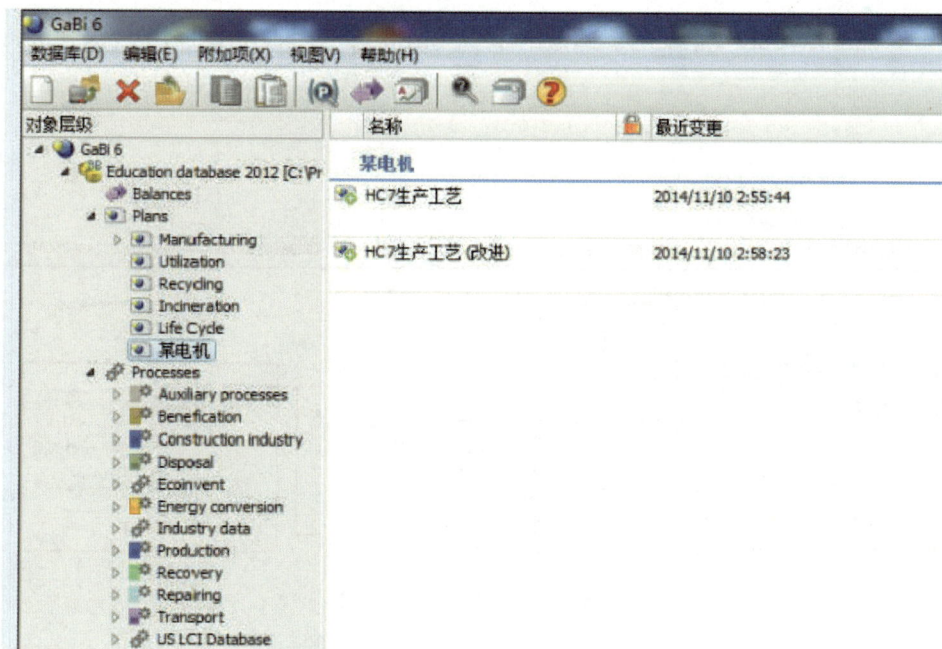

图 7-6 建立计划示意图

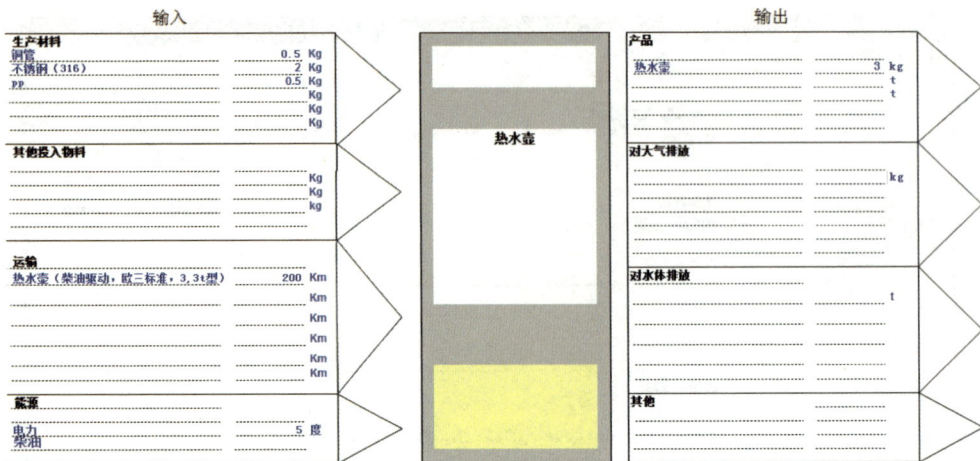

图 7-7　清单收集表

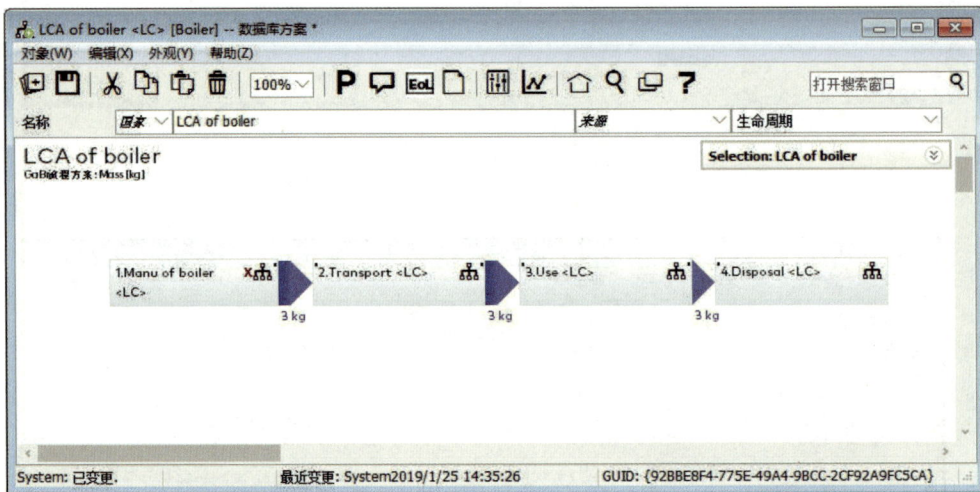

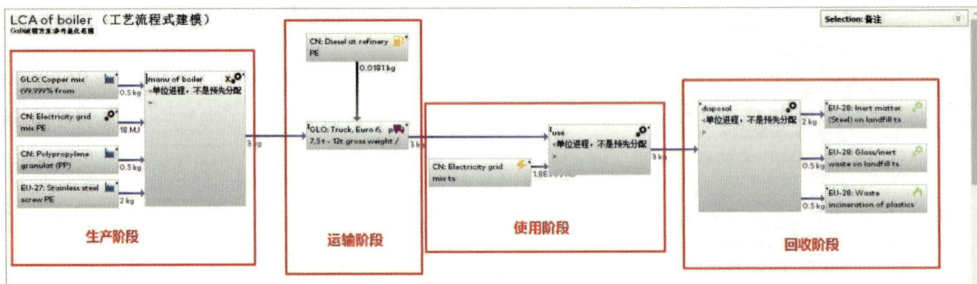

图 7-8　模型构建示意图

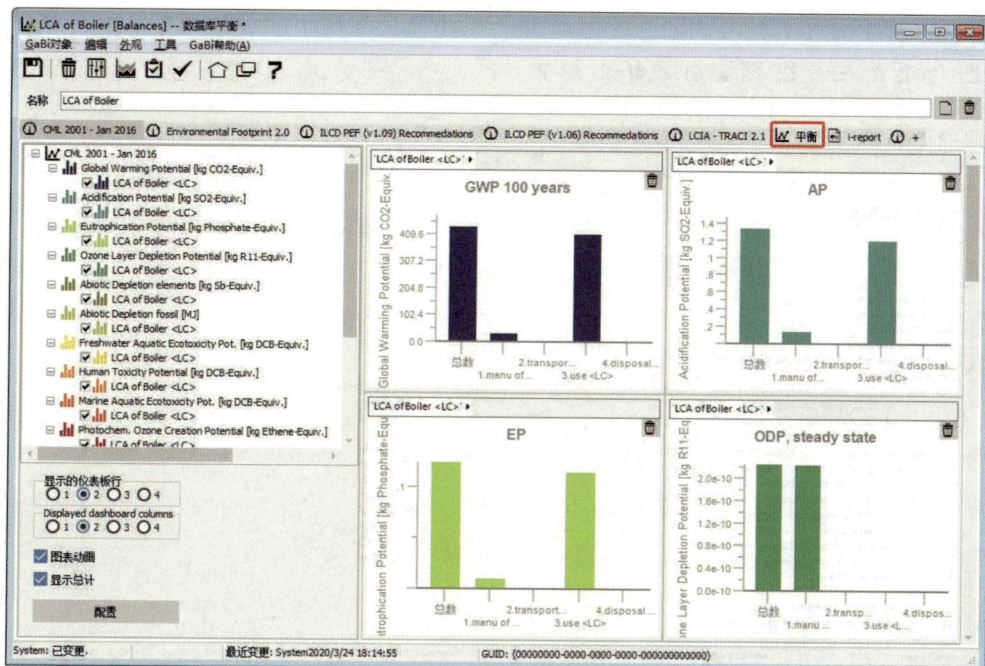

图 7-9　评价结果界面

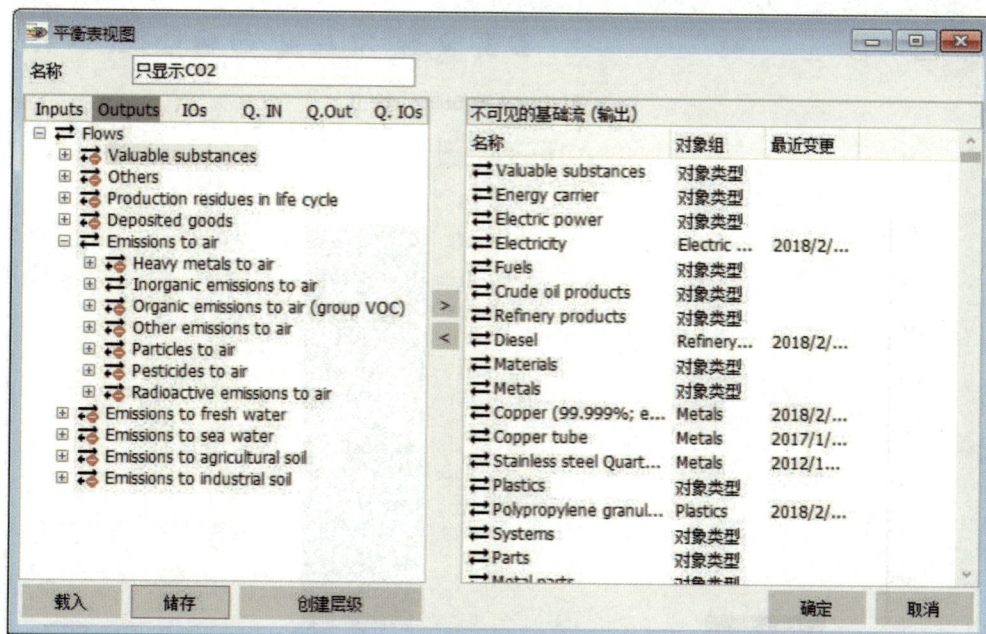

图 7-10　平衡表视图

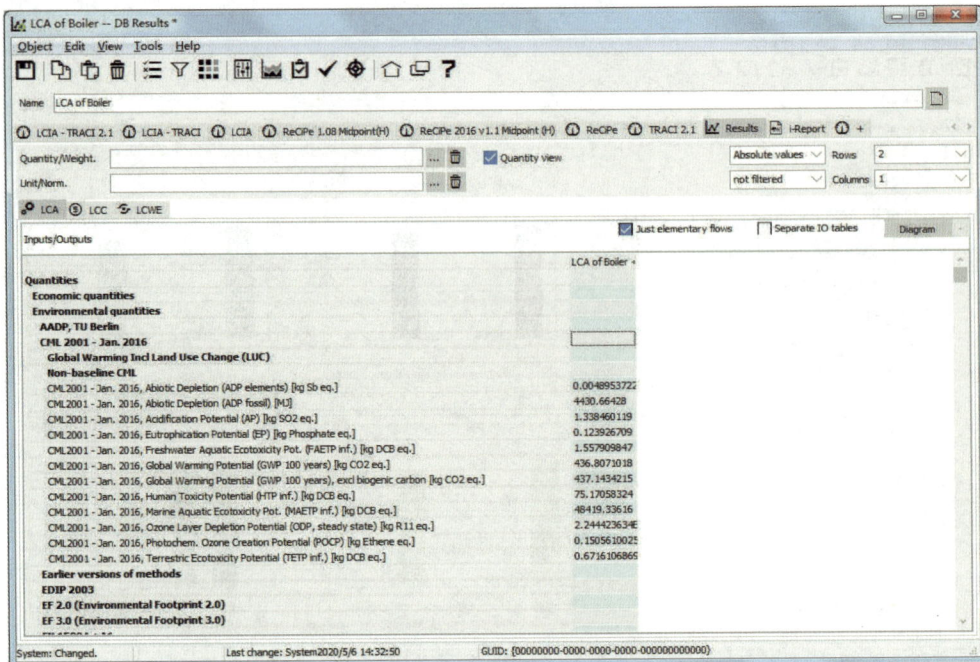

图 7-11　特征化结果

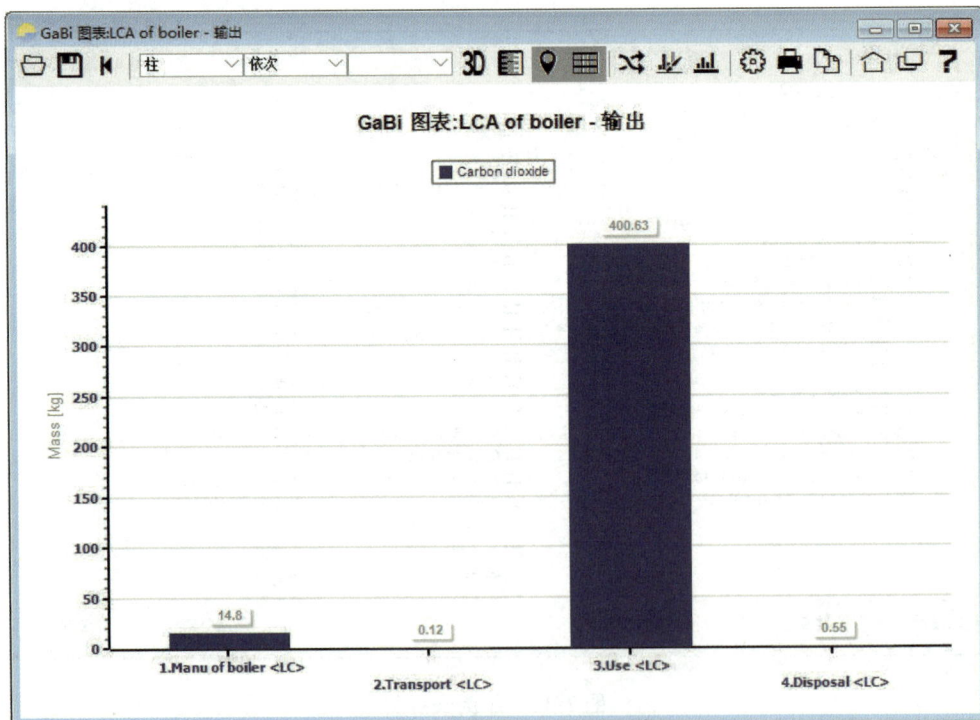

图 7-12　GaBi 软件图标功能

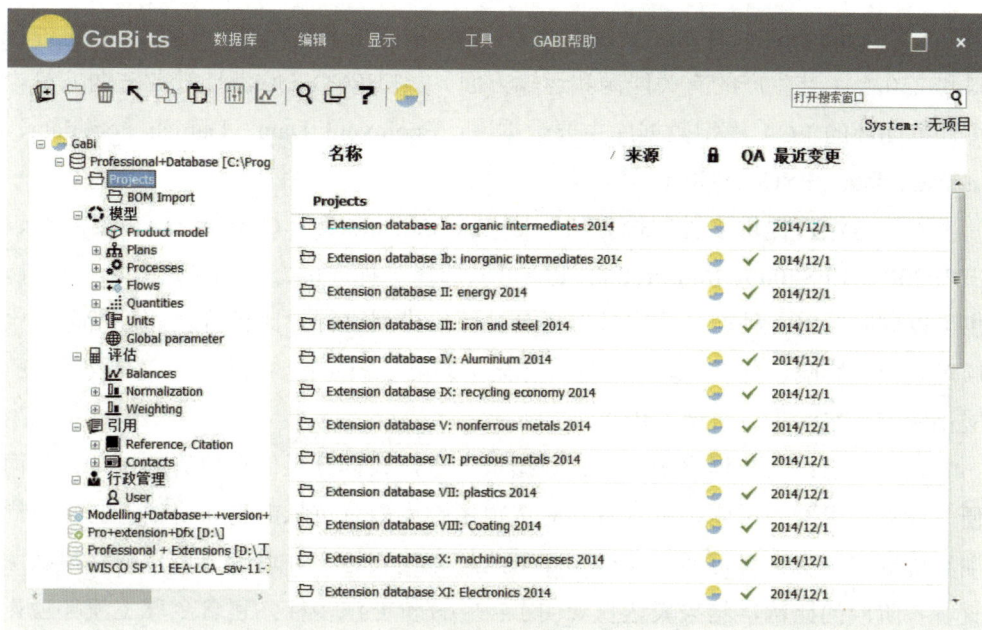

图 7-13　数据库展开图

图片来源：《BaBi 应用教程》。

7.2.4　SimaPro

SimaPro 软件是由荷兰 Leiden 大学环境科学中心开发。SimaPro 集成了世界上最先进的生命周期评价方法。SimaPro 中 LCA 研究过程的建立可以采用单元过程或系统过程，计算方法采用矩阵解决方式，所有过程的数据均可定义成多输出模式，且可根据案例实际指定分配比率。可用于分析农业生产、化学品使用、能源化工、交通运输、建筑材料及服务业等多个领域的环境影响，目标用户也是专业的 LCA 分析师。

软件特点：能够将不同的数据库整合在一起，并能根据数据的不同来源进行分类，分级储存于不同数据库，数据保密性强，来源清楚，运用过程中更稳定；单元过程与系统过程均可用；系统边界与分配的一致应用。在 SimaPro 软件中，通过对每个阶段的物质和能量输入、输出数据，可以形成一个完整的能量流、物质流结构。

数据库：丰富的环境负荷数据库，如 ETH-ESU96（能源、电力制造、运输）、BUWAL 250（包装材料的产品、运输、销售及最后处置方面）、IDEMAT 2001（不同材料、工艺和工序的工业设计方面）、Franklin US LCI（美国日用品和包装材料）、Dutch concrete（水泥及混凝土）、IVAM（用于建筑部门的超过 100 种材料和 250 个工艺生产的有关能源和运输方面）、FEFCO（欧洲造纸业方面）等。可计算闭环的 LCA 模型数据库主要数据库：Ecoinvent Data、Danish Fooddata、Industry data、ESU-ETHdata 等。

评价方法：提供多种评价方法，如 Eco-indicator99、CML1992、EPS2000、EDIP2005、EPS2000、Impact2002+等。可以选择一种评价方法模型进行单一评价，也可以同时针对一种产品或服务选择多种评价模型进行对比评价。评价指标：气候对人类的影响、臭氧消耗、毒性、光化学影响、颗粒物、辐射、生态环境改变、酸化影响、水污染、土地利用等。

功能特点：①数据来源庞大、数据量丰富，数据分级储存更清晰；②操作简便，计算结果准确透明，可查看到对选定影响类型有贡献的物质明细；③生命周期环境影响评价结果可通过表格和图形两种方式表达，并可形成过程网络树状图查看各阶段的比例，结果表达直观明了；④评价方法多样，包含全球主流环境影响评价方法，且用户可对评价方法进行编辑和扩展。

基于 SimaPro 软件建立产品碳排放评价模型包括系统边界设置、清单信息收集、模型建立、废弃物阶段处置场景模拟、敏感性分析等，具体如图 7-14 至图 7-19 所示。

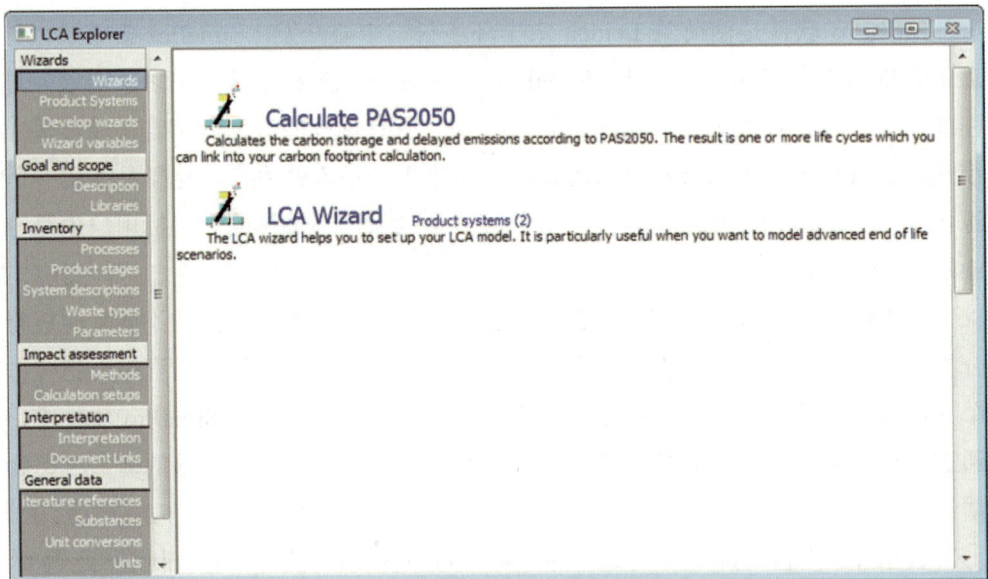

图 7-14　操作界面

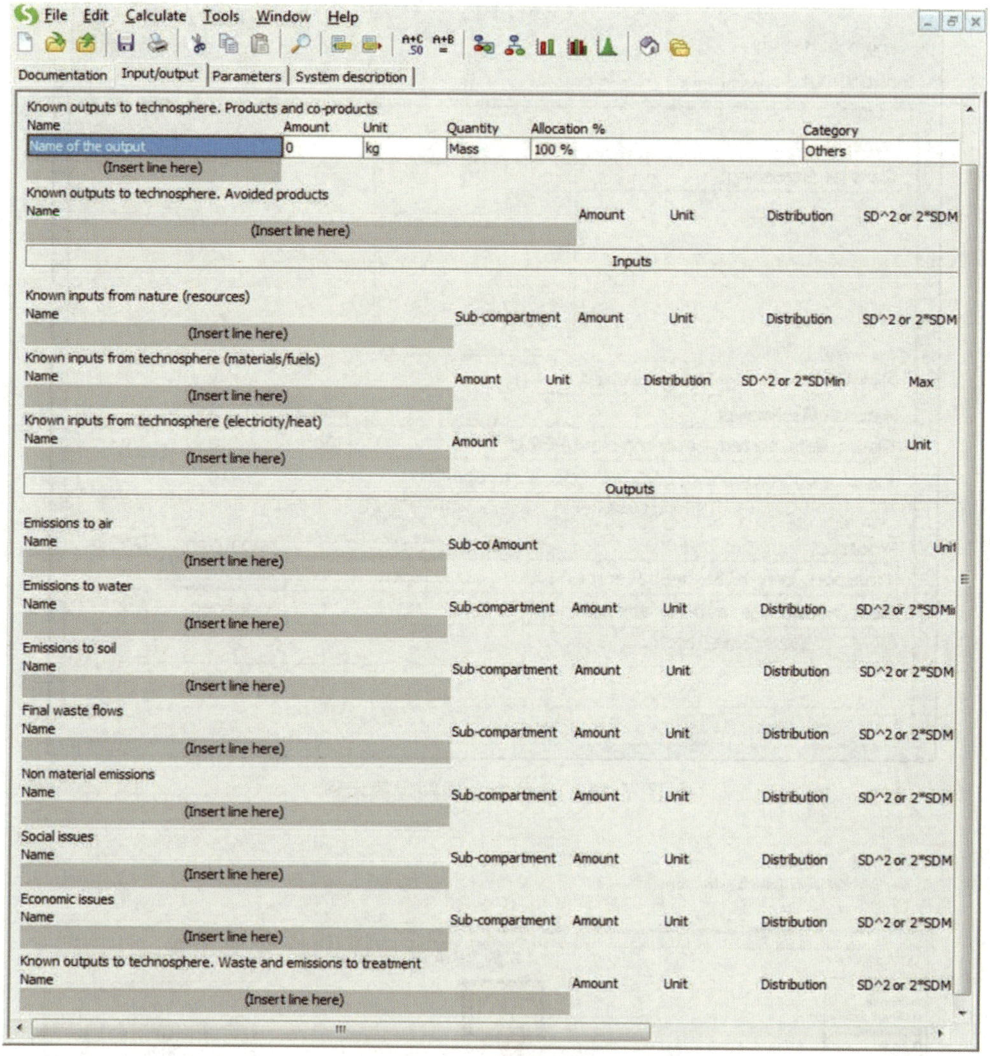

File Edit Calculate Tools Window Help
Documentation Input/output Parameters System description
Known outputs to technosphere. Products and co-products
Name Amount Unit Quantity Allocation % Category
Name of the output 0 kg Mass 100 % Others
(Insert line here)
Known outputs to technosphere. Avoided products
Name Amount Unit Distribution SD^2 or 2*SDM
(Insert line here)
Inputs
Known inputs from nature (resources)
Name Sub-compartment Amount Unit Distribution SD^2 or 2*SDM
(Insert line here)
Known inputs from technosphere (materials/fuels)
Name Amount Unit Distribution SD^2 or 2*SDMin Max
(Insert line here)
Known inputs from technosphere (electricity/heat)
Name Amount Unit
(Insert line here)
Outputs
Emissions to air
Name Sub-co Amount Unit
(Insert line here)
Emissions to water
Name Sub-compartment Amount Unit Distribution SD^2 or 2*SDMi
(Insert line here)
Emissions to soil
Name Sub-compartment Amount Unit Distribution SD^2 or 2*SDM
(Insert line here)
Final waste flows
Name Sub-compartment Amount Unit Distribution SD^2 or 2*SDM
(Insert line here)
Non material emissions
Name Sub-compartment Amount Unit Distribution SD^2 or 2*SDM
(Insert line here)
Social issues
Name Sub-compartment Amount Unit Distribution SD^2 or 2*SDM
(Insert line here)
Economic issues
Name Sub-compartment Amount Unit Distribution SD^2 or 2*SDM
(Insert line here)
Known outputs to technosphere. Waste and emissions to treatment
Name Amount Unit Distribution SD^2 or 2*SDM
(Insert line here)

图 7-15 清单收集表

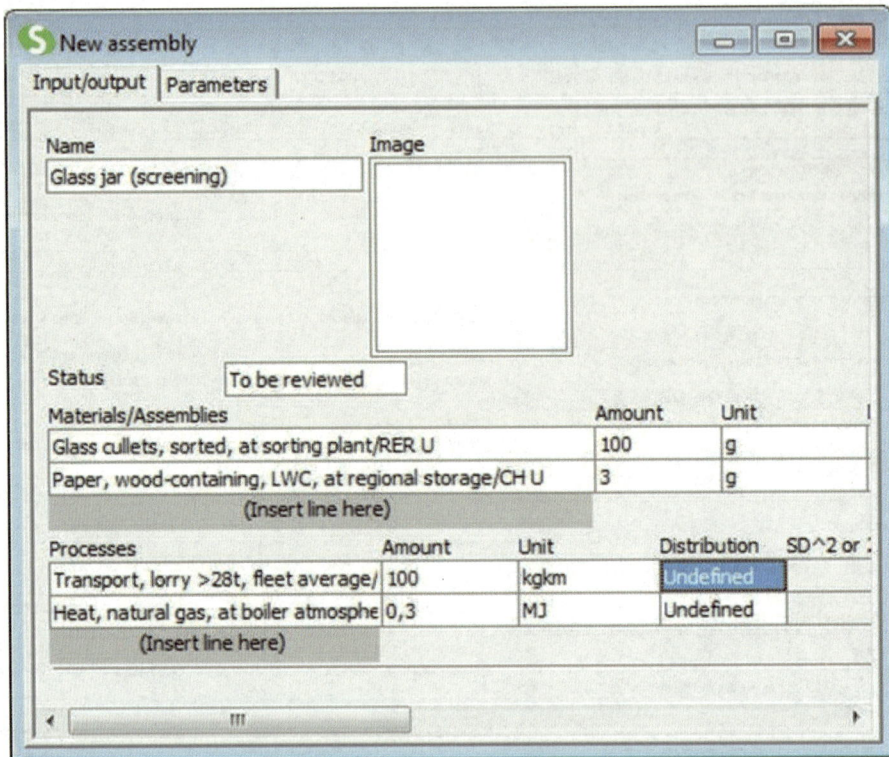

图 7-16 产品生命周期建模示例

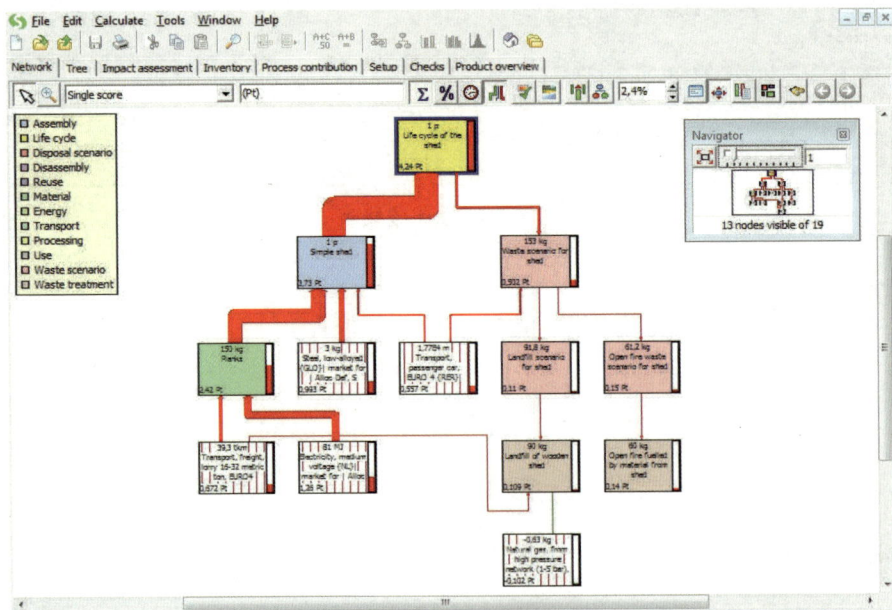

图 7-17 流程示意图

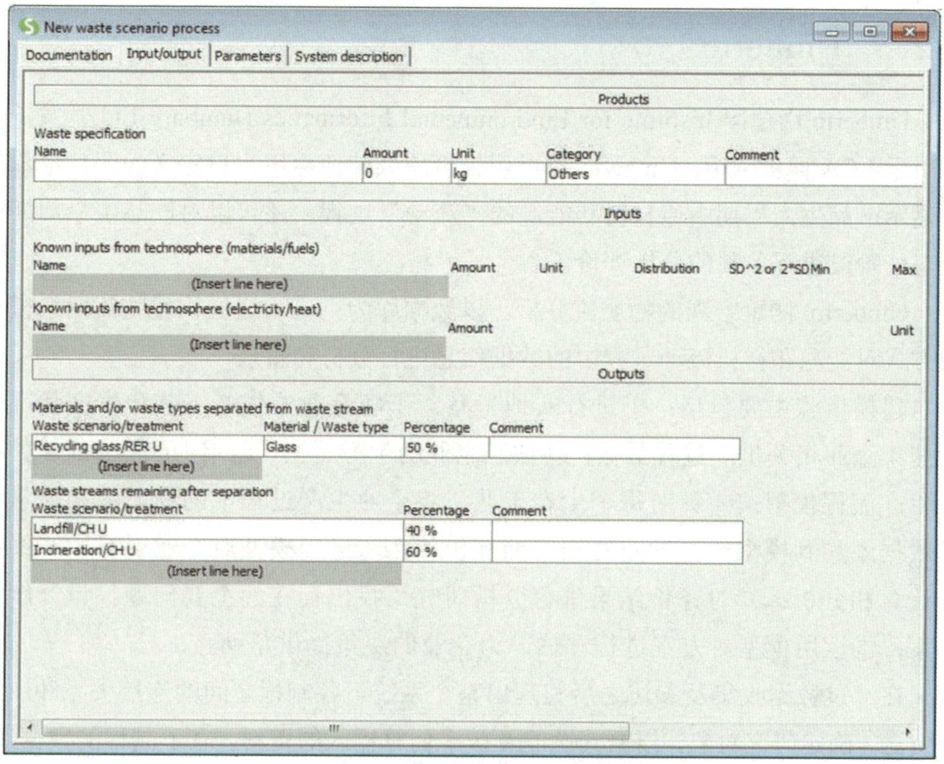

图 7-18 废弃物阶段处置场景模拟

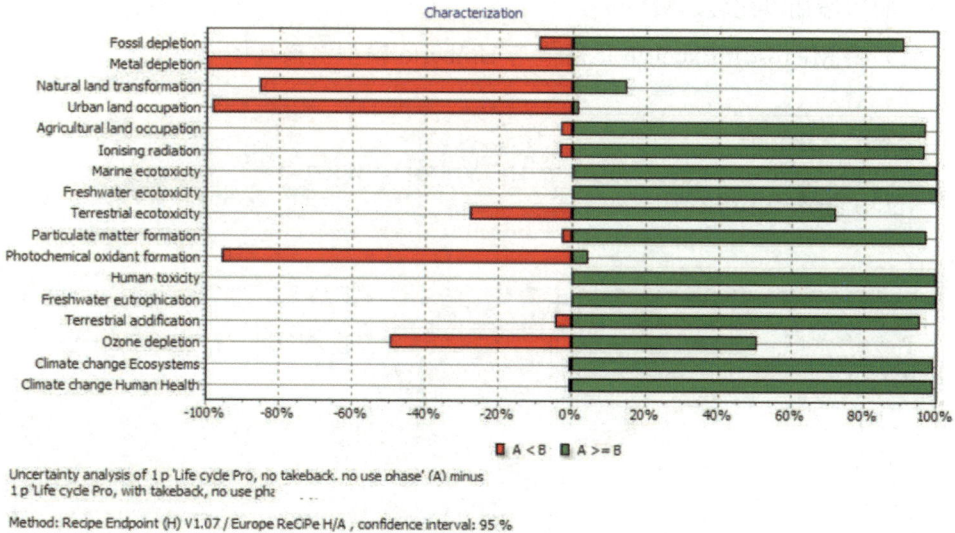

图 7-19 蒙特卡罗法比较结果

图片来源：https://simapro.com/。

7.2.5　Umberto

Umberto 由德国 Institute for Environmental Informatics Hamburg Ltd 开发，主要用于 LCA 评价分析。Umberto 可以用矢量图或其他由用户自定义的图片形象化地显示产品生命周期中原材料和能源的"流动"过程，还可以对产品生命周期中的每一阶段进行单独的分析评价。

Umberto 侧重宏观的物质流分析。以数据库为基础，通过构建物流网络模型的方式对能源和材料流动过程中的数据信息进行分析和管理。

建模步骤主要包括：①进行实地考察，了解企业的生产工艺和生产状况；②搜集企业相关生产过程数据；③按照企业的生产工艺，运用 Umberto@软件构建生产流程模型；④针对每个生产工艺，将企业生产过程中的物质流和能量消耗数据添加到模型中；⑤建立相应的评价体系，运用模型对企业现有生产线进行计算和分析；⑥对评价结果进行分析研究，找出存在的主要问题，设计解决方案；⑦运用模型对方案进行评估，为企业的决策提供帮助。

在经过数据收集及参访之后整理出整个系统下各制程之间的连接关系和所需的资源，确定研究对象，根据其性能及效率估算输入的资料。有了制程的数据后，设定各个情境，并根据情境的需求将数据输入 UmbertoLCA 模型进行评估，除计算各个情境的环境冲击及各个制程对冲击的贡献度以外，还在各环境冲击项目下对不同的情境加以比较。

（1）将 Microsoft Excel 单元格值与 Umberto 模型链接（图 7-20）

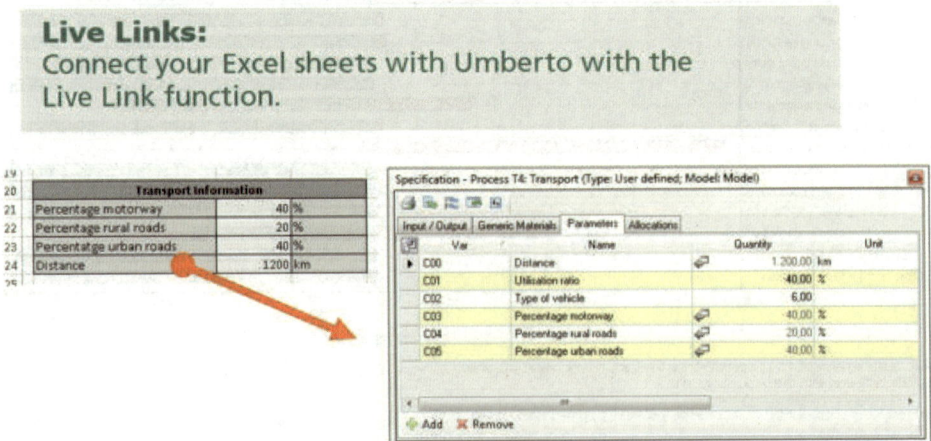

图 7-20　数据与模型链接

（2）生产过程的图形可视化

借助 Umberto，可数字化地绘制全部能量和物料流图（图 7-21）。Sankey 图表呈现可视化生产过程中的物料流。

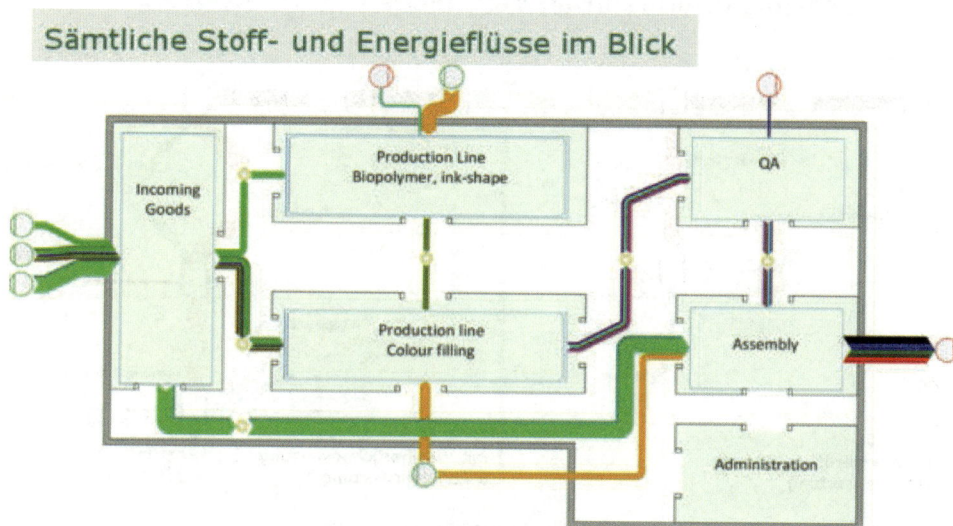

图 7-21　能量和物料图

（3）计算物质损失的真实价值

借助集成的物流成本会计（MFCA），该软件还可以显示"隐藏"成本（图 7-22）。MFCA 方法能够实现更高的材料效率，节省能源和成本。

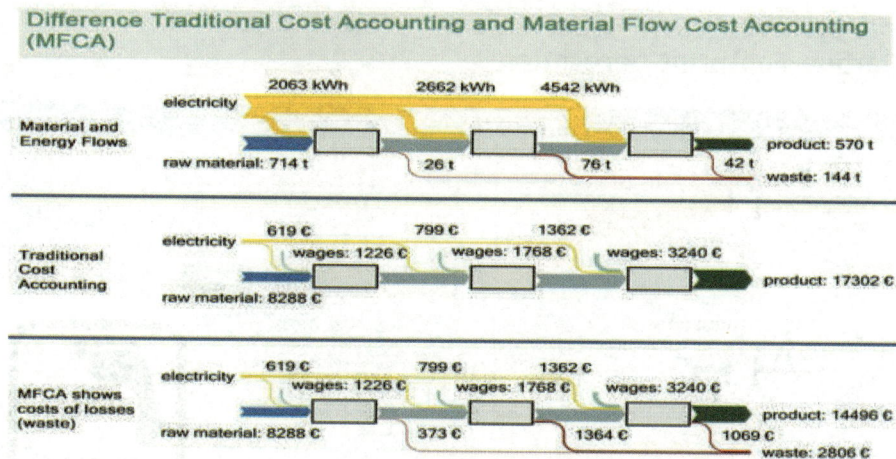

图 7-22　集成的物流成本会计

（4）分析和评估优化措施

根据方案，可比较生产系统中计划改进的有效性（图 7-23）。

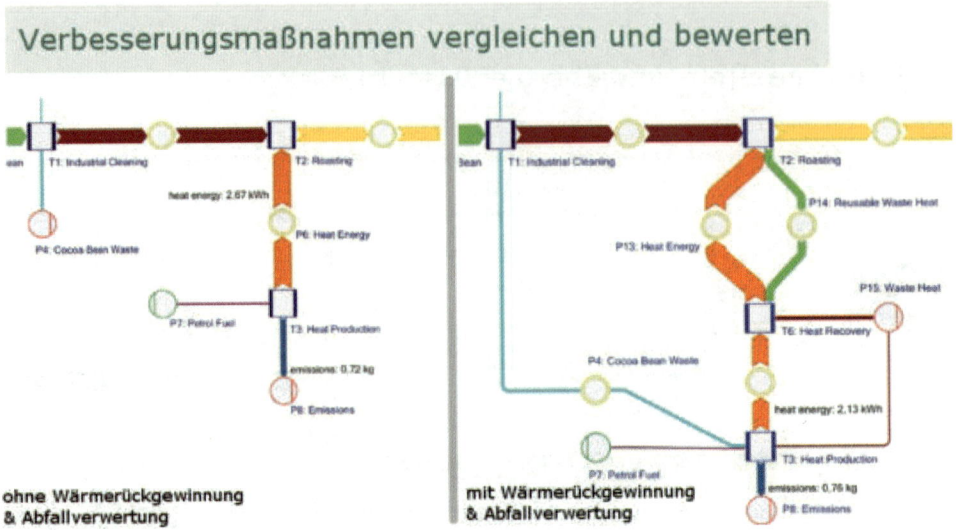

图 7-23　分析和评估优化措施

（5）计算 CO_2 排放量

借助 UmbertoEffciency+（图 7-24），可发现材料和能源效率的潜力以减少 CO_2 的排放。

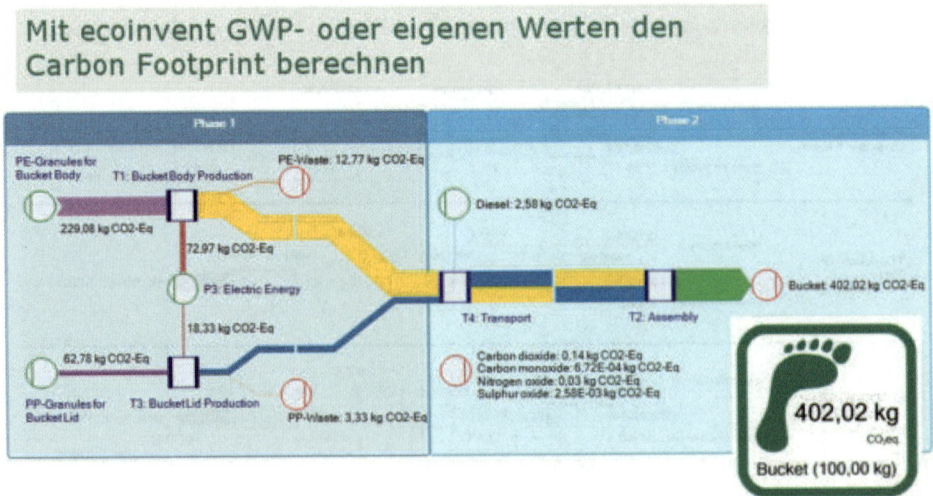

图 7-24　CO_2 排放量的计算结果

（6）集成的生命周期数据库

Umberto 将 Ecoinvent 和 GaBi 数据库进行标准集成（图 7-25）。

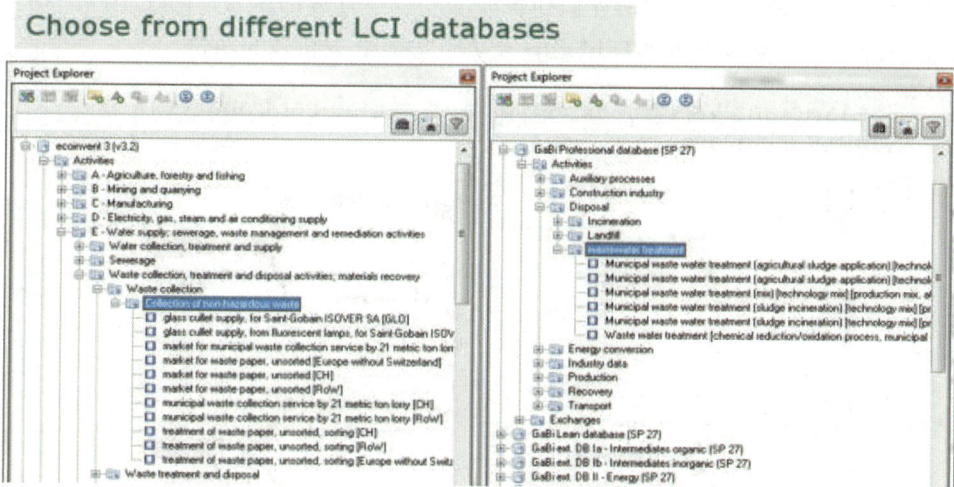

图 7-25 全生命周期清单数据库的选择

①Ecoinvent 数据库：包含来自不同行业和领域的 13 300 多个透明且经过质量检查的数据库。

②GaBi 数据库：包含超过 7 000 个数据集，可用于各种特定领域的数据库。该数据主要基于主要行业数据。

（7）筛选 LCA 以识别热点

通过"筛选 LCA"（图 7-26），减少工作量，从而初步了解环境影响。

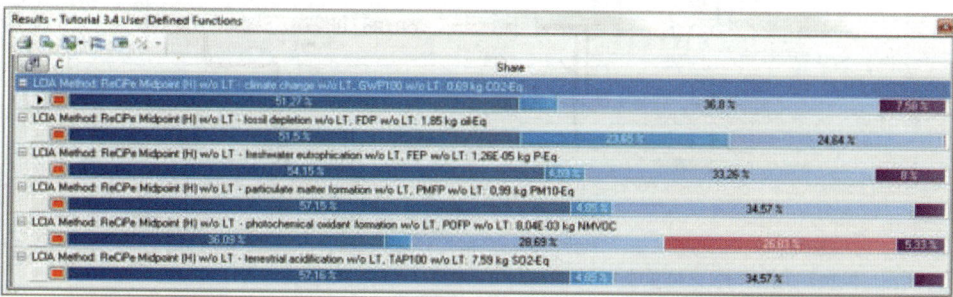

图 7-26 筛选 LCA

（8）生命周期评估与综合成本分析

通过创建不同的场景，陈述改善生命周期评估的措施将对产品成本产生的影响（图 7-27）。实现生命周期评估和生命周期成本计算的组合；创建不同的场景；评估资源效率以减少企业的环境影响，从而实现生态高效的决策。

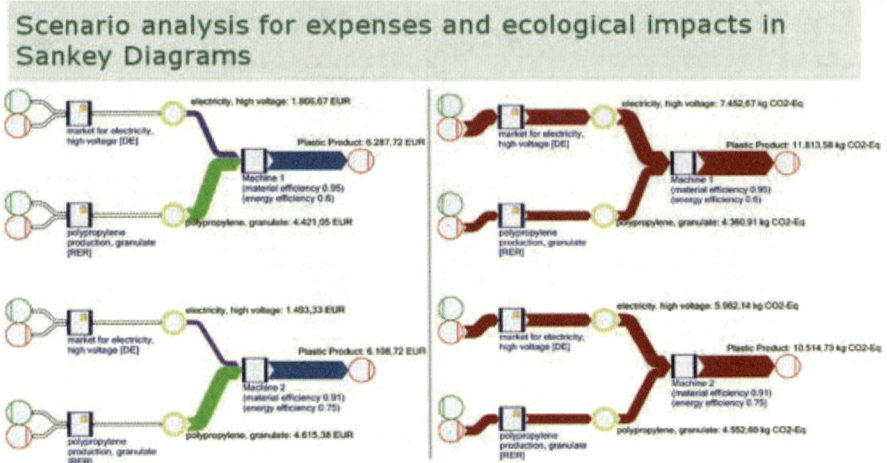

图 7-27　生命周期评估与综合成本分析

（9）环境潜力分析

以 Sankey 图的形式形象化地展示产品对环境的影响（图 7-28）。

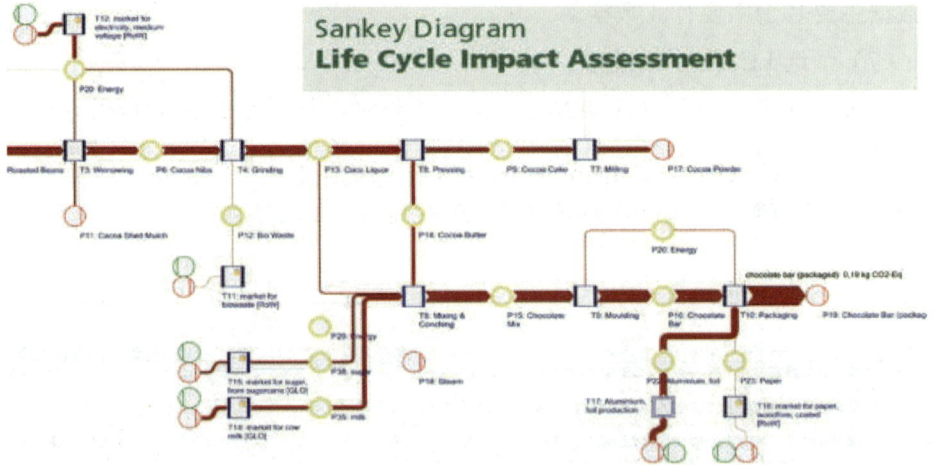

图 7-28　生命周期影响评价

图片来源：https://www.ifu.com/umberto/lca-software/。

碳标签案例分析

　　Oatly 燕麦奶（图 8-1）源于瑞典，是全球第一款将产品对气候的影响标注在包装盒上的产品，其包装盒上标注了每千克包装食品的二氧化碳当量。产品的碳排放由 LCA 专业人员通过 Carbon Cloud 模型工具计算，是基于从农场到商店的生命周期评估方法，考虑从农业投入品的生产到农业、运输、加工、包装和分销直到产品到达杂货店货架的生命周期的所有步骤。农业包括与农业生产相关的排放，土壤中的 N_2O 排放以及拖拉机和其他农业设备使用的燃料/电力的生产和使用产生的 CO_2 排放以及与化肥和杀虫剂有关的排放。原料加工环节包括燕麦脱皮的磨坊和菜籽油生产设施的电力和天然气消耗。运输方面，考虑了原料从田间到工厂以及工厂之间的运输。此外，还计算了燕麦基地和燕麦饮料生产设施的电力和天然气消耗。最后，包装和分销环节考虑了包装材料的制造和运输，以及最终产品从工厂到市场的分销过程中产生的排放。以上就是影响产品碳排放的各个环节。

　　计算的产品碳足迹不考虑从杂货店到家的运输或产品的烹饪或包装的处置，也不考虑设备机器和建筑物的生产、产品损失、员工出差活动（如研究、产品开发、销售和营销）的交通。原因是这些温室气体排放量很难归因于单一产品，并且估计相对于产品的生命周期总排放量来说非常小。

　　Upfield 作为一家全球植物

图 8-1　Oatly 燕麦奶

图片来源：https://carboncloud.com/2021/10/07/oatly/。

性产品为主的消费品公司，其植物性产品是用于涂抹、烘焙和烹饪的乳制品替代品。自 2018 年以来，Quantis 针对 Upfield 在欧洲、英国和北美市场的基于植物的替代品进行了生命周期评估，以提供可靠的数据，使 Upfield 产品的包装上传达了产品的碳足迹信息。碳标签评估了 Upfield 的植物性产品与在相同市场上具有相同功能用途的乳制品。包括 Upfield 针对每个市场的植物性产品（"产品"是指配方和包装组合），如人造黄油、涂抹酱、奶油和奶酪。然后为这些产品分配一个碳标签值，以传达每种产品的温室气体排放量信息。碳标签提供特定产品环境信息，旨在帮助那些希望通过减少其对环境影响来做出食物选择的消费者。Upfield 的产品 LCA 考虑了不同市场中所有产品在产品生命周期从摇篮到坟墓（cradle-to-grave）中的所有可识别活动，以提供透明和可靠的信息。使用从摇篮到坟墓的方法收集产品配方、关键成分的采购国家、生产工厂、能源组合、包装设计、运输和包装报废场景。同时生成了空间差异化的农业生命周期清单数据，以及农业成分的土地利用变化（LUC）排放。功能单位（FU）是 1 kg Upfield 的植物性产品，并假设乳制品当量用于相同目的（如涂抹、烹饪、搅打等）的质量也是 1 kg。Upfield 产品温室气体排放的 LCA 结果用于包装上的碳标签（图 8-2）。

图 8-2　Upfield 产品

图片来源：https://www.greenqueen.com.hk/flora-parent-company-to-carbon-label-100-million-plant-based-products/。

Just Salad 是快餐行业的连锁店品牌，致力于在店内和交货期间创造零浪费的用餐体验。该餐厅推出了许多可持续性和零浪费计划，例如在其在线菜单上显示每个菜品的碳足迹，并在店内菜单板上发布碳标签，除了清楚地标明了菜品的热量，每个菜品将列出与每个菜单项成分生产相关的温室气体排放总量。

Just Salad 的碳足迹标签反映了农业生产和运输的估计排放量，但不标示供应链中每个环节的碳排放量和包装的碳足迹（图 8-3）。以一份名为"The Keto Salad"的沙拉为例，热量为 550 cal（1 cal≈4.186 J），碳排放为 1.01 kg CO_2。

Quorn 是世界领先的肉类替代产品制造商。为了证明其产品具有环保认证，Quorn 于 2012 年首次与碳信托基金合作，根据 PAS 2050 标准对其产品的碳足迹减少进行了独立认证。Quorn 开始在认证产品的包装上使用碳足迹标签，包括

Quorn 肉末和鸡肉片，此外，该公司还在其网站和可持续发展报告中报告了这些内容（图 8-4）。

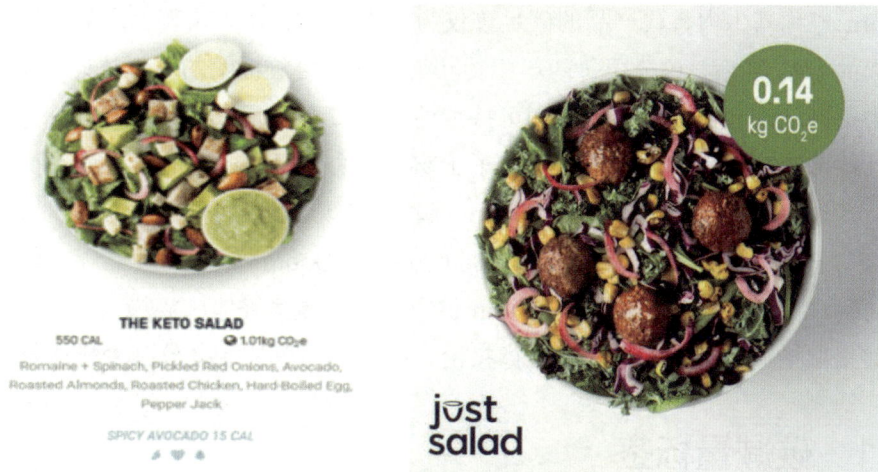

图 8-3 Just Salad 的碳足迹

图片来源：https://www.justsalad.com/menu。

图 8-4 Quorn 产品碳足迹

图片来源：https://www.foodnavigator.com/Article/2020/01/13/Quorn-s-carbon-labels-The-sustainability-crisis-needs-a-space-in-the-spotlight。

　　与此同时，Quorn 还希望了解其核心产品在整个生命周期的基础上与动物蛋白质的比较。为此，碳信托基金会独立验证了 Quorn 为其产品在世界不同地区的排放量开发的足迹模型，使其能够可靠地与肉类的生命周期足迹进行比较。因此，Quorn 声称其牛肉替代产品的碳足迹仅为牛肉的 1/13，鸡肉替代产品的碳足迹为鸡肉的 1/4。随后，该公司每两年成功获得碳信托足迹标签的重新认证。通过持续努力提高运营和供应链的效率和可持续性，2017 年 6 月的重新认证中，Quorn 证明其冷冻鸡肉和肉糜的碳足迹减少了 15%，核心菌蛋白成分的碳足迹减少了 5%。

　　通过积极减少产品的排放，Quorn 成功地实现了业务增长与排放的脱钩，2012—2017 年，尽管同期产量增加了约 30 000 t，但 Quorn 实现了每吨产品减排 26%。同时，产品足迹也有助于确定 Quorn 供应链中的温室气体排放热点。这使该公司能够采取措施，更有效地与供应商接洽，并在其运营控制之外减少排放量。

8.1　碳减量标签

　　富美家作为一家表面饰材及高压耐火板制造商，借助与英国碳信托公司的合作并在符合多项国际相关减碳规范的情况下，成为世界首家荣获英国碳信托公司碳减量标签（Carbon Trusts Carbon Reduction Label）的企业，并在其产品上首次应用了碳减量标签。

　　英国碳减量标签设计为"足印"形象，主要包括 5 个核心要素，即足迹形象、碳足迹数值、CarbonTrust 公司认可标注、制造商做出的减排承诺、碳标签网络地址。英国加贴碳标签的产品类别涉及 B2B（Business to Business，指企业对企业之间的营销关系）、B2C（Business to Consumer，商家对客户的营销关系）的所有产品与服务，主要有食品、服装、日用品等。

　　碳减量标签有助于消费者轻松辨别并挑选出对其环境影响较小的产品。同时，也协助建筑师与设计师对相关绿色环保材料的辨别。富美家的以下产品已取得碳减量标签：高级装饰耐火板（HPL）；抗倍特板；连续性装饰耐火板（CPL）；富美家台面（Formica Group 制造，仅供欧洲地区的产品）。富美家集团率先成为全球第一家获得英国碳信托公司授予的碳减量标签的表面装饰耐火板制造商。

　　英国碳信托公司为戴森空气叶片（Airblade）干手机授予了碳减量标签（Carbon Trusts Carbon Reduction Label），这是第一款实现碳减排标签的干手机（图 8-5），这意味着戴森为减少碳排放制定了行业标准。

图 8-5　戴森干手机碳标签

图片来源：www.dysonairblade.com。

戴森 Airblade 干手机以 400 mile/h（约合 644 km/h）的速度提供冷空气，能够在 10 s 内迅速除去手上的水分。与传统的干手机不同，戴森 Airblade 干手机不需要使用耗电的加热元件来干燥双手，因此可节能近 80%。此外，它还避免了在垃圾填埋场处理纸巾。

为了计算这台机器的碳足迹，戴森的工程师收集了戴森 Airblade 干手机的供应商关于材料和制造的数据，并研究了运输、正常使用消耗和使用寿命等因素。研究发现，戴森空气叶片干手机的碳足迹非常小，其使用 400 mile/h 的空速来干燥双手产生的碳排放量相当于观看两分钟电视所产生的碳排放量。

8.2　无碳标签/负标签

Jasper Coffee 是一个澳大利亚的咖啡品牌，通过改变烘焙操作来减少产品的碳足迹，如减少用水量、改变冷却方法以降低对电机的需求等。此外，Jasper Coffee 还致力于通过一系列减排计划来直接减少运营排放的方法和碳抵消的项目，以实现公司的碳中和目标。这些计划包括参与印度生物质发电项目、使用混合动力汽车（如普锐斯）、采用可堆肥的包装材料、使用 LED 或低热/瓦数荧光灯、利用废物收集分离可堆肥/填埋场/纸板、安装最新的焙烧设备、引入可堆肥的外卖杯等。

澳大利亚碳减排研究所（Australia Carbon Reduction Institute）已为 Jasper Coffee 旗下的咖啡产品颁发了零碳（$NoCO_2$）认证（图 8-6）。

图 8-6　Jasper Coffee 碳标签

图片来源：https：//www.zerocarboncoffee.com/和 https：//noco2.com.au/certification/。

　　瑞典连锁餐厅 Max Burgers 作为首家在菜单上标注碳排放的餐厅，在碳中和产品的基础上于 2018 年 6 月推出了世界上第一个"气候积极"菜单。"气候积极"意味着菜单上的每道菜对减少温室气体量的贡献超过其价值链排放量，并符合《巴黎协定》中的 1.5℃的目标。Max Burgers 温室气体排放测算包含瑞典、丹麦、挪威、波兰和埃及 5 个国家在内的 Max Burgers 餐厅运营的所有业务（自有业务和特许经营），不包括以 Max 品牌零售的产品。为确保其菜单上的每道菜都"对气候有利"，Max Burgers 以 ISO 14067 全生命周期范围为参考，考虑"农民从土地到客人手中"的所有排放，包括输入的肥料、农药、动植物培育、加工和运输、餐厅运营和顾客等阶段。测算的项目除 GHG Protocol 规定的出差、建造、区域供热、用电、办公设施、食物、员工通勤、垃圾等，还包括营销、送货到家、客人往返餐厅的路程以及客人处理产生的垃圾。客人往返餐厅的路程和垃圾都根据对餐厅客人的采访，估计客人从餐厅拿走食物的包装所产生的垃圾处理情况，调查对客人往返餐厅的行程包括出行方式、一起出行的人数、年龄、汽车和其他私家车的燃料、距离和出行目的。营销涵盖户外广告使用印刷品和材料以及传输和流媒体能源对气候的影响。碳中和产品符合 ISO 14021 标准，"气候积极"产品的额外碳补偿符合 CLIPOP.Org 的标准。

　　Max Burgers 通过 Plan Vivo 认证的植树项目抵消了其整个价值链的排放，这些项目通过提供当地就业机会以及可持续的食品和能源来支持小农农业和农村企业。自 2008 年以来，通过 Plan Vivo 认证体系，Max Burgers 已在乌干达、马拉维和莫桑比克已经种植了大约 290 万棵树，相当于近 8 500 个足球场的面积，或在 1 年内从街道上清除 353 500 辆汽油车。Plan Vivo 认证流程如下：

①报告：Max Burgers 向 ZeroMission 报告抵消其年度排放量所需的碳信用量。报告会提前（预测）和年度碳核算完成后进行。

②开具发票：ZeroMission 为所需碳信用的成本开具 Max Burgers 发票，并生成唯一的购买证书。

③采购：ZeroMission 代表 Max Burgers 从乌干达、墨西哥和尼加拉瓜的 Plan Vivo 认证项目中采购所需数量的碳信用额度。

④植树：在项目现场进行植树和监测。年底时，项目向 Plan Vivo 基金会提交年度活动报告。

⑤向参与者付款：资金转入项目并获得资助。项目参与者在达到设定的里程碑时会随着时间的推移获得报酬。

⑥授信：Plan Vivo 基金会审核并批准年度报告。如果获得批准，将根据预期发生的碳封存发放信用额度。

⑦积分报废：ZeroMission 在国际环境注册机构 IHS Markit 中收到并报销以 Max Burgers 名义购买的积分。

8.3 低碳标签

Better Nature 食品公司和 mydflower 气泡酒将 Foodsteps 碳标签标注在产品包装上（图 8-7）。Foodsteps 碳标签于 2020 年推出食物和饮品的碳排放计算方法，食品公司和餐馆可以计算"从农场到餐桌"特定产品或菜肴产生的 CO_2。付费注册其计划的餐馆和食品公司可以在菜单或包装上显示 Foodsteps 碳分数，从 A（非

图 8-7　Better Nature 产品碳标签

图片来源：https://www.bbc.com/news/business-59150008。

常低环境影响）到 E（非常高环境影响）。Foodsteps A-E 评级系统基于全球食品碳预算，将食品的影响与重要的国际目标（如《巴黎协定》）保持一致。还提供行业基准测试，与市场上其他产品的比较。标签上的二维码链接到 Food Story，可视化消费者在可持续发展中取得的进展，Food Story 展示了食物从农场到餐桌的独特故事，为客户提供可追溯性和保证。Foodsteps 的软件系统包含一个 CO_2 排放数据库，是创始人与剑桥大学的世界领先的科学家和学者一起开发的，包括从各种肥料到原材料输送方法、烹饪过程、任何包装的制造以及任何冷藏或冷冻储存的所有计算。这些数据经过了数千位同行评审。

美国时尚休闲品牌 Allbirds 自 2020 年起开始在所有鞋类产品上贴碳足迹标签，让其随着时间的推移降低环境影响，并帮助客户对他们购买的东西的气候影响产生意识。产品碳足迹测量 5 个生命周期阶段，即材料、制造、运输、产品使用和寿命终止。其中材料是指通过尽可能地使用天然材料的承诺，降低碳排放。制造是与企业价值观和高效制造的合作伙伴合作，降低能源消耗并过渡到可再生能源。运输包括与产品从工厂到客户的运输和分销相关的排放，包括退货。运输最初并未包含在产品碳足迹标签中。产品使用考虑客户保持产品清洁的影响，如磨损后的清洗。报废计算与产品最终处置相关的排放量的地方，不幸的是，其中大部分最终进入垃圾填埋场。

最初因为产品的运输距离可能会因客户位置而异，公司范围内的排放中单独跟踪运输。2021 年年底，Allbirds 将运输纳入产品的碳足迹，使用公司范围内的平均数据来计算将产品从工厂转移到仓库、仓库到客户或商店以及退货的排放量。在努力减少绝对排放量时，还在其环境、社会及管治（ESG）报告中包括对范围一、范围二和范围三（这是一种广泛使用的温室气体排放分类系统）的总温室气体排放量的衡量。2019 年，Allbirds 平均鞋类碳足迹为每双 7.6 kg eCO_2（图 8-8），比标准运动鞋 12.5 kg eCO_2 的碳足迹低近 40%，不包括运输。

图 8-8 Allbirds 产品碳足迹

图片来源：https://myemissions.green/why-are-carbon-labels-so-rare/。

9

总结和展望

9.1 开展碳标签趋势策略选择

9.1.1 建立碳标签体系

在碳标签制度下，我国应建立包括基本流程、监督管理、支持政策三个方面的碳标签体系，推动企业自下而上减排，将企业的低碳意愿转化为现实的低碳行动，推进企业向低碳生产进行转变。通过碳标签，消费者可直观地了解企业产品的碳信息，有力引导绿色环保的消费理念。企业也可通过碳标签展示自己的减排力度和社会责任心，增加企业竞争力。

9.1.2 加快碳标签认证制度的建设

目前在国际贸易过程中大部分评价体系是由发达国家进行主导并定制的，这些国家在制定规则时明显倾向于自己国家。我国作为世界贸易组织（World Trade Organization）的重要成员国，应当积极参与碳标签评价体系的制定，从专业性的技术条款来对碳标签认证进行规范，不断加强话语权，通过和其他国家的有力竞争增强我国在国际贸易中的核心竞争力。可通过选择有行业代表性的企业开展碳标签试点示范，在试点中总结经验来进一步完善碳标签制度，从而普及低碳标签制度。例如对建筑物引入碳标签制度，要求开发者在出售时必须提供碳标识，以向公众展示公寓的碳排放情况。另外，应使用节能效率高的仪器设备，增加绿化面积和利用可再生能源，以促进低碳理念和低碳技术的推广。

9.1.3　绿色金融助力碳标签

在银行借贷方面，提高高能耗、高污染企业的信贷门槛，放宽对环保型企业的认证，通过加强环保企业加强竞争地位，在企业及生产过程中融入环保机制。在政策和法规的保护下，环保型企业也能够加强节能技术的应用和新能源的开发，增加企业竞争力。

9.1.4　建立碳排放数据管理和绿色供应链建设

企业因做好自身碳排放数据管理，摸清自身排放现状。制订阶段性及全年度的碳排放核算计划，并将非二氧化碳的温室气体列入核算计划；同时，加强与上游供应商合作，做好上游原材料碳排放管理，计算产品碳排放，建设绿色供应链，为制定减排策略，应对欧盟碳关税打好基础。

9.1.5　激励碳减排

实现碳达峰碳中和是推动高质量发展的内在要求，我国现行减排仍以政策驱动为主，可加快形成减污降碳的激励约束机制，尽早实现能耗"双控"向碳排放总量和强度"双控"转变。不同企业减排的难度与成本不同的，可以引导减排相对容易的企业多减排。在碳交易市场环境下，政府可以通过市场补贴、罚款等监管手段来提高企业碳减排的积极性。

9.2　开展碳标签的减碳策略

从原材料获取、生产制造、运输销售、使用维护、后处理等各个阶段提出减碳策略。

9.2.1　原材料获取与运输销售

（1）高效节能装备技术

➢ 永磁直驱电机技术：直驱、低速、大扭矩，综合节电率 13% 以上。

➢ 空压机—永磁变频两级压缩：低噪、智能、免维护，节能 ≥25%。

➢ 节能风机—磁悬、空悬：与罗茨鼓风机相比，节能 35% 以上，寿命达 20 年以上。

➢ 智能节能管控技术—智能、可视化、专家系统等。

➢ 数字化、智能绿色矿山技术。

（2）新能源技术

大力发展新能源，加大光伏、风电等新能源发电的装机。发展企业内部光伏、建筑及建材相关优势资源，开展光伏建筑一体化研究，形成 BIPV 产品研发设计、系统集成、项目推广、工程建设运营、组件电站检测评价及维护和碳减排核证的全链条服务能力。

深挖清洁能源利用潜力，在厂区空地或厂房顶上布置光伏或风力发电站，实现"可上尽上"，最大限度地挖掘新能源利用潜力。对于新能源发电上网难度较大的工厂，可考虑先采用新能源发电解决非生产用电，在技术和政策适宜条件下再逐步将新能源电力上网并应用到生产，推动企业终端电气化，提高电车、氢燃料车使用比例。

9.2.2 过程减碳

9.2.2.1 替代原料—钢渣掺杂活化高效制备高胶凝性熟料技术

原理：掺杂活化。在生料中掺杂钢渣，利用钢渣中的（P/Cu/Zn）提高 C3S 的活性改变晶型使烧成产品成为高胶凝性熟料。

操作关键：①配料与生料制备：高饱和系数及较高硅率（获得足够多的高活性 C3S）适当铝率（钢渣等具有促进烧成作用，防止液相过量）。②薄料快烧：生料快烧，促使窑内物料受热均匀，保障氧化气氛，避免出现还原气氛。③风煤配合：合理喷煤管工艺，火焰形状规则、有力，缩短火焰长度，加大火焰热力强度，保障高温带用煤的质量。④高温急冷：适宜的篦冷机一段风量，二次风温度的保障，尽量使熟料 1 450℃烧成之后立即进入淬冷流程。

实施效果（以 2 500 t/d 生产线为例）：①熟料平均强度达到 67.1 MPa，达到国际先进水平；②熟料可比煤耗达到 100 kgce/tcl，低于国内先进水平（112 kgce/tcl）；③熟料产量增加 5%～8%（2 500 t/d 生产线可增产 4 万～6 万 t/年）；④水泥综合成本下降 5%～10%（10～20 元/t）；

9.2.2.2 水泥窑富氧燃烧技术

原理：水泥窑富氧燃烧技术是利用氧含量在 30%～40%的富氧空气，通过窑头和分解炉进入窑、炉辅助燃烧，提高燃料的燃烧效率、燃尽率及窑炉内温度，有效提高水泥窑熟料的产、质量，达到节能降耗的目的。

过程分析：

（1）燃料替代技术

燃料替代技术在欧美发达国家（地区）从烧废轮胎开始已应用了 30 多年，技术成熟可靠，替代燃料（各种废物）对煤的热量替代率（TSR）已达 30%左右。美国和日本的 TSR 较低，15%～20%，德国和荷兰的 TSR 最高，分别为 70%和 98%。

可燃废物的种类很多，有废轮胎、废化工溶剂、废机油、动物骨肉、废塑料、废油墨、危险废物、废木质物、废棉织物、废家具、生活垃圾、市政污泥、废纸浆纸板等。以废物替代资源能源，提高资源综合利用水平，推进水泥窑协同处置废物，既能替代原燃料，又能净化环境。

现今我国已在环保方面安全可靠、在技术方面妥善地解决了生活垃圾、污泥、危险废物等的协同处置难题。今后在开拓废物应用种类方面的技术困难不会太大，应该可以较顺利地推进。水泥窑协同燃烧废物的经济效益也会逐渐提升，水泥厂兼烧废物的积极性也会提高。加之政府技术政策激励措施的逐渐落实到位，我国水泥窑大面积推广协同处置废物技术的各方面主客观条件相对成熟。

但是我国水泥窑协同处置废物由于起步晚，技术、运营、监管等多方面的体系构建不是很健全：一是目前水泥窑替代燃料没有成熟的来源渠道，如农林生物质燃料，源头的收集、预处理、供应系统不健全，供应不稳定；二是水泥窑替代燃料一般采用废物较多，种类复杂，其燃料热值等品质的稳定性和质量还不能保证，在目前的利用示范中主要是采取直接燃烧，其前置的提质预处理技术还有待提升和发展。

水泥窑系统处置提高燃料替代率，在当前情况下，理论与现实在相当长一段时间内还存在较大差异，近期内不能期望过高，后期可能会有较大的减排潜力。

（2）原料替代技术（以水泥企业为例）

目前石灰石是水泥生产的主要原料，在窑炉内高温分解产生的 CO_2 约占全部水泥熟料排放量的 60%。很多工业固体废物如电石渣、钢渣、黄磷渣、粉煤灰、煤渣、铜渣、镁渣、硫酸渣、赤泥等其有效化学成分与水泥熟料的化学成分比较接近，具有作为水泥替代原料的可行性，资源化利用这些大宗固体废物，可实现变废为宝。

目前使用较为广泛的电石渣和钢渣，电石渣可完全替代石灰石原料，但是电石渣产量受地域电石渣原材料以及电石渣生产工艺限制；钢渣在水泥行业普遍用于水泥粉磨，也用于生料配料，理论掺加比例可达到 6%～10%，实际一般掺加比例在 2%～4%。

石灰石分解产生 CO_2，用含有 CaO 但不产生 CO_2 的物质为原料，1 t 无水电石渣含 0.54 t CaO，使用 1 t 电石渣减排 0.4～0.5 t CO_2，使用 1 t 钢渣减排约 0.31 t CO_2。鉴于目前"双碳"背景下，"双碳"目标的强制性及不可逆性，在保证产品质量的前提下，应尽可能多地使用电石渣和钢渣等替代原料降低碳排放。

9.3　研究总结

现今，全球碳标签主要分为碳披露标签、碳减量标签、无碳标签和低碳标签4类。碳披露标签将产品对气候的影响转化为二氧化碳当量标注在产品上，表示贴标产品的碳足迹已经经过测算和认证；碳减量标签则表明产品的碳足迹同比减少，以及公司承诺实现持续减少碳足迹的目标；低碳标签证明产品的生命周期碳足迹明显低于市场中的同类主导产品；无碳标签表示整条产品产业链通过持续不断地减排降碳的努力，使该产品的碳足迹持续减少，剩余的排放量根据国际标准进行了抵消。

9.3.1　碳标签制度

从目前世界上碳标签的实施情况来看，基本所有发达国家和部分发展中国家都已经推出了碳标签制度。其中，最早的碳标签制度是由英国在2006年推出的，是基于英国政府与Carbon Trust共同完成的世界上第一个碳足迹评价指南：PAS 2050建立的，共推出了"二氧化碳已测算标签""二氧化碳减排标签""更低二氧化碳排放标签"和"碳中和标签"4种碳标签，引导了包括Tesco、联合利华、Boots等多家英国企业对旗下产品进行碳标签认证评价。美国也紧随其后，Carbon Label California、carbon fund、Climate Conservancy 3家公司分别推出了3类碳标签制度，针对不同领域产品进行分级评价。德国产品碳标签试点项目于2008年推出了致力于为企业提供碳足迹评价与交流方法、经验的碳标签制度，但该标签并不包括产品碳排放的量化信息，仅证明产品进行过碳足迹评价。法国碳标签最初由大型连锁超市Casino发起，政府为进一步推动法国国家低碳战略实施于2018年11月颁布行政指令，根据CDM建立针对不同层级的碳标签制度，且在2021年4月通过了一项环保法案，要求自2023年起，所有在法国市场上销售的成衣和纺织品需要标注"碳排放分数标签"。澳大利亚将碳标签分为低碳标签、零碳标签、碳中和标签和碳减排标签4类。爱尔兰于2021年11月17日通过相关法案，要求给产品贴上碳足迹标签。加拿大、欧盟也已实行类似上述制度的碳标签制度。北欧国家中，瑞士碳标签由独立协会Climatop于2008年发起，相较于其他国家的碳标签，瑞士碳标签表示产品与其他同类产品相比，在全生命周期有显著低水平的碳排放。瑞典的碳标签是以LCA为基础设定标准，目前主要服务于食品部门。亚洲国家在碳标签体系的发展中已经有了一定成效。日本政府结合其自身国情，根据ISO 14025制定了自己的评价标准TSQ 001，并在2009年正式推出碳标签试行计划。韩国也基于PAS 2050和ISO 14040/14064/14025，在2008年推出了由标识碳排放量（量化披露）和强调减碳的节能商品（减碳标签）两类组成的碳标签制度。泰国也于2009年推出了与韩国类似的碳标签制度。

我国同样对碳标签制度建立进行了一些试点。在香港特别行政区由 Carbon Care Asia 发起碳标签的推广，其主要分为减碳标签和碳中和标签两类。我国台湾省在 2010 年 9 月由环境保护部门基于 PAS 2050 推出了以碳披露为主的碳标签。其他地区近些年也在积极推动碳足迹评价工作，中国节能低碳产品认证、中国环境标志低碳产品认证等相关制度参考了国外低碳产品认证发展模式，为建设完善的、具有中国特色的碳标签制度打下了基础。

9.3.2　碳标签标准

目前，国际碳标签标准主要有 PAS 2050、ISO 14067、GHG Protocol、IPCC、ISO 14040/44、TSQ 0010—2009 6 种，除 IPCC 之外，其他 5 种标准都是根据或部分参照 ISO 14040/44 编制。IPCC 相对其他标准较为宏观，针对具体部门不同物质类别的碳排放计算方法、排放因子数据库及全球增温潜势值等是企业或组织层面及产品层面碳足迹核算的重要参考，为国家层面温室气体清单的建立提供了基本指导。而 GHG Protocol 不仅为产品碳足迹提供了核算框架，还提供了面向企业级的碳足迹核算框架，是由一系列为企业、产品、供应链等量化和报告温室气体排放情况服务的标准、指南和计算工具构成的全面的核算体系。剩余 4 种标准都更偏向对产品碳足迹的评价，根据生命周期评价标准对产品从原材料达到终端的碳足迹进行核算。

9.3.3　碳标签数据库及评价软件

数据库及评价软件在碳足迹的核算中是不可或缺的一环。现今，主要使用的评价软件有Simapro、GaBi、eBalance、IDEA及TEAM。其中，Simapro数据来源广、数据量丰富、操作简便、评价方法多样，被相关机构广泛使用，其评估目标为生命周期环境影响的量化分析和对比评估，运用Eco-indicator 99、

CML1992、EPS2000等评价方法，通过包括SimaPro数据库及Ecoinvent Data、ESU-ETH data、Industry data在内的多行业数据库进行评价。GaBi数据库全面、多样、分类整理完善且流程进行层次化结合，生命周期流向结构清晰，通过CML96、CML2007、Ecoindicator9等评价方法分析物质代谢和生命周期，其主要数据库为GaBi Databases，同时还嵌入各种行业的扩展数据库，可以根据行业需求的不同进行数据库的扩展。而eBalance是主要面向国内的评价软件，集成了Ecoinvent、ELCD、CLCD中国生命周期基础数据库，能够构建图形化的生命周期流程图，并可描述任意产品的生命周期过程。

9.3.4　碳标签政策

碳标签的实施正当其时。国际上，以欧盟碳关税为代表的国际绿色贸易壁垒正在渐渐筑起，美国、日本等发达国家和地区也正积极考虑；为应对上述趋势，中国政府也开始引导相关意识的建立，在《国务院关于印发 2030 年前碳达峰行动方案的通知》（国发〔2021〕23 号）中提到要开展绿色经贸合作，做好绿色贸易规则与进出口政策的衔接。此外，国内经济领先、出口贸易发达的地区也已经着手布局，开展碳标签的前期探索。在国务院印发的《粤港澳大湾区发展规划纲要》中提出要创新绿色低碳发展模式，广泛开展绿色生活行动，推动居民在衣食住行游等方面加快向绿色低碳、文明健康的方式转变，且明确提出推动粤港澳碳标签互认机制研究与应用示范；在《中共中央　国务院关于完整准确全面贯彻新发展理念做好碳达峰碳中和工作的意见》中，也从国家战略的高度提出在粤港澳大湾区中需强化绿色低碳发展导向，倡导绿色低碳生活方式，完善绿色产品认证与标识制度。浙江省省政府为贯彻落实《国务院关于加快建立健全绿色低碳循环发展经济体系的指导意见》（国发〔2021〕4 号）与《中共中央　国务院关于完整准确全面贯彻新发展理念做好碳达峰碳中和工作的意见》，为推动省级和地级市碳达峰、碳中和工作，加快建立健全绿色低碳循环发展经济体系，促进经济社会发展全面绿色转型。在 2021 年年末前后发布了《浙江省人民政府关于加快建立健全绿色低碳循环发展经济体系的实施意见》与《浙江省委　省政府关于完整准确全面贯彻新发展理念做好碳达峰碳中和工作的实施意见》，在相应的文件中提出，在外贸企业推广"碳标签"制度，积极应对欧盟碳边境调节机制等绿色贸易规则；加快完善"碳标签""碳足迹"等制度，推广碳积分等碳普惠产品。推动全省统一的碳普惠应用建设，逐步加入绿色出行、绿色消费、绿色居住、绿色餐饮、全民义务植树等项目。强化激励保障措施，建立健全运行机制，引导公众践行绿色低碳生活理念。

9.3.5 碳标签的作用

推广碳标签不仅能够帮助国内企业提早应对国际绿色贸易壁垒的挑战，也能培养全社会低碳意识，自下而上地推动社会低碳转型。由于碳标签将产品从原材料的制备到生产加工直至运输至销售场所在内的整条产业链的碳排放信息清晰地标识出来，有助于普通消费者意识到，除了产品本身的使用可能会产生碳排放，产品的生产、包装、运输等各环节也会产生碳排放。碳标签制度的推出，使普通群众有机会了解自身的经济行为给自然环境带来的切实影响，结合"气候变化""地球变暖"等概念，有助于其增强低碳意识，自觉地培养低碳消费习惯。随着国内"2030 年碳达峰、2060 年碳中和"（简称"双碳"目标）的提出，中国低碳转型进入了快车道。但目前有关促进达成"双碳"目标的战略及措施均由各级政府或各行业领先企业提出，国内社会还缺乏自下而上的低碳转型原始动力。正如上文中提到，碳标签的推广有助于普通消费者提高气候变化意识，自觉培养低碳消费习惯，长此以往推动全社会形成"选择低碳、低碳使用"的良好风气，这一市场压力将自然而然地传递到整条产业链，从而"倒逼"链上企业进行节能减排改造，降低生产过程中的碳排放，推动全社会的低碳转型，助力早日达成"双碳"目标。国内外的市场调查也表明，当碳标签能够规范、准确、公正地传递产品碳排放信息时，消费者对于采购碳标签产品持积极态度，部分消费者明确表示愿意将企业通过碳标签传递的减排信息作为是否决定购买该产品的考虑因素之一。

9.4 局限和展望

9.4.1 局限

自 2006 年开始，包括美国、英国、德国、法国等在低碳发展方面领先的国家和地区都先后开始了碳标签制度的实践，主要目的还是通过向社会传递产品碳足迹信息，培养全社会的低碳意识，从而促使产业链、价值链的低碳转型。但迄今为止，我们并没有看到某个国家或地区的碳标签制度开展得十分成熟和顺利。从消费端来看，并未出现社会大众和机构已普遍接受和认识到碳标签的作用和意义，并自觉地用其指导采购行为的局面；从供给侧来看，除了具有广泛社会影响力的头牌企业（这类企业的碳标签贴标行为固然有利用自身影响力带动整条产业链低碳发展的意愿，但难免使人联想到也是其利用碳标签这一"热点"给产品增加卖点，增加销量扩大市场份额的营销策略），鲜有看到占据社会经济活动主体地位的中小型企业积极主动拥抱碳标签的报道。究其原因，主要有以下几点。

（1）标准繁多不统一

目前，主流的有关产品碳足迹计算的标准包括PAS 2050、ISO 14067和GHG Protocol。其中PAS 2050由被最多国家和地区使用，ISO 14067次之，GHG Protocol由于相对来说较为负责则被使用最少，但由于目前各国或地区碳标签制度多为自愿制度，在标准的使用方面多采用推荐方式，因此相对来说简单易操作的PAS 2050也就成了首选标准，但也有少量国家或地区甚至大型企业选择使用ISO 14067。碳标签的最重要的应用载体是产品，而如今的商品贸易是一个高度发达、互联互通的体系，企业的产品不仅在本国或所在地区内流通，也极有可能出口境外参与交易，因此标准的不统一会给碳标签国际互认带来障碍，导致某企业出口境外的碳标签产品得不到对方认可，企业白白付出了成本。

（2）评价/认证成本较高

虽然碳标签概念在2006年前就已经出现，但近些年才真正引起关注，尤其是在欧盟"碳关税"相关制度出台后，因此，对于企业和市场来说，仍是一个新概念，相对于碳核查业务，能够提供碳标签评价/认证业务的机构并不多，相关的基础设施（如标准、数据库）也尚待完善，上述障碍意味着若国内某企业若想实施碳标签，必然要付出较大的时间和经济成本，产品越复杂，成本就越高。

（3）缺乏应用场景，企业动力不足

碳标签最主要的应用还是产品，因此，作为产品生产单位的企业，若动力不足，则碳标签的应用难成气候。目前，国内外实施的碳标签多以自愿为主，目的也主要是为了唤起整个社会的气候变化意识，也有企业的碳标签是为了满足采购方的管控需求，属于下游环境社会管治（ESG）管理的一部分，但这样的场景较少。从国外的情况来看，虽然欧美发达国家和地区的普通民众的气候变化意识已经较强，但碳标签的推广应用仍是困难重重，接受程度并不是很高；此外，虽然也有像法国在欧盟框架体系内发布了针对纺织品产品的碳标签强制要求，但考虑到欧盟国家和地区在国际产业链中的地位，此种法令针对哪些国家不言自明。分析国内碳标签的相关案例，主体也大多是某产业的头部企业，在自愿的框架下为响应"双碳"目标而实施，宣传色彩较重；也有部分企业为满足零星境外采购需求的碳标签案例，但并非常例。因此，综上来看，产品碳标签的应用场景还是不够丰富，无法脱离"宣传+供应链管理"传统模式的窠臼，无法形成良性闭环，这也为碳标签的推广增加了阻碍。

9.4.2　碳标签的推广

随着我国"双碳"目标的提出，碳标签作为加速社会低碳转型重要推手，必将逐步占据越来越重要的地位；此外，随着欧盟"碳关税"机制的提出，产品碳标签也将逐步得到生产企业的重视，但若想让碳标签真正发挥其应有价值，实实在在地推动社会的低碳转型，则必须破除上文提到的种种障碍。

（1）统一标准

虽说我国已有例如电子节能协会低碳技术专业委员会等多个团体或机构在开展碳标签的推广工作，也制定了相应的评价标准（多为团体标准），但就像国际上三大碳足迹标准各行其道那样，国内也缺乏一个得到各机构或企业公认的一套标准体系，考虑到碳标签的推广需求越来越强烈，尤其是欧盟碳关税的步步紧逼，国内碳标签迫切需要早日结束目前的"九龙治水"的局面，在此方面，可建议由某个国家主管部门在征集多方意见的前提下，出台碳标签相关国家标准，此标准可首次以通则的形式发出，并充分考虑今后与国际市场对接互认的需求，试行一段时间后，可逐步推出特色行业或产品国家标准，不断丰富和完善标准体系。

（2）尽快推出符合中国实际情况的本地数据库

碳标签评价的一个核心技术问题便是数据库的使用，尽管国内已有部分高校或研究机构开始了符合中国特色的数据库搭建，但考虑到我国庞大的工业规模和完善的产业体系，搭建一套完整的、准确的且符合我国实际情况的数据库非一之功，而国内在这方面进展缓慢，导致的结果便是需要引入国外数据库，但由于种种原因，国外数据库并不能真实反映出我国的具体情况，且价格不菲。因此，建议国家主管部门可发挥体制优势，集中各行业专业性研究机构的力量搭建本行业数据库，并保持更新迭代，在这方面已有部门开展了尝试，例如工信部委托以国检集团为首的国内 10 余个各领域顶尖研究团队，牵头搭建重点原材料碳达峰、碳中和技术服务平台，该平台可解决我国重点原材料领域碳足迹评价的数据库的需求。

（3）丰富应用场景

在上文中提到，目前国内外普遍的碳标签应用场景比较单一，多为零星定向采购要求或行业头部企业的宣传需要，普通民众对碳标签的接受程度并不高，究其原因，还是缺乏合理有效的激励机制，形成不了使用闭环，尤其是对于广大消费者来说。针对此现象，可将碳标签与碳普惠结合起来，例如购买碳标签产品的消费者，可获得相应的积分奖励，获得的积分可在乘坐低碳交通工具例如地铁、有轨电车时享受一定的优惠，或在下一次购买其他种类碳标签产品时享受一定的打折措施；此外，可参考国内绿色金融低碳试点的做法，为个人建立碳信用账户，经常性购买碳标签产品的消费者可获得一定的碳信用授权，该信用可在消费者贷款进行绿色消费时（如购买新能源汽车、购买或租用绿色建筑内的房产）享受一定的利率优惠，优惠部分可向人民银行申请贴息补贴，从而促进广大消费者积极购买和使用碳标签产品。

参考文献

[1] 张南，王震. 各国碳标签体系的特征比较及其评价[J]. 环境科学与技术，2015，38（S2）：392-396，423.

[2] BSI. PAS 2050：2011. Specification of Project and ServiceLife Cycle Greenhouse Gas Assessment[S].

[3] ISO. ISO/TS 14067：2018. Greenhouse gases—Carbon footprint of products—Requirements and guidelines for quantification[S].

[4] 蔡博峰，朱松丽，于胜民，等. 《IPCC 2006 年国家温室气体清单指南 2019 修订版》解读[J]. 环境工程，2019，37（8）：1-11.

[5] JISC. TSQ 0010：2009. Japanese Technical Specification[S].

[6] ISO. ISO 14067：2018. General Principles for the Assessment and Labeling of Carbon Footprint of Products[S].

[7] ISO. ISO 14040：2006. Environmental management-Life cycle assessment-Principles and framework[S].

[8] ISO. ISO 14044：2006. Environmental management-Life cycle assessment-Requirements and guideline[S].

[9] WRI. The GHG Protocol Agricultural Guidance[S].

[10] WRI. The GHG Protocol Corporate Accounting and Reporting Standard[S].

[11] WRI. The Product Life Cycle Accounting and Reporting Standard[S].

[12] WRI. The Corporate Value Chain（Scope 3）Accounting and Reporting Standard[S].

[13] 中国城市温室气体工作组（CCG）. 中国产品全生命周期温室气体排放系数库. 2022. http://lca.cityghg.com/.